21世纪高等职业教育计算机系列规划教材

网络数据库项目教程

——基于SQL Server 2008

方风波　彭　岚　主　编
王　科　董兵波
田　岭　李太芳　副主编

電子工業出版社
Publishing House of Electronics Industry
北京·BEIJING

内 容 简 介

本书以 SQL 数据库管理员在开发、设计、管理和维护数据库过程中所要求的职业能力培养为主线，以一个"电脑销售管理系统"数据库项目的实际设计和开发过程中的相关工作任务作为贯串教材始终的训练项目，来进行教学内容组织及教学过程实施。

本书主要讲述 SQL Server 2008 数据库管理系统，共 11 章，主要内容包括安装和配置 SQL Server 2008、"电脑销售管理系统"项目设计，数据库管理，配置和维护，数据表对象的创建与管理、项目数据库安全管理，数据查询，视图及索引管理，存储过程管理，触发器和游标的管理，"电脑销售管理系统"项目开发（C#）及项目发布等。同时，为了方便读者巩固所学的知识，还针对章节附上了实训任务，以帮助读者加强知识的理解，提高实际操作的能力。

本书适合具备一定编程基础，但对 SQL Server 2008 数据库管理及应用程序开发不甚了解的读者。另外，还可以作为数据库程序设计人员的参考书籍。

图书在版编目（CIP）数据

网络数据库项目教程：基于 SQL Server 2008 / 方风波，彭岚主编. 一北京：电子工业出版社，2012.4

21 世纪高等职业教育计算机系列规划教材

ISBN 978-7-121-16195-7

I. ①网… Ⅱ. ①方… ②彭… Ⅲ. ①关系数据库一数据库管理系统，SQL Server 2008一高等职业教育一教材 Ⅳ. ①TP311.138

中国版本图书馆 CIP 数据核字（2012）第 039548 号

策划编辑：徐建军（xujj@phei.com.cn）
责任编辑：徐建军　　特约编辑：俞凌娣　赵海红
印　　刷：北京七彩京通数码快印有限公司
装　　订：北京七彩京通数码快印有限公司
出版发行：电子工业出版社
　　　　　北京市海淀区万寿路 173 信箱　邮编 100036
开　　本：787×1 092　1/16　印张：14.75　字数：377.6 千字
版　　次：2012 年 4 月第 1 版
印　　次：2018 年 12月第 5 次印刷
定　　价：29.00 元

凡所购买电子工业出版社图书有缺损问题，请向购买书店调换。若书店售缺，请与本社发行部联系，联系及邮购电话：（010）88254888，88258888。

质量投诉请发邮件至 zlts@phei.com.cn，盗版侵权举报请发邮件至 dbqq@phei.com.cn。

本书咨询联系方式：（010）88254570。

前　言

随着数据库应用技术的发展，越来越多的计算机专业人员和爱好者希望了解并掌握管理、开发数据库应用程序的方法。SQL Server 2008 是微软公司开发的面向 21 世纪的关系型数据库代表产品之一。而“网络数据库技术”这门课程正是帮助计算机专业学生借助 SQL Server 2008 数据库的强大优势，来了解和掌握后台数据库的管理和配置的一门专业课程。通过对本课程的练习，使学生掌握 SQL Server 2008 作为中小型后台数据库的基本操作和维护、与前台开发环境的连接等知识，具备利用所学知识开发一个实际的网络型数据库的操作及编程能力。本着此目的，我们组织了一批长期在高职院校计算机教学一线工作的教师，共同编写了这本《网络数据库项目教程——基于 SQL Server 2008》。同时，为了适应现代教育的发展，符合高等职业教育院校计算机专业学生的学习要求，在本教材的编写上，将枯燥的计算机理论知识和编程讲解，改为对一个具体工作项目的设计开发，每个教学实施过程均为完成具体任务，循序渐进地帮助学生成为 SQL Server 2008 数据库管理员和应用程序设计开发人员。

本书是为计算机专业教学而编写的教材。它基于 SQL Server 2008 数据库管理系统，共 11 章，主要内容包括安装和配置 SQL Server 2008，“电脑销售管理系统”项目设计，数据库管理、配置和维护，数据表对象的创建与管理，项目数据库安全管理，数据查询、视图及索引管理，存储过程管理，触发器和游标的管理，“电脑销售管理系统”项目开发（#）及项目发布等。同时，为了方便读者巩固所学的知识，还针对章节附上了实训任务，以帮助学生加强知识的理解，提高实际操作的能力。

本书内容按照数据库管理系统开发的流程进行组织、实施，章与章之间是循序渐进的关系，确保了知识点不脱节。本书结构清晰，内容翔实、丰富，注重实际操作，具有很强的知识性、实用性和可操作性。所有插图均来自实际操作时的屏幕截图，所有程序实例均经过测试并能编译、执行。

读者使用本书时，要认真学习各章介绍的内容，通过对书中实例的解析来巩固所学的知识。同时，在学习的过程中要牢记书中的学习要点，这些往往都是容易出错的内容。在理解并掌握所学的知识后，独立完成每章后所附的练习题，通过自我测试，找到自己学习中存在的薄弱环节。

本书适合具备一定编程基础，但对 SQL Server 2008 数据库管理及应用程序开发不甚了解的读者，另外，也可以作为数据库程序设计人员的参考书籍。

本书的编写融入了作者丰富的教学和企业实践经验，内容安排合理，每章先从项目、学习目标开始，让学生知道通过本章学习能解决什么实际问题，激发学生的学习兴趣，引导学生渐入佳境，最后通过实时训练，让学生在练习中感受到学有所用的快乐。本书由方风波、彭岚担任主编，王科、董兵波、田岭、李太芳担任副主编。参加本书编写的人员还有汤敏、唐熊焰、郑泳、张宁、段治川、姚恺荣、何黎明、张宏宪等，全书由方风波教授主审。

为了方便教师教学，本书配有电子教学课件，请有此需要的教师登录华信教育资源网（www.hxedu.com.cn）免费注册后进行下载，如有问题可在网站留言板留言或与电子工业出版社联系（E-mail:hxedu@phei.com.cn）。

由于本课程项目教学法正处于经验积累和改进过程中，同时，由于编者水平有限和时间仓促，书中难免存在疏漏和不足，希望同行专家和读者能给予批评和指正。

编　者

目　录

第 1 章　安装和配置 SQL Server 2008

项目讲解

在本地计算机上分别安装以计算机名称命名的默认实例和“SQLEXPRESS”的命名实例，采用的身份验证模式为“混合模式（SQL Server 验证模式和 Windows 验证模式）”，登录账户名称为“sa”，登录密码为“sa”。

学习任务

1. 学习目标

- 掌握 SQL Server 2008 的安装过程及注意事项；
- 掌握 SQL Server 2008 的工作界面、服务的启动方法及程序组的功能；
- 掌握 SQL Server 2008 注册和配置服务器的操作方法和步骤。

2. 学习要点

- SQL Server 2008 的安装过程；
- SQL Server 2008 的组件；
- 服务器的注册和配置过程。

1.1　网络数据库的基础知识

数据和资源共享这两种方式结合在一起即成为今天广泛使用的网络数据库（Web 数据库），它是以后台（远程）数据库为基础，加上一定的前台（本地计算机）程序，通过前台应用程序完成数据存储、查询等操作的系统。本节将介绍数据库的各种基础知识。

1.1.1　数据库的基本概念

1. 数据库

数据库（Database，DB）是数据的集合，它具有统一的结构形式并存放于统一的存储介质内，是多种应用数据的集成，并可被各个应用程序所共享。简单地说，可以把数据库定义为数据的集合，或者说数据库就是为了实现一定的目的而按某种规则组织起来的数据的集合。数据库是存储信息的仓库，以一种简单、规则的方式进行组织。它具有以下 4 个特点。

（1）数据库中的数据集组织为表。

（2）每个表由行和列组成。

（3）表中每行为一个记录。

（4）记录可包含几段信息，表中每一列对应这些信息中的一段。

数据库的应用领域非常广泛，不管是家庭、公司或大型企业，还是政府部门，都需要使用数据库来存储数据信息。传统数据库中的很大一部分用于商务领域，如证券行业、银行、销售部门、医院、公司或企业单位，以及国家政府部门、国防军工领域、科技发展领域等。

2. 数据库管理系统

数据库管理系统（Database Management System，DBMS）是数据库的机构，它是一种系统软件，负责数据库中的数据组织、数据操纵、数据维护、控制及保护和数据服务等。数据库中的数据具有海量级的存储能力，并且其结构复杂，因此需要提供管理工具对其进行管理。数据库管理系统是数据库系统的核心，它主要有以下几方面的具体功能。

（1）数据模式定义。数据库管理系统负责为数据库构建模式，也就是为数据库构建其数据框架。

（2）数据访问的物理构建。数据库管理系统负责为数据模式的物理访问及构建提供有效的访问方法和手段。

（3）数据操纵。数据库管理系统为用户使用数据库中的数据提供方便，它一般提供查询、插入、修改及删除数据的功能。此外，它自身还具有做简单算术运算及统计的能力，而且还可以与某些过程性语言结合，使其具有强大的过程性操作能力。

（4）数据的完整性、安全性定义与检查。数据库中的数据具有内在语义上的关联性及一致性，它们构成了数据的完整性。数据的完整性是保证数据库中数据正确的必要条件，因此必须经常检查以保持数据正确。

数据的完整性和安全性是两个不同的概念，但是有一定的联系。前者是为了防止数据库中存在不符合语义的数据，防止错误信息的输入和输出，即所谓垃圾进垃圾出（Garba:e In Garba:e Out）所造成的无效操作和错误结果；后者是保护数据库，防止恶意的破坏和非法的存取。也就是说，安全性措施的防范对象是非法用户和非法操作，完整性措施的防范对象是不合语义的数据。

（5）数据库的并发控制与故障恢复。数据库是一个集成、共享的数据集合体，它能为多个应用程序服务，所以就存在着多个应用程序对数据库的并发操作。在并发操作中如果不加控制和管理，多个应用程序间就会相互干扰，从而对数据库中的数据造成破坏。因此，数据库管理系统必须对多个应用程序的并发操作做必要的控制以保证数据不受破坏，这就是数据库的并发控制。

运行的突然中断会使数据库存在一个错误的状态，而且故障排除后没有办法让系统精确地从断点继续执行下去。这就要求 DBMS 要有一套故障后的数据恢复机构，保证数据库能够回复到一致的、正确的状态。而“数据故障恢复”正是这样一个机构。

（6）数据的服务。数据库管理系统提供对数据库中数据的多种服务功能，如数据复制、转存、重组、性能监测和分析等。

3. 数据库管理员

由于数据库的共享性，因此对数据库的规划、设计、维护、监视等需要有专人管理，称为数据库管理员（Database Administrator，DBA），其主要工作如下。

（1）数据库设计（Database Design）。DBA 的主要任务之一是做数据库设计，具体地说，就是进行数据模式的设计。由于数据库的集成与共享性，因此需要有专门人员（即 DBA）对多个应用的数据需求做全面的规划、设计和集成。

（2）数据库维护。DBA 必须对数据库中的数据安全性、完整性、并发控制及故障恢复、数据定期转存等进行管理和维护。

（3）改善系统性能，提高系统效率。DBA 必须随时监视数据库的运行状态，不断地调整内部结构，使系统保持最佳状态和最高效率。当效率下降时，DBA 需采取适当的措施，如进行数据库的重组、重构等。

4. 数据库系统

数据库系统（Database System，DBS）由以下几部分组成：数据库（数据）、数据库管理系统（软件）、数据库管理员（人员）、系统硬件平台（硬件）、系统软件平台（软件）。这5个部分构成了一个以数据库为核心的完整的运行实体，称为数据库系统。

（1）在数据库系统中，硬件平台包括以下两个方面。

计算机：它是系统中硬件的基础平台，目前常用的有微型机、小型机、中型机、大型机及巨型机。

网络：过去数据库系统一般建立在单机上，但是近年来它较多地建立在网络上，从目前的形势来看，数据库系统今后将以建立在网络上为主，而其结构形式又以客户/服务器（C/S）方式和浏览器/服务器（B/S）方式为主。

（2）在数据库系统中，软件平台包括以下 3 个方面。

操作系统：它是系统的基础软件平台，目前常用的有 UNIX（包括 Linux）和 Windows 两类。

数据库系统开发工具：即为开发数据库应用程序所提供的工具，它包括程序设计语言如 C、C++等，也包括可视化开发工具如 Visual Basic、Power Builder、Delphi 等，还包括与 Internet 有关的 HTML 及 XML 等，以及一些专用开发工具。

接口软件：在网络环境下，数据库系统中数据库与应用程序、数据库与网络之间存在着多种接口，它们需要用接口软件进行连接，否则数据库系统整体就无法运作，这些接口软件包括 ODBC、JDBC、OLEDB、CORBA、COM、DCOM 等。

5. 网络数据库

网络数据库（Network Database）主要指：①运行于网络上提供数据存储的数据库；②信息管理中，数据记录可以以多种方式相互关联的一种数据库。网络数据库包含从一个记录到另一个记录的前进。任何一个记录可指向多个记录，而多个记录也可以指向一个记录。

因此，网络数据库是跨越计算机在网络上创建、运行的关系型数据库。网络数据库中数据之间的关系并不是一一对应的，可能存在着一对多，甚至多对多的关系，这种关系也不是只有一种路径的涵盖关系，而可能会有多种路径或从属的关系。

1.1.2 数据模型

1. 三种基本的数据模型

在数据库领域中，根据实体之间的关系连接起来的结构图形状的不同，通常把数据模型分为以下三种类型。

（1）层次模型（Hierarchical Model）：用树形结构表示实体及其之间联系的模型。

（2）网状模型（Network Model）：用网络结构表示实体及其之间联系的模型。

（3）关系模型（Relational Model）：用表的集合来表示数据和数据间联系的模型。

2. 关系模型

关系模型是数据库系统中最重要的模型，关系模型中数据的逻辑结构是一张二维表。使用行和列交叉组成的二维表格来描述实体之间的关系。表中的一行称为一个元组，可以用来标志实体集中的一个实体。表中的列称为属性，给每一列起一个名称即为属性名，表中的属性名不能相同。列的取值范围称为值域，同列具有相同的值域，不同的列也可以有相同的值域。关系模型示例如表 1-1 所示。

表 1-1　关系模型示例

Work_id	Work_name	Sex	Birth	Telephone	Address	Position
9601	刘伟	0	1978-12-14 00:00	020-555666333	大庆路 456 号	副经理
9701	羊向天	1	1975-6-6 00:00	010-56987857	紫阳路 56 号	经理
9702	王文彬	1	1978-5-22 00:00	010-56987858	紫阳路 47 号	业务员
9703	张梦露	1	1983-8-6 00:00	010-159458793	三环路 106 号	副经理
9704	罗兰	1	1984-4-5 00:00	010-23541123	紫阳路 8 号	业务员
9801	王泽方	0	1982-2-3 00:00	010-22365478	三环路 98 号	业务员
9802	易扬	0	1985-1-14 00:00	010-89654123	紫禁城 98 号	业务员
9803	兰利	0	1984-1-1 00:00	010-156984555	紫禁城 97 号	业务员
9821	张平	0	1986-5-4 00:00	010-158322331	紫禁城 54 号	业务员

关系模型具有以下优点。

（1）数据结构简单、概念清楚

在关系模型中，数据模型是一些表格的框架，实体通过关系的属性（即表格的栏目）表示，实体之间的联系通过这些表格中的公共属性（可以不同属性名，但必须同域）表示。结构非常简单，即使非专业人员也能一看就明白。

（2）查询与处理方便

在关系模型中，数据的操作较非关系模型方便，它的一次操作不只是一个元组，而可以是一个元组集合。特别是在高级语言的条件语句配合下，一次可操作所有满足条件的记录。

（3）数据独立性很高

在关系模型中，用户对数据的操作可以不涉及数据的物理存储位置，而只需给出数据所在的表、属性等有关数据自身的特性，具有较高的数据独立性。

（4）具有严格的理论基础

1.2　SQL Server 2008 简介

1.2.1　版本介绍

SQL Server 2008 分为 SQL Server 2008 企业版、SQL Server 2008 标准版、SQL Server 2008 工作组版、SQL Server 2008 Web 版、SQL Server 2008 开发者版、SQL Server 2008 Express 版、SQL Server Compact 3.5 版，其功能和作用也各不相同，其中 SQL Server 2008 Express 版是免费版本。

（1）SQL Server 2008 企业版

SQL Server 2008 企业版是一个全面的数据管理和业务智能平台，为关键业务应用提供了企业级的可扩展性、数据仓库、安全、高级分析和报表支持。这一版本提供更加坚固的服务器和执行大规模在线事务处理。

（2）SQL Server 2008 标准版

SQL Server 2008 标准版是一个完整的数据管理和业务智能平台，为部门级应用提供了最佳的易用性和可管理特性。

（3）SQL Server 2008 工作组版

SQL Server 2008 工作组版是一个值得信赖的数据管理和报表平台，用于实现安全的发布、远程同步和对运行分支应用的管理能力。 这一版本拥有核心的数据库特性，可以很容易地升级到标准版或企业版。

（4）SQL Server 2008 Web 版

SQL Server 2008 Web 版是针对运行于 Windows 服务器中要求高可用性、面向 Internet Web 服务的环境而设计的。这一版本为实现低成本、大规模、高可用性的 Web 应用或客户托管解决方案提供了必要的支持工具。

（5）SQL Server 2008 开发者版

SQL Server 2008 开发者版允许开发人员构建和测试基于 SQL Server 的任意类型应用。这一版本拥有所有企业版的特性，但只限于在开发、测试和演示中使用。基于这一版本开发的应用和数据库可以很容易地升级到企业版。

（6）SQL Server 2008 Express 版

SQL Server 2008 Express 版是 SQL Server 的一个免费版本，它拥有核心的数据库功能，其中包括了 SQL Server 2008 中最新的数据类型，但它是 SQL Server 的一个微型版本。这一版本是为了学习、创建桌面应用和小型服务器应用而发布的，也可供 ISV 独立软件开发商发行使用。

（7）SQL Server Compact 3.5 版

SQL Server Compact 是一个针对开发人员而设计的免费嵌入式数据库，这一版本的意图是构建独立、仅有少量连接需求的移动设备、桌面和 Web 客户端应用。SQL Server Compact 可以运行于所有的微软 Windows 平台之上，包括 Windows XP 和 Windows Vista 操作系统，以及 Pocket PC 和 SmartPhone 设备。

1.2.2　软硬件环境

以下要求适用于所有 SQL Server 2008 安装。

1. 框架

- .NET Framework 3.51；
- SQL Server Native Client；
- SQL Server 安装程序支持文件。

2. 组件

SQL Server 2008 安装程序需要使用 Microsoft Windows Installer 4.5 或更高版本及 Microsoft 数据访问组件（MDAC 2.8 SP1 或更高版本）。用户可以从 MDAC 下载网站下载 MDAC 2.8 SP1。

安装所需组件之后，SQL Server 安装程序将验证要安装 SQL Server 2008 的计算机是否也满足成功安装所需的所有其他要求。

3. 网络软件

SQL Server 2008 64 位版本的网络软件要求与 32 位版本的要求相同。支持的操作系统都具有内置网络软件。独立的命名实例和默认实例支持以下网络协议：Shared memory、Named Pipes、TCP/IP、VIA。

> 提示：故障转移群集不支持 Shared memory 和 VIA。

4. Internet 软件

所有 SQL Server 2008 安装都需要使用 Microsoft Internet Explorer 6 SP1 或更高版本。Microsoft 管理控制台（MMC）、SQL Server Management Studio、Business Intelligence Development Studio、Reporting Services 的报表设计器组件和 HTML 帮助都需要 Microsoft Internet Explorer 6 SP1 或更高版本。

5. 硬盘

在安装 SQL Server 2008 的过程中，Windows Installer 会在系统驱动器中创建临时文件。在运行安装程序以安装或升级 SQL Server 之前，请检查系统驱动器中是否有至少 2.0 GB 的可用磁盘空间用来存储这些文件。即使在将 SQL Server 组件安装到非默认驱动器中时，此项要求也适用。

实际硬盘空间需求取决于系统配置和决定安装的功能。

6. 显示器

SQL Server 2008 图形工具需要使用 VGA 或更高分辨率：分辨率至少为 1024×768 像素。

1.3 SQL Server 2008 的安装

本节将介绍 SQL Server 2008 开发版的安装过程，事实上，在每一种版本的安装过程中所看到的几乎都一样，微软在 http://www.microsoft.com/china/sql/2008/trial-software.aspx 中提供了 180 天试用版，如果手头没有 SQL Server 2008，可以使用这种试用版来进行学习。

安装 SQL Server 2008 时一般遵守以下三个步骤。

- 安装前的准备工作：通过对计算机软硬件环境、网络环境的检查和测试，可保证 SQL Server 2008 安装时的各种需求。
- 实际安装过程：安装数据库服务器并建立默认数据库。
- 验证所有已安装的选项，以保证全部的工作都正确无误。

1.3.1 安装 SQL Server 2008

任务一：在本地计算机上安装一个以计算机名称命名的默认实例，身份验证模式为“混合模式（SQL Server 验证模式和 Windows 验证模式）”，登录账户名称为“sa”，登录密码为“sa”。

1. 开始安装

准备工作都做好了以后，就可以开始安装 SQL Server 2008 了。如果是使用 CD-ROM 进行安装，并且安装进程没有自动启动，则打开 Windows 资源管理器并双击 autorun.exe（位于 CD-ROM 的根目录下）。如果不使用 CD-ROM 进行安装，则双击下载的可执行的安装程序。

2. 安装 Microsoft .NET Framework

如果当前没有安装 Microsoft .NET Framework 3.5 版，则会出现该版本的安装对话框。.NET 是微软创建的一种框架，允许用不同编程语言（如 VB、.NET、C#及其他）编写的程序有一个公共编译环境。SQL Server 2008 在其自身内部的一些工作要使用 .NET，当然，开发人员也可以用任何微软的 .NET 语言编写 .NET 代码，放入 SQL Server 中。在 SQL Server 2008 中，除了可以用 T-SQL 以外，还能够使用.NET 和 LINQ 来查询数据库。安装界面如图 1-1 所示。

3. 设置“SQL Server 安装中心”

安装完成后，会弹出“SQL Server 安装中心”窗口，如图 1-2 所示。该窗口涉及计划一个安装，设定安装方式（包括全新安装和从以前版本的 SQL Server 升级），以及用于维护 SQL Server 安装的许多其他选项。

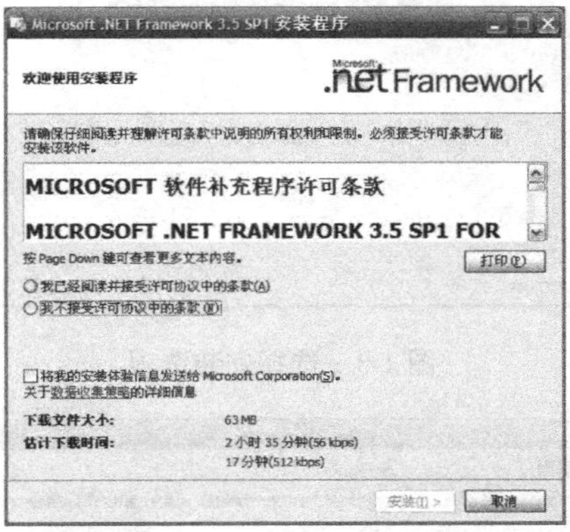

图 1-1　Microsoft .NET Framework 3.5 安装界面

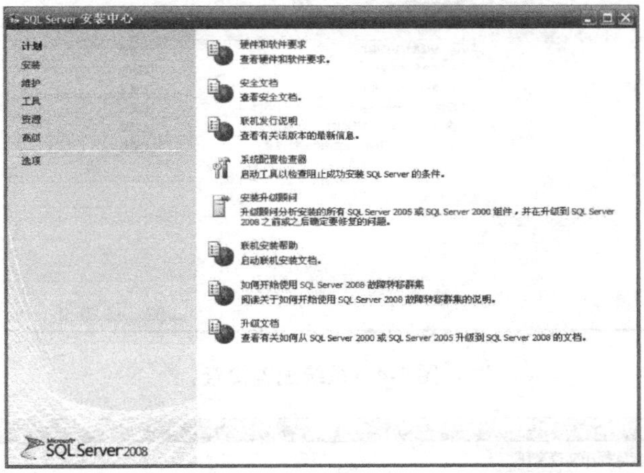

图 1-2　“SQL Server 安装中心”窗口

单击“SQL Server 安装中心”窗口左侧的“安装”选项，然后从“安装”选项列表中选择第一个选项，即“全新 SQL Server 独立安装或向现有安装添加功能”，如图 1-3 所示，这样就开始了 SQL Server 2008 的安装。

4. 进行系统配置检查

在输入产品密钥并接受 SQL Server 许可条款之前，将进行快速的系统检查。在 SQL Server 的安装过程中，要使用大量的支持文件，此外，支持文件也用来确保无效的和有效的安装，如图 1-4 所示。假如检查过程中没出现任何错误，则单击“确定”按钮。

系统配置检查成功以后，会弹出“安装程序支持文件”窗口，如图 1-5 所示，此时单击“安装”按钮以安装安装程序所需的支持文件，若要安装或更新 SQL Server 2008，这些文件是必需的。

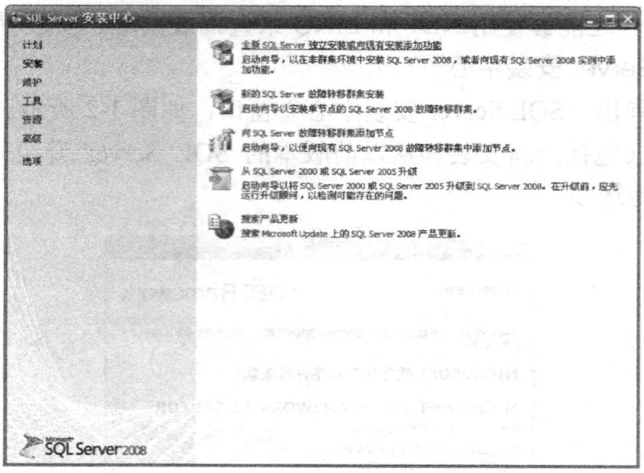

图 1-3　选择安装选项

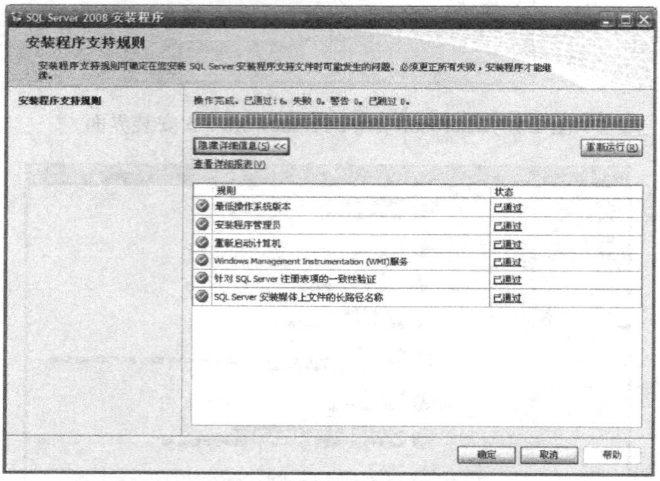

图 1-4　系统配置检查

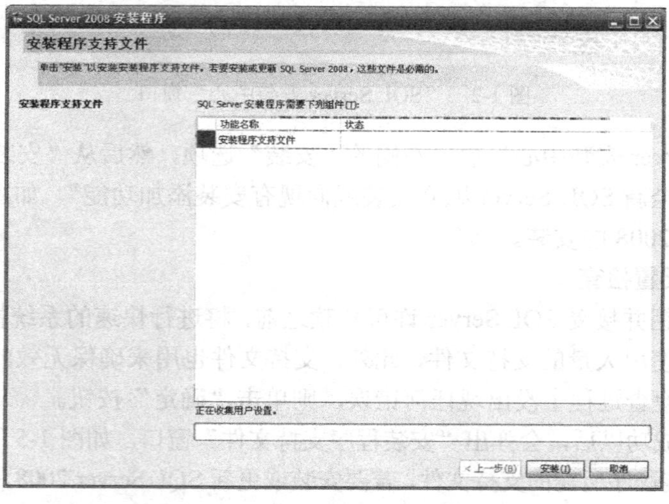

图 1-5　“安装程序支持文件”窗口

安装程序支持文件安装完成后，会进入“安装类型”设置窗口，用户可以在此窗口中设置是执行 SQL Server 2008 的全新安装还是向 SQL Server 2008 的现有实例中添加功能，如图 1-6 所示。

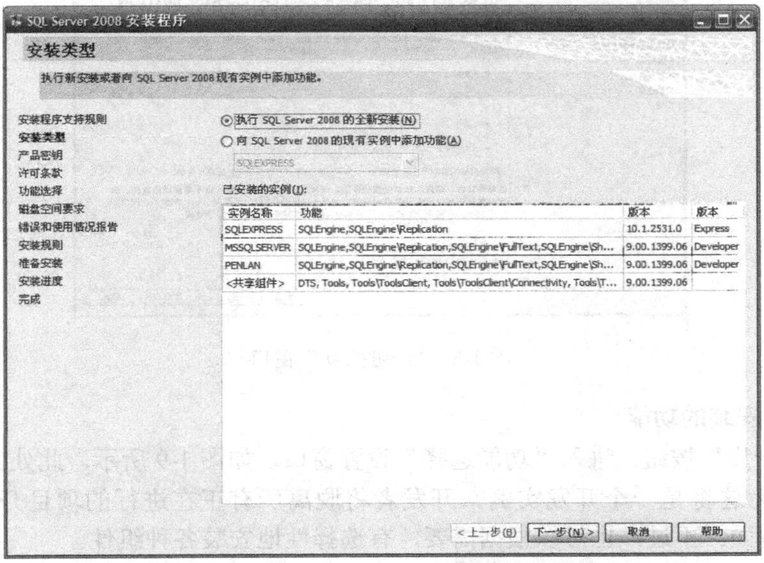

图 1-6　“安装类型”设置窗口

单击“下一步”按钮，弹出“产品密钥”设置窗口，该窗口用于指定 SQL Server 的可用版本，或提供 SQL Server 产品密钥以验证该 SQL Server 2008 实例，如图 1-7 所示。

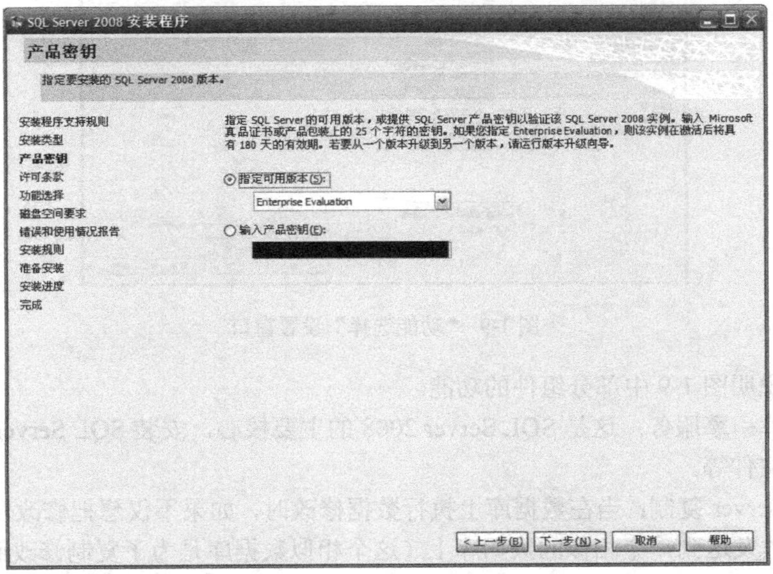

图 1-7　“产品密钥”设置窗口

单击“下一步”按钮，在“许可条款”窗口中阅读“MICROSOFT 软件许可条款”，此时，必须接受 MICROSOFT 软件许可条款，才能安装 SQL Server 2008，如图 1-8 所示。

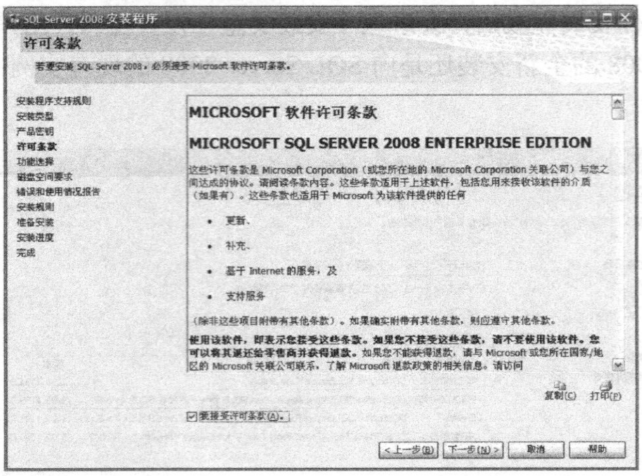

图 1-8 “许可条款”窗口

5. 选择要安装的功能

单击“下一步”按钮，进入“功能选择”设置窗口，如图 1-9 所示。此处的安装会安装所有的功能，因为这将是一个开发实例，开发者将脱离所有正在进行的项目开发来测试 SQL Server 的各个方面。不过，也可以根据需要，有选择性地安装各种组件。

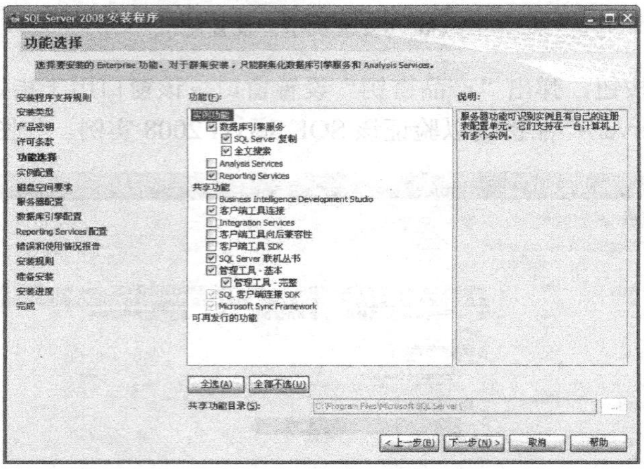

图 1-9 “功能选择”设置窗口

下面简要说明图 1-9 中部分组件的功能。

（1）数据库引擎服务：这是 SQL Server 2008 的主要核心，安装 SQL Server 运行所需的主要引擎、数据文件等。

（2）SQL Server 复制：当在数据库上执行数据修改时，如果不仅想把修改发送到该数据库上，还想把修改发送到一个相似的数据库上（这个相似数据库是为了复制修改而创建的），可以使用这一选项把修改复制到那个数据库上。

（3）全文搜索：这一选项允许对数据库中的文本进行搜索。

（4）Analysis Services：使用该工具可以获取数据集，并对数据切块、切片，分析其中所包含的信息。

（5）Reporting Services：这一组件允许从 SQL Server 生成报表，而不必借助第三方工具，如 Crystal Report。

（6）客户端工具连接：这些工具中，一些为客户端机器提供到 SQL Server 的图形化界面，另一些则在客户端协同 SQL Server 一起工作。这一选项适于布置在开发人员的机器上。

（7）Microsoft Sync Framework：当与脱机应用程序（如移动设备上的应用程序）一起工作时，必须在适当的地方存在某种同步机制。这一选项允许发生这些交互。

（8）SQL Server 联机丛书：这是一个帮助系统。如果在 SQL Server 的任何方面需要更多的信息、说明或额外的详细资料，可求助于联机丛书。

（9）Business Intelligence Development Studio：如果想使用基于分析的服务来分析数据，那么可以使用这个图形用户界面与数据库进行交互。

（10）Integration Services：用于创建完成行动的过程，例如，从其他数据源导入数据并使用这些数据等。

6. 配置实例

单击“下一步”按钮，打开“实例配置”窗口，以选择和配置实例。根据本任务要求，将实例安装为“默认实例”，“实例配置”窗口如图 1-10 所示。SQL Server 是安装在计算机上的，那么在一台计算机上多次安装 SQL Server 是完全有可能的。如果服务器功能强大，有足够的资源（如内存、处理器等）运行两三个不同的应用程序，这种情形就可能出现。这些不同的应用程序都想拥有自己的 SQL Server。每一个安装都称为一个实例，且每一个实例必须有一个属于它的唯一的名字。

SQL Server 的数据库服务器分为默认实例和命名实例两种，默认实例仅根据运行该实例的计算机的名称进行识别，其实例名的访问方法可以是计算机名称、Localhost 或圆点，默认实例的服务名为 MSSQLServer。除默认实例外，数据库引擎的所有实例都根据安装实例期间指定的实例名称进行识别，计算机名称和实例名称以“计算机名称\实例名称”的格式指定，命名实例的服务名为 MSSQL$命名实例名。应用程序必须提供计算机名称和它们尝试连接的任一命名实例的实例名称。第一次安装时应选择“默认实例”，以后安装时可选择命名实例。

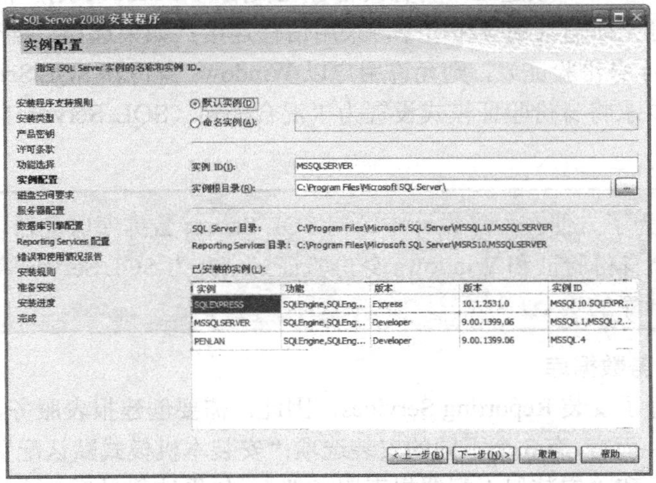

图 1-10 “实例配置”窗口

7. 选择服务账户

单击“下一步”按钮，会弹出“磁盘空间要求”窗口，用于查看选择的 SQL Server 功能所需的磁盘空间要求，在该窗口中单击“下一步”按钮，打开“服务器配置”窗口，对 SQL Server 服务器进行配置，如图 1-11 所示。

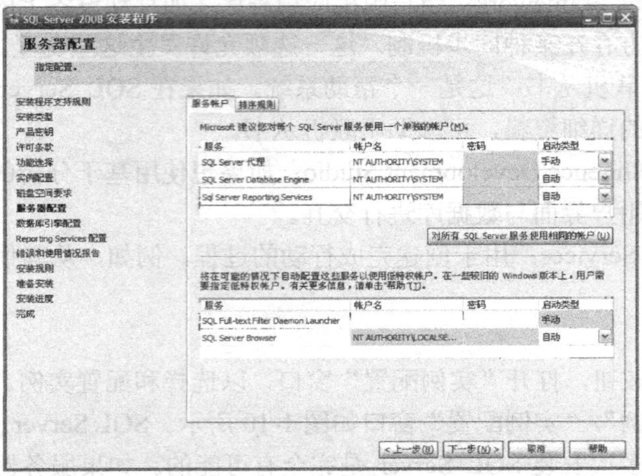

图 1-11 “服务器配置”窗口

正如用户在使用系统前必须先登录到 Windows 一样，SQL Server 及在“功能选择”设置窗口中定义的其他服务在启动前也必须先登录到 Windows。SQL Server、Reporting Services 等服务不需要任何人登录到安装 SQL Server 的计算机上就可以运行，只要计算机成功启动即可。

8. 选择身份验证模式

单击“下一步”按钮，打开“数据库引擎配置”窗口，如图 1-12 所示。“数据库引擎配置”窗口用于选择 SQL Server 2008 的身份验证模式，可选择“Windows 身份验证模式”和“混合模式（SQL Server 身份验证和 Windows 身份验证）”两种。如果选择“Windows 身份验证模式”，则用户身份由 Windows NT 域建立，所有具备管理权限的 Windows 用户都可以以 sa 权限登录 SQL Server，登录时无须输入账号和口令，采用信任连接；如果选择“混合模式（SQL Server 身份验证和 Windows 身份验证）”，则允许用户以 Windows 身份和 SQL Server 身份连接数据库服务器。根据任务要求将身份验证模式设置为“混合模式（SQL Server 身份验证和 Windows 身份验证）”。

提示：为了方便在程序设计中访问 SQL Server 数据库服务器，建议用户选择“混合模式（SQL Server 身份验证和 Windows 身份验证）”，并为 SQL Server 管理员账号 sa 设置登录密码，以保证数据库的安全。

9. 创建报表服务数据库

由于在前面选择了安装 Reporting Services，因此，需要创建报表服务器所使用的数据库。对 Reporting Services 而言，有 3 个不同的安装选项：“安装本机模式默认配置”、“安装 SharePoint 集成模式默认配置”和“安装但不配置报表服务器”。如果选择最后一个选项，将在服务器上安装 SQL Server Reporting Services，但不会对其进行配置。如果只是为了报表选项而构建特定的服务器，则该选项十分理想。安装完成后，必须创建报表数据库。

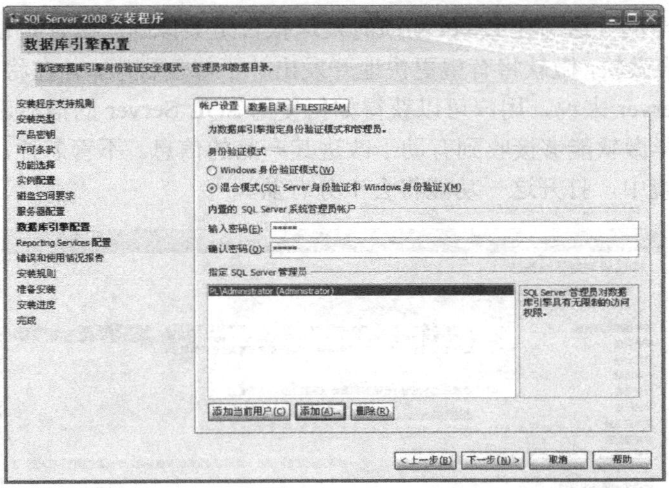

图 1-12 “数据库引擎配置”窗口

如图 1-13 所示，“安装本机模式默认配置”是最简单的选项，也是用户要使用的选项。选择该选项，将在 SQL Server 中安装 Reporting Services，并创建必需的数据库。仅当用户在本地实例而非远程实例上进行安装，并且 Reporting Services 也存在于那个本地实例上时，该选项才是有效的。对服务账户，本地实例上（即 Localhost）的报表服务器的 URL、报表管理器 URL 及报表服务数据库的名称都使用默认值。

如果部署了 SharePoint 安装，并且想要 Reporting Services 使用该体系结构，则选择“安装 SharePoint 集成模式默认配置”选项，这一选项允许用户使用 SharePoint 的功能。这些内容超出了本书的讲述范畴，这里不再详述。

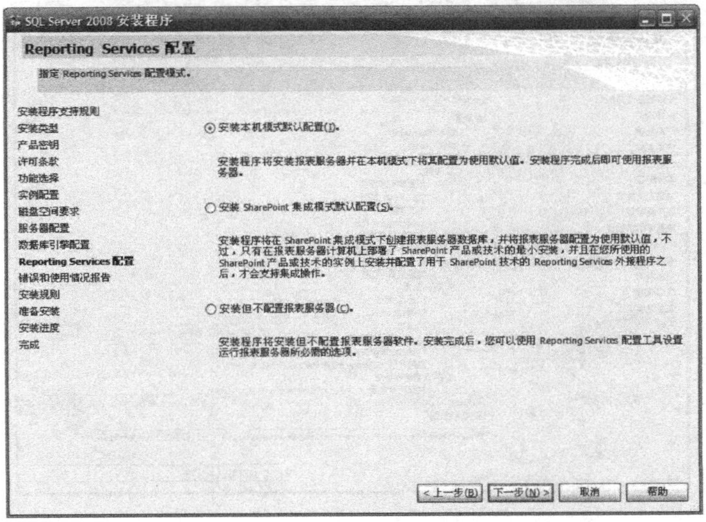

图 1-13 “Reporting Services 配置”窗口

10. 配置错误和使用情况报告

在 SQL Server 中，可以自动报告任何错误并把错误报告发送到微软，其中包含 SQL Server 异常关闭时的致命错误。建议选中图 1-14 中的错误设置。因为不会发送组织机构的任何信息，所以数据依然是安全的。这与在 Excel 崩溃时发送报告是类似的。最好是使该功能处于激活状态。发送错误报告给微软，微软将有望更快地开发出补丁修复程序，并在将来发布更好的版本。另外，对于 SQL Server 来说，用户可以获得如何使用 SQL Server 的信息。打开这一功能也是非常有帮助的，这样微软能够接收到有助于改进其产品的信息。不管怎样，在与这一功能更加密切相关的生产环境中，打开这一功能将会十分有益。

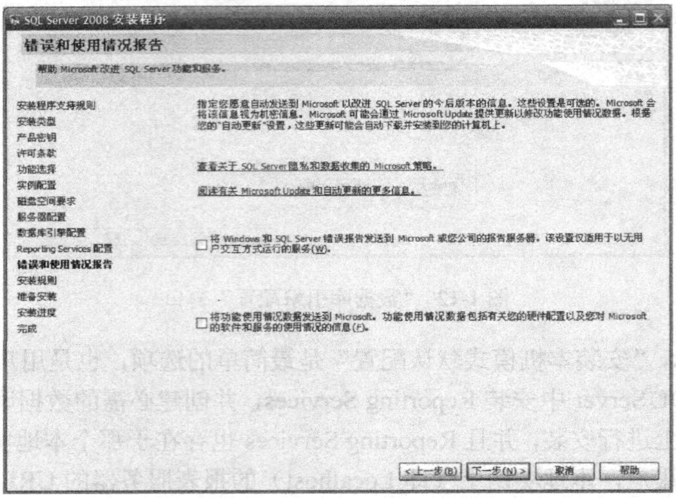

图 1-14　“错误和使用情况报告”窗口

单击“下一步”按钮，将显示关于安装规则详细信息的界面。再次单击“下一步”按钮，将显示最终的界面，如图 1-15 所示。现在完成了设置收集，已经准备好进行安装了。

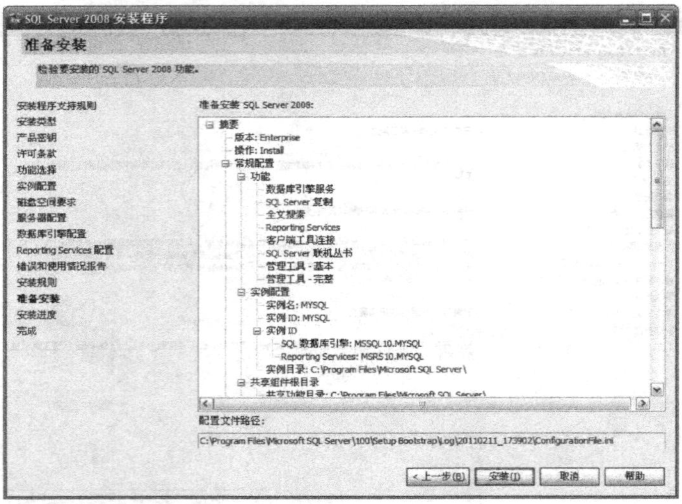

图 1-15　“准备安装”窗口

11. 安装完成

当“安装进度”窗口中所有产品安装完成后，单击“下一步”按钮，打开“完成”窗口，如图 1-16 所示，单击“关闭”按钮即可完成 SQL Server 2008 的安装。

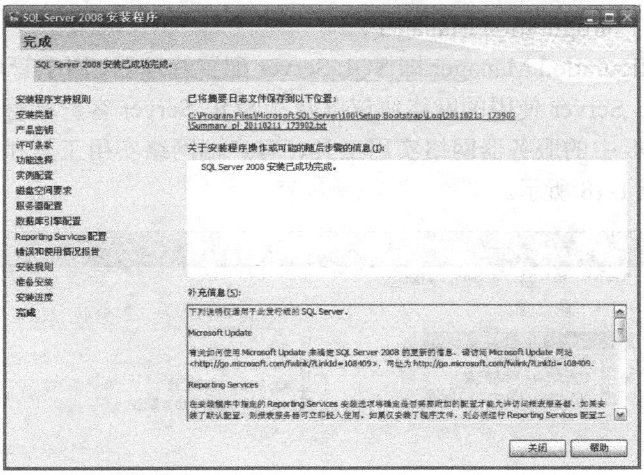

图 1-16 “完成”窗口

1.3.2 验证 SQL Server 2008

任务二：验证所安装的默认实例是否安装成功。

安装完成后，不要急于对服务器进行配置，应首先测试、检查 SQL Server 2008 是否安装成功。验证的步骤如下。

1. 确认加载的管理工具已安装

SQL Server 2008 提供了很多方便、实用的数据库管理和开发工具，使用这些工具可以方便地对数据库进行维护和管理，下面介绍一些常用的管理工具。

（1）Microsoft SQL Server Management Studio

Microsoft SQL Server Management Studio 是 SQL Server 2008 数据库系统中最重要的管理工具，也称为 SQL Server 管理控制台。Microsoft SQL Server Management Studio 是一组多样化的图形工具和多种功能齐全的脚本编辑器的组合，它将 SQL Server 2008 的企业管理器、查询分析器结合在一起，能够对 SQL Server 数据库进行全面管理。界面如图 1-17 所示。

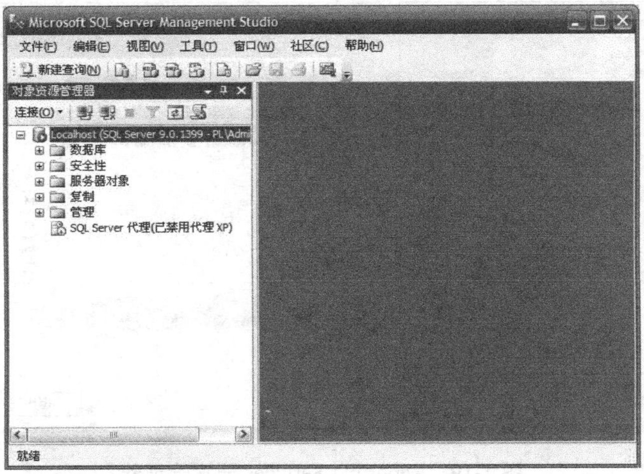

图 1-17　Microsoft SQL Server Management Studio 界面

（2）SQL Server Configuration Manager

SQL Server Configuration Manager 即 SQL Server 配置管理器，用于管理与 SQL Server 相关联的服务，配置 SQL Server 使用的网络协议以及从 SQL Server 客户端管理网络连接配置等。它将 SQL Server 2008 中的服务器网络实用工具、客户端网络实用工具和服务管理器的功能结合在一起，界面如图 1-18 所示。

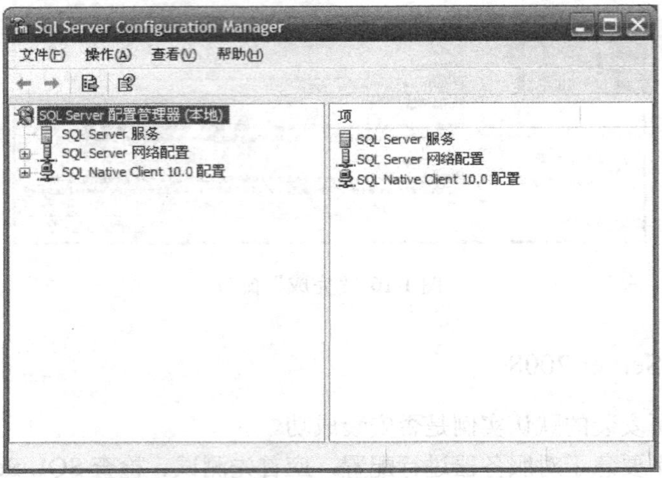

图 1-18　SQL Server Configuration Manager 界面

（3）Reporting Services 配置管理器

使用 Reporting Services 配置管理器工具可以定义或修改报表服务器和报表管理器的设置。如果 Reporting Services 是在“仅文件”模式下安装的，则必须配置 Web 服务 URL、数据库和报表管理器 URL，界面如图 1-19 所示。

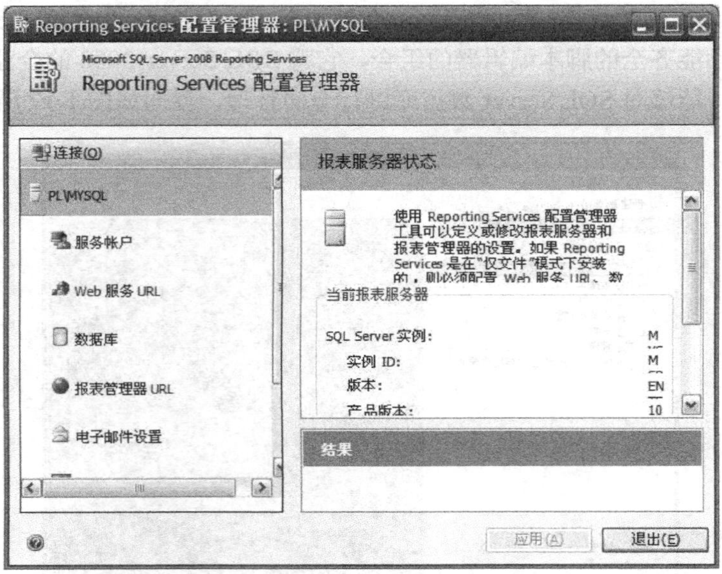

图 1-19　Reporting Services 配置管理器

2. 确认加载的 SQL Server 2008 服务已安装

SQL Server 2008 安装完成以后，可以在 Windows 系统中检查其是否安装成功。依次打开“我的电脑” →“控制面板”→“管理工具”→“服务”，在弹出的“服务”窗口中，查看有无“SQL Server（MSSQLSERVER）”名称，若找到且其状态提示为“已启动”，则表示 SQL Server 2008 默认实例安装成功且服务已启动，如图 1-20 所示。

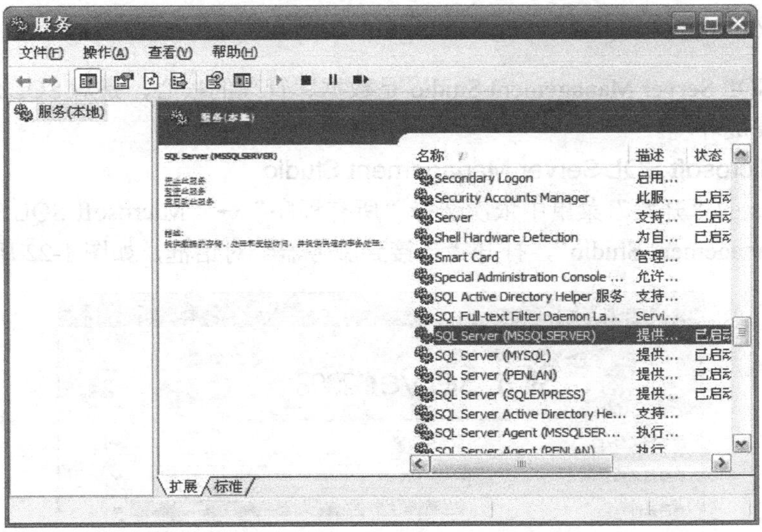

图 1-20 “服务”验证窗口

3. 在命令提示符下测试服务是否安装成功

使用命令提示符，可以在 DOS 系统中测试 SQL Server 2008 是否安装成功，步骤如下。

（1）依次打开“开始”→“程序”→“附件”→“命令提示符”。

（2）在命令状态下输入启动服务命令，以测试 SQL Server 服务是否安装，格式为：Net Start MSSQLServer，如图 1-21 所示。

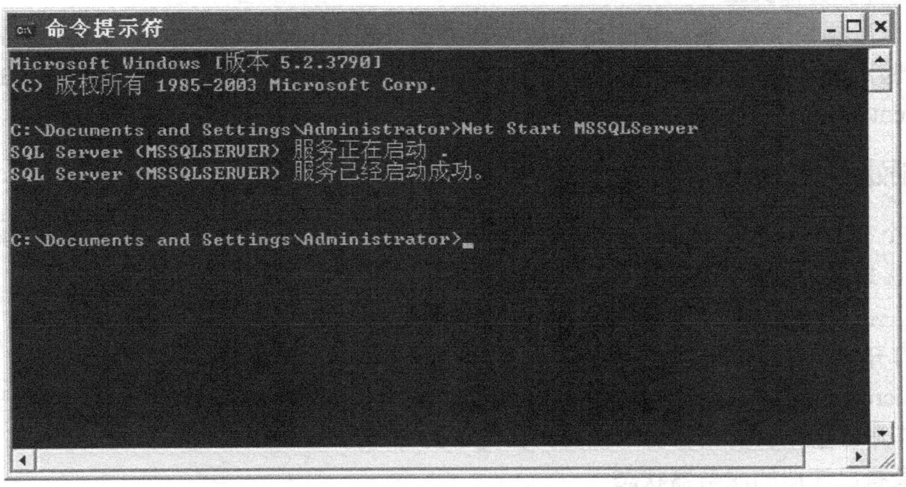

图 1-21 “命令提示符”启动服务示意图

1.4　配置服务器

在使用 SQL Server 2008 之前，必须要掌握 SQL Server 2008 中服务器的连接、启动、注册等配置方法，以确保其在网络环境中能正常运行。

1.4.1　启动 Microsoft SQL Server Management Studio

Microsoft SQL Server Management Studio 是数据库管理的核心，是对 SQL Server 数据库进行全面管理的集成环境。

1. 打开 Microsoft SQL Server Management Studio

在 Windows 的“开始”菜单中依次选择“所有程序”→“Microsoft SQL Server 2008”→“SQL Server Management Studio”，打开“连接到服务器”对话框，如图 1-22 所示。

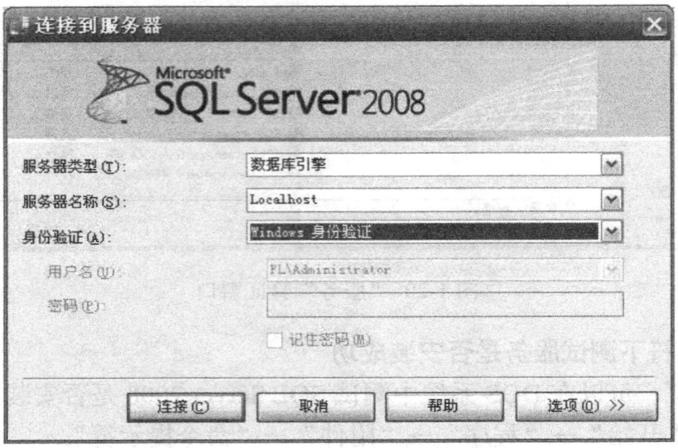

图 1-22　“连接到服务器”对话框

2. 选择服务器类型

选择服务器类型为“数据库引擎”，输入服务器名称为 Localhost（本地的默认服务器名称），选择身份验证方式为“Windows 身份验证”，选择完成后，单击“连接”按钮，即可打开 SQL Server Management Studio 窗口，如图 1-17 所示。

1.4.2　创建服务器组

在一个客户端上可以同时管理多个数据库服务器，为了方便管理，SQL Server 2008 提供了服务器组，以实现对服务器进行分类管理。

任务三：创建一名为“Work”的服务器组。

1. 打开“已注册的服务器”视图

在 Microsoft SQL Server Management Studio 窗口的菜单栏中选择“视图”→“已注册的服务器”，打开“已注册的服务器”视图，如图 1-23 所示。

2. 查看已注册的服务器状态

在“已注册的服务器”视图中，可以查看服务器组和已注册的数据库服务器。

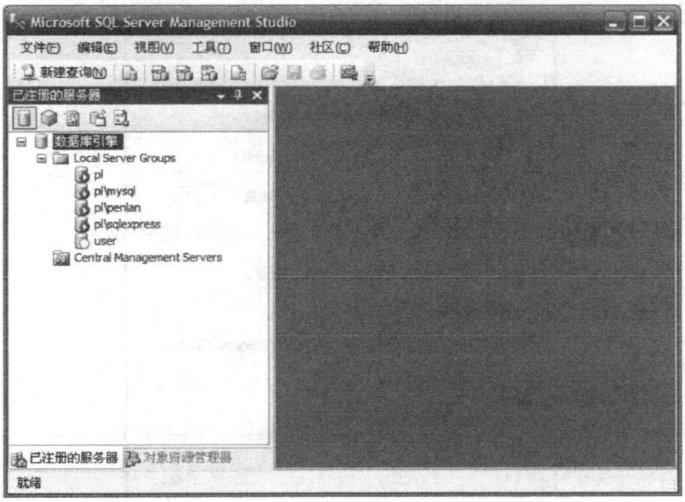

图 1-23　“已注册的服务器”视图

3. **创建新服务器组**

在“已注册的服务器”视图中，右键单击“Local Server Groups”，在弹出的快捷菜单中选择“新建服务器组”，打开“新建服务器组属性”对话框，在“组名”文本框中输入服务器组的名称，然后单击“确定”按钮，即可创建服务器组，如图 1-24 所示。

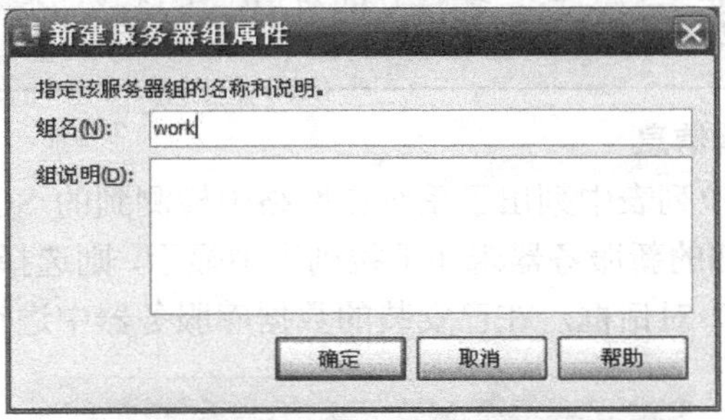

图 1-24　新建服务器组

1.4.3　注册和删除服务器

任务四：在“work”服务器组中添加本地服务器中名为“SQLEXPRESS”的命名实例，登录名称为“sa”，密码为“sa”。

用户必须先注册本地或远程数据库服务器，才能在 Microsoft SQL Server Management Studio 中对其进行管理。注册和删除服务器的步骤如下。

1. **打开“已注册的服务器”视图**

在 Microsoft SQL Server Management Studio 窗口的菜单栏中选择“视图”→“已注册的服务器”，打开“已注册的服务器”视图。

2. **打开“新建服务器注册”对话框**

在“已注册的服务器”视图中，右键单击“work”服务器组，在弹出的快捷菜单中选择“新建服务器注册”，打开“新建服务器注册”对话框，如图 1-25 所示。

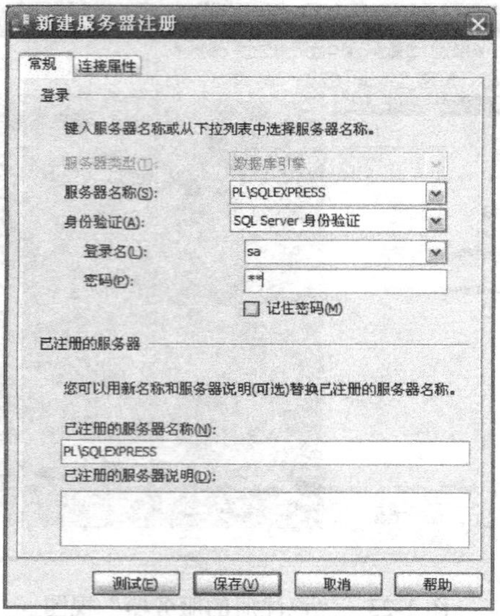

图 1-25 “新建服务器注册”对话框

提示： 安装 SQL Server 时，必须要为“sa”账户修改其密码，更改密码的步骤如下。在“对象资源管理器”视图中选择“Localhost”服务器，依次打开“安全性”→“登录名”，右键单击“sa”账户，并选择“属性”，在打开的对话框中修改“常规”选项卡中“sa”账户的密码为“sa”即可。

3. 设置新注册服务器信息

在“服务器名称”下拉列表中列出了系统在网络中检测到的 SQL Server 服务器，选择要添加的服务器。若需要添加的新服务器未在下拉列表中显示，则选择下拉列表中的“浏览更多”选项，打开“查找服务器”对话框，在已安装的数据库服务器中进行选择，如图 1-26 所示。

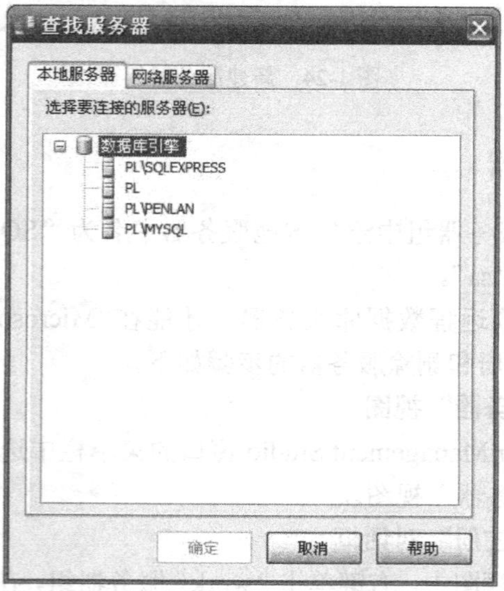

图 1-26 “查找服务器”对话框

在“新建服务器注册”对话框中设置身份验证模式，本例中选择“SQL Server 身份验证”，并设置相应的登录名和密码。

配置完成后，单击“测试”按钮，测试是否能正常连接服务器。测试成功后单击“保存”按钮，即可完成服务器的注册。

4．删除已注册的服务器

在 Microsoft SQL Server Management Studio 的“已注册的服务器”视图中，右键单击要删除的服务器，在弹出的快捷菜单中选择“删除”命令，弹出“确认删除”对话框，在该对话框中单击“是”按钮，即可将所选的注册服务器删除。

1.4.4　启动、暂停和关闭 SQL Server 2008 服务

启动、暂停和关闭 SQL Server 2008 服务的方法有以下三种。

1．使用 Microsoft SQL Server Management Studio 设置

在 Microsoft SQL Server Management Studio 的“对象资源管理器”视图中，右键单击要管理的服务器，在弹出的快捷菜单中可以看到“启动”、“暂停”、“停止”、“继续”和“重新启动”等菜单项，如图 1-27 所示。

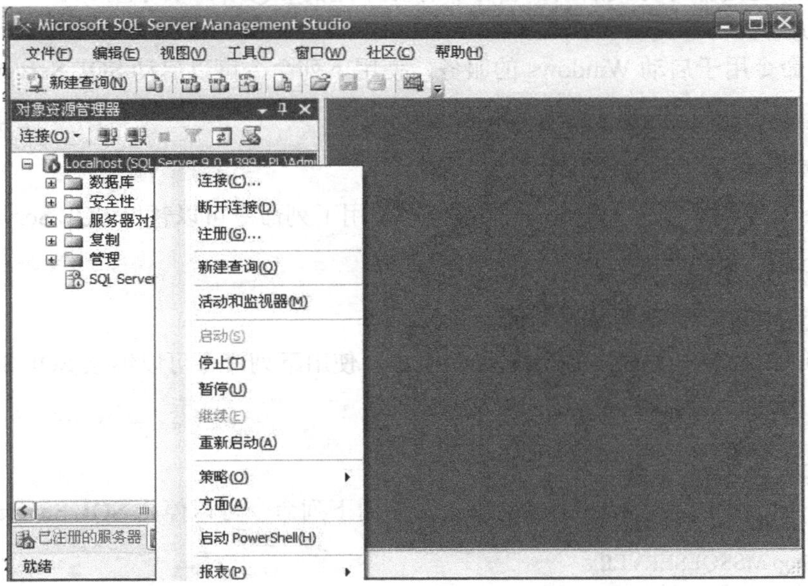

图 1-27　在 Microsoft SQL Server Management Studio 中设置服务

2．使用 SQL Server Configuration Manager 设置

SQL Server 2008 的服务也可以通过 SQL Server Configuration Manager 进行操作。在 Windows 的“开始”菜单中依次选择“所有程序”→“Microsoft SQL Server 2008”→“配置工具”→“SQL Server 配置管理器”，打开 SQL Server Configuration Manager，在左侧窗格中选择“SQL Server 服务”，如图 1-28 所示，在右侧窗格中选择需要操作的服务，单击鼠标右键，在弹出的快捷菜单中选择要对服务所做的操作即可。

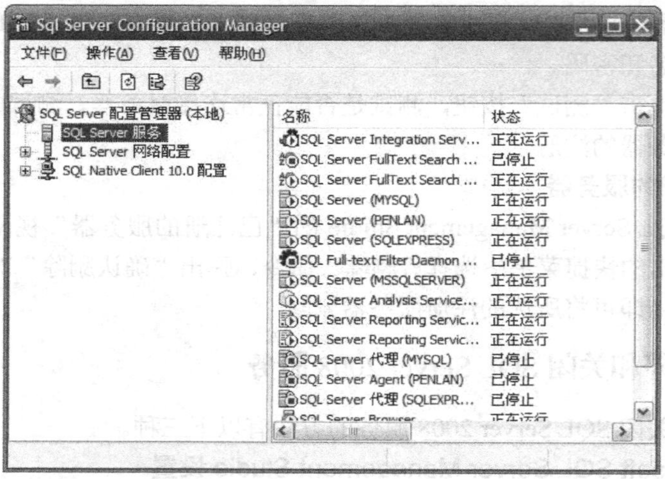

图 1-28　在 SQL Server Configuration Manager 中设置服务

3. 采用命令方式设置

用户还可以通过命令方式启动、暂停和停止本地的 SQL Server 服务。

（1）启动服务

Net Start 命令用于启动 Windows 的服务，使用下列命令可以启动 SQL Server 的服务。

```
Net Start MSSQLSERVER
```

（2）暂停服务

Net Pause 命令用于暂停 Windows 的服务，使用下列命令可以暂停 SQL Server 的服务。

```
Net Pause MSSQLSERVER
```

（3）继续服务

Net Continue 命令用于继续 Windows 的服务，使用下列命令可以继续 SQL Server 的服务。

```
Net Continue MSSQLSERVER
```

（4）停止服务

Net Stop 命令用于停止 Windows 的服务，使用下列命令可以停止 SQL Server 的服务。

```
Net Stop MSSQLSERVER
```

1.4.5　配置服务器属性

在 Microsoft SQL Server Management Studio 的“已注册的服务器”视图中，右键单击指定的服务器组，在弹出的快捷菜单中选择“新建服务器注册”，打开“新建服务器注册”对话框，如图 1-29 所示。在该对话框中可以设置服务器名称和身份验证方式，当用户选择“SQL Server 身份验证”后，可以输入新的用户名和密码登录服务器。

在 Microsoft SQL Server Management Studio 的“对象资源管理器”视图中，右键单击指定的服务器，在弹出的快捷菜单中选择“属性”，打开“服务器属性”对话框，如图 1-30 所示。在“服务器属性”对话框中，可以对“常规”、“内存”、“处理器”、“安全性”、“连接”、“数据库设置”、“高级”和“权限”这 8 个选项进行设置。

图 1-29　“新建服务器注册”对话框

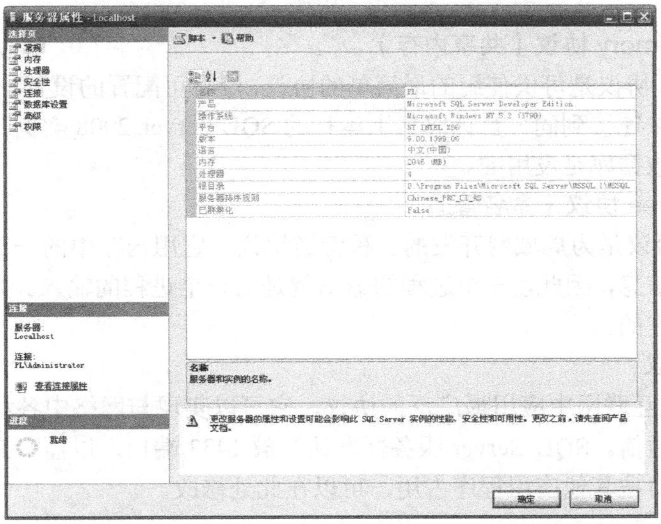

图 1-30　“服务器属性”对话框

1.5　配置客户端

1.5.1　配置网络连接协议

要在客户端访问远程 SQL Server 服务器，必须在客户端计算机和服务器计算机上配置相同的网络协议。SQL Server 2008 支持的网络协议包括 Shared Memory 协议、Named Pipes 协议、TCP/IP 协议和 VIA 协议等。

打开 SQL Server Configuration Manager，在左侧窗格中选择“SQL Server 网络配置”→“MSSQLSERVER 的协议”，可以查看 SQL Server 2008 支持的各种网络协议及其使用情况，如图 1-31 所示。鼠标右键单击协议名称，在弹出的快捷菜单中选择“属性”，打开各种协议的属性设置窗口，在该窗口中可分别对每种协议的参数进行设置。

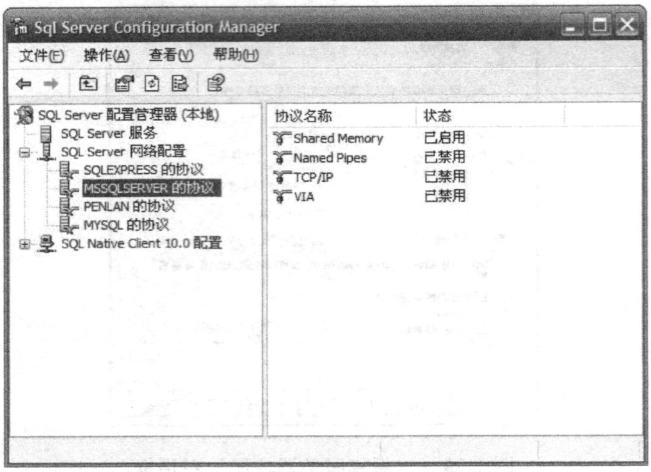

图 1-31　SQL Server 2008 支持的各种网络协议及其使用情况

1. Shared Memory 协议（共享内存）

Shared Memory 协议是可供使用的最简单的协议，没有可配置的设置。使用 Shared Memory 协议的客户端仅可以连接到同一台计算机上运行的 SQL Server 2008 实例，因此，这个协议对于其他计算机上的数据库是没用的。

2. Named Pipes 协议（命名管道）

Named Pipes 协议是为局域网开发的一种管道协议。它用内存中的一部分，通过某个进程向另一个进程传递信息，因此，一个进程的输出就是另一个进程的输入。第二个进程可以是本地的，也可以是远程的。

3. TCP/IP 协议

TCP/IP 协议是互联网中应用最广泛的协议，它可以实现与网络中各种不同硬件结构和操作系统的设备进行通信。SQL Server 服务器默认开放 1433 端口，以监听来自远端计算机的连接请求。如果此端口被其他应用程序占用，可以在此处修改。

4. VIA 协议

虚拟接口适配器（VIA）协议和 VIA 硬件配合使用，非常适合在局域网中使用。

1.5.2　配置客户端网络

要将客户端连接到远程的 SQL Server 服务器，需要在客户端计算机上安装并配置与服务器相同的网络协议。

打开 SQL Server Configuration Manager，在左侧窗格中选择“SQL Native Client10.0 配置”→“客户端协议”，可以查看当前客户端已经配置的网络协议，如图 1-32 所示。

客户端为了能够连接到 SQL Server 实例，必须使用与某一监听服务器的协议相匹配的协议。例如，如果客户端试图使用 TCP/IP 协议连接到 SQL Server 的实例，而服务器上只安装了 Named Pipes 协议，客户端将不能建立连接。在这种情况下，必须使用服务器上的 SQL Server Configuration Manager 激活服务器 TCP/IP 协议。客户端和服务器都必须运行相同的网络协议。在 TCP/IP 网络环境下，通常不需要对客户端进行网络配置。

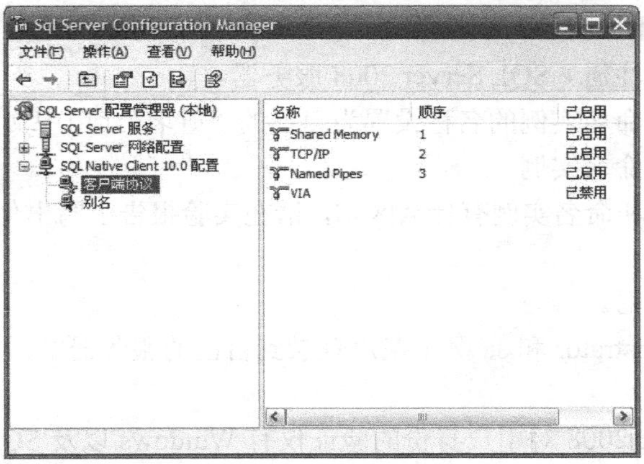

图 1-32 查看和设置客户端网络配置

本章小结

本章介绍了 SQL Server 2008 软件的各种知识，主要包括软件版本功能介绍、软件安装前的准备工作、软件的安装过程、安装过程中要注意的事项，以及安装完成后的验证和配置等内容。

SQL Server 2008 是 Microsoft 公司于 2008 年推出的一款运行于 Windows 操作系统上的数据库管理软件，在安装软件时要注意服务器名称的输入、账号的设置及身份验证的选择等几个比较容易出错的地方。

习 题

1. 简述 SQL Server 2008 软件的安装过程。
2. SQL Server 2008 软件安装前的准备工作包括哪几部分？
3. 启动、暂停和停止 SQL Server 服务的方法有哪些？
4. 默认实例和命名实例的区别是什么？
5. SQL Server 包括两种身份验证模式，请简单说出这两种身份验证模式的区别。
6. 请问，当系统提示"用户 sa 登录失败。该用户与可信 SQL Server 连接无关联。(Microsoft SQL Server，错误：18452)"信息时，该如何解决，出错原因是什么？

实时训练

1. 实训名称

SQL Server 2008 软件安装。

2. 实训目的

（1）掌握安装 SQL Server 2008 的过程。

（2）掌握两种登录方式和两种身份验证方式。

（3）掌握 SQL Server 2008 中用户的建立方法。

3. 实训内容及步骤

（1）安装（添加、注册）SQL Server 2008 服务器。

要求：安装时，将命名实例的名称设置为自己的"姓名"（用中文）。

（2）注册已安装的命名实例。

思考一：默认实例和命名实例有什么区别，请在实验报告上写出你的看法，并写出访问创建的命名实例的格式。

（3）注册其他服务器。

（4）分别用 Administrator 和 sa 两个账户登录到自己的服务器中，并将 sa 账户的密码更改为"12345"。

思考二：SQL Server 2008 对用户身份的验证仅有 Windows 以及 SQL 和 Windows 混合验证两种方法。当以"sa"身份登录时，将身份验证设置为"Windows 身份验证"会出现何种错误，如何解决，原因是什么？

（5）学会启动、暂停和停止 SQL Server 服务的方法。

① 依次选择"开始"→"程序"→"管理工具"→"服务"，若为默认实例，则 Server 服务名为："SQL Server（MSSQLSERVER）"；若为命名实例，则服务名为："SQL Server（命名实例名）"，例如"SQL Server（王红）"。

② 利用命令行启动，依次选择"开始"→"所有程序"→"附件"→"命令提示符"。

- 启动服务：Net　Start　MSSQLSERVER（mssql$实例名）；
- 暂停服务：Net　Pause　MSSQLSERVER（mssql$实例名）；
- 停止服务：Net　Stop　MSSQLSERVER（mssql$实例名）。

> **注意**：若为默认服务器，则直接输入 MSSQLSERVER；若为以自己姓名命名的实例，则应输入 mssql$实例名。

思考三：在实验报告上写出启动以自己姓名命名的实例服务的 4 种方法。需要时请写出命名实例的名称。

③ 利用配置管理器启动，依次选择"开始"→"程序"→"Microsoft SQL Server 2008"→"配置工具"→"SQL Server Configuration Manager"。

④ 在 DOS 命令行中连接到指定的服务器。

- 用 sa 账号连接到 SQL Server 默认实例：osql　–U　sa　–P；
- 用 sa 账号连接到命名实例：osql　–U　sa　–P　密码　–S 计算机名\实例名。

（6）在 Mierosoft SQL Server Management Studio 中为自己刚才创建的命名实例建立一个登录用户。

要求：用户名为自己的"学号"，密码为"123"，用户建立完成后，使用该用户登录 Microsoft SQL Server Management Studio。

思考四：① 在实验报告上写出在企业管理器中建立"学号"用户，利用该用户登录命名实例的完整过程；②写出在 DOS 命令行中使用该用户连接以自己姓名命名的实例的完整语句。

思考五：若以"学号"用户登录服务器，该用户能否添加新用户？若以"sa"用户登录服务器，此时能否添加新用户？为什么？

4. 实训结论

按照实训内容的要求完成实训报告。

第 2 章　“电脑销售管理系统”项目设计

项目讲解

“电脑销售管理系统”项目开发是为了提高商品的信息化程度，减轻管理人员整理、统计、搜索商品信息的负担，及时获取商品销售数据和库存数据，提高管理效率，使公司利益最大化。本章将详细讲解数据库应用系统的开发方法、电脑销售管理系统的设计流程，以及设计系统数据库的要求和逻辑设计方法。

学习任务

1. 学习目标

- 掌握数据库应用系统的开发方法；
- 掌握数据库应用系统的设计方法和流程；
- 掌握数据库的逻辑设计流程。

2. 学习要点

- “电脑销售管理系统”项目的需求分析；
- “电脑销售管理系统”项目数据库的 ERA 模型设计；
- “电脑销售管理系统”项目数据库的设计。

2.1 数据库应用系统的开发方法

2.1.1 SQL Server 数据库应用系统开发的一般步骤

作为一个应用系统的开发人员，应该严格地遵循应用系统的开发步骤，这样在开发一个新应用系统时就有了一定的成功保证。但如果认识不到这一点，则所进行的软件开发将可能会失败。

开发一个新应用系统的正确步骤如下。

（1）认真收集、分析用户的需求。

（2）根据研究、分析的用户需求设计和建立应用系统。

（3）对应用系统进行测试。

（4）安装、实施、验收和评估应用系统。

（5）维护应用系统。

实际上，能够按上述步骤一次完成的情况并不多见。更常见的情况是，上述步骤必须反复经过多次，才能使应用系统逐步接近用户的“真实需求”。应用系统开发的流程如图 2-1 所示。

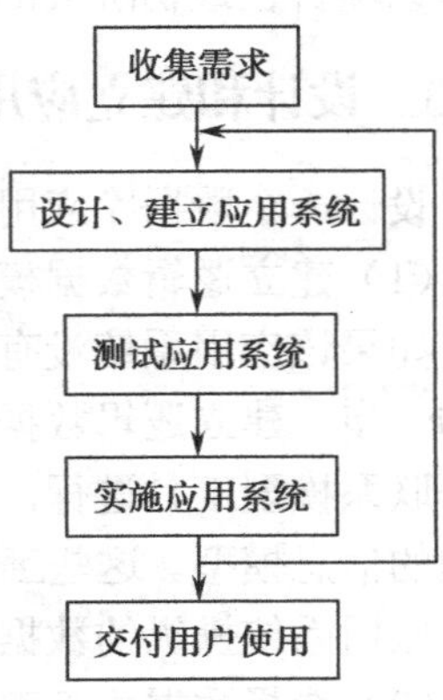

图 2-1　应用系统开发的流程

通常每一个项目都要有一组开发设计人员，包括项目经理、商务人员、数据库设计人员、应用系统设计人员、程序员、技术文档编写人员、数据库管理员、系统管理员、系统测试员、系统维护人员和培训人员。但对于小项目而言，所有这些角色可能都由一个人承担。不管是哪种情况，重要的是，对每一方面，一定要有专人负责，以使项目的开发取得成功。

2.1.2　收集、分析用户需求

开发一个新应用系统总是以收集、分析用户需求作为起点的。要使每一位参与新系统开发的人员都知道，确定新应用系统的需求是必不可少的首要任务，必须对任务需求十分明确。收集、分析用户需求是科学，也是艺术，其中的每一步都可能出现问题。在收集用户需求时，应注意以下几点。

（1）注意与用户进行充分的交流

为了了解用户的需求，需要和用户进行充分的交流。但由于用户对需求的描述往往是不准确的，因此需要应用系统开发人员和用户进行必要的沟通。

（2）在用户纷繁杂乱的意见中把握系统本质的需求

在新应用系统开发中还会遇到意见分歧的困难，其中一些用户强调某种需求，而另一部分用户则会提出与之相矛盾的需求。系统开发人员就必须一个一个地决定，谁提出的需求是正确的，反映了问题的实质；谁的需求是真正的需要，而应在项目完成时给予满足。应用系统项目开发的难度与开发中所涉及的用户群数量成正比。

（3）关注系统开发过程中需求的改变

当开发者正在为某一环境进行新应用系统的开发时，它的需求又改变了，这种情况会经常遇到。幸运的话，一些用户会提醒开发人员什么正在改变和改变的理由，以及对现行开发系统的影响。由此可以发现，使一个应用系统满足变化着的需求是极具挑战性的。

在一个应用系统中，开发人员需要收集以下三种不同类型的需求。

- 功能需求，是指应用系统应满足的所有功能。这种需求对逻辑数据模型的建立是极为重要的，而逻辑数据模型是实现功能需求的工具。
- 数据需求，是指完成应用系统所有功能需求所需要的所有原始信息。
- 性能需求，是指整个应用系统必须满足的性能要求。

当所有需求收集完成后，必须对需求进行整理和分析；然后再和所有有关人员、最终用户、项目主管和其他开发人员一起重新审查一下对需求的理解。如果项目较小，需求简单直接，可采用简单的、非正规的方法收集和审查需求，但仍建议对每件事情编制备案文档；如果项目较大，需求复杂而烦琐，则必须将需求的收集、分析、审查按照正规程序进行。如果不这样做，那么该项目在最初阶段的基础工作很可能就失败了。

2.1.3　设计和建立应用系统

设计一个数据库应用系统时，主要是进行以下几个方面的工作。

（1）建立逻辑数据模型

如果该应用系统没有现存的数据库，就需要建立一个逻辑数据模型，这是设计过程中最重要的一步。建立逻辑数据模型可以手工进行，也可以使用诸如 Erwin、Power Design 这样的实体—联系模型工具进行，实体—联系模型工具能帮助开发人员用图解的方式构造一个应用系统管理的信息模型。这些工具的最大优点是，用模型就可以生成数据库，并提供一个中心库，用于将应用系统操纵的数据存档。

（2）选择数据库管理系统并完成逻辑设计的物理实现

除非用户指定了数据库管理系统，否则开发人员应考虑客户端操作系统（如 Windows、

Mac、UNIX 等）是否能够支持所选择的数据库管理系统（如 SQL、Oracle、IBM DB2 等）。当然，应在满足用户需求的前提下尽可能选择开发人员所熟悉的数据库管理系统。在确定数据库管理系统后，再根据具体的 DBMS 完成数据库的物理实现。

（3）实现用户所需要的功能

一般而言，安排给用户的应用系统试用版越多越好。每一个版本将会进一步接近用户期望的功能，都将给用户一个向开发人员提供对已实现功能的信息反馈的机会。这样，在下一个版本开发中就会考虑满足用户的反馈意见。通过这一过程，最终使得用户与项目的联系越来越密切，不久也就成为了项目开发的参与者。与用户的交互是相当重要的，如果用户不采纳最后的版本，该项目就注定要失败。

（4）制作能重复使用的构件

如果可能，在开发应用系统时应努力设计可重复使用的构件，并在系统开发中使用这些构件。尽管可重用性是一个长远的目标，但对此的确值得投入时间和精力。

（5）使用开发管理工具

在尽可能的情况下，应使用开发管理软件对开发过程进行管理。最低限度，应该为应用系统开发的每一个版本都保留一个备份。对于大、中型项目，应该使用一个多用户开发管理工具，以支持对版本的管理控制。管理的项目包括应用程序源代码文件、创建和迁入的 SQL 数据库的 SQL 脚本、SQL 源代码、设计文档、测试数据集、培训资料和产品联机帮助文件。

（6）指定用户角色和权限

在项目应用系统中，应该指定当系统运行时主要的用户角色。我们可以将角色分为两个级别：数据库级和应用级，它们都是重要的。开发人员还要制定权限：分别针对每个数据库表、视图或其他对象的创建、读取、更新和删除操作设置权限，并将这些权限分配给每一个用户角色。当然，这些权限的分配情况也应该用开发管理工具记录下来。

（7）提供一致的用户界面

要使每一种类的用户界面和报表都具有类似的外观。例如，所有的数据输入界面应具有相同的一套按钮，并且在相应位置上的按钮具有相同的功能。对于表格，要使用相同大小的字体和颜色方案。如果在一个界面上，用灰色背景表示该字段是只读的，则所有的只读字段均应为灰色背景。

（8）要在应用系统中加入诊断功能

如果有可能，应将诊断功能加入到所开发的应用系统中。这种功能将能使应用系统显示或记录系统运行过程，便于在开发和实施该系统时追踪错误。

2.1.4 测试应用系统

在应用系统开发的每一个阶段都要进行测试，其中，测试人员和测试内容是最重要的。通常，由专门的测试人员进行测试或开发人员相互交换模块进行测试，尽量不要由开发人员自己测试自己所开发的模块。测试内容的选择可考虑以下几点。

（1）检验所建立的逻辑数据模型是否完整、准确。

（2）系统的用户界面、菜单结构和流程控制是否得到用户的认可。

（3）装载数据库的数据要有代表性，既要有继承性数据，也要有新数据，用以验证数据模型、操作系统的约束和容量假设。

（4）容错性测试，验证应用系统能否接受合法输入、拒绝无效输入或选择，在输入规则的和不规则的测试数据后得到的结果是否和预期的一样。

（5）检验 SQL 程序单元，如视图、存储过程等数据库对象的预期性能。

（6）模拟不同的应用负载，以测试系统在不同负载下的性能。

2.1.5 安装和实施应用系统

在应用系统安装和实施期间应考虑以下几个问题。

（1）安装应用系统

如果是一个小型项目应用系统，而用户的地理位置又很接近，那么安装软件将是件很容易的事。但如果有大量的用户，且地理位置又很分散，则必须计划一个便捷而有效的方法进行软件安装。这有很多种选择：可以制作一套能进行自动安装的安装盘；还可以使用一台服务器，让所有用户访问该服务器进行安装；或者建立一个 Web 网址，用户可在该网址下载软件和安装指导文件。无论哪种情况，安装软件都应该包括两个主要任务：第一个任务是在用户计算机上创建一个文件夹，然后将所有需要的文件复制到该文件夹中；第二个任务是对应用系统的环境进行设置。

（2）对应用系统进行验收

注意必须和用户一起就系统是否达到预定的要求，包括应完成的功能、系统的运行性能、完成项目的工程进行验收，且最好写成系统评估报告。

（3）用户培训

必须花费一定的时间来培训使用该应用系统的最终用户；用户必须花费足够的时间学习该软件的使用，以使应用系统能正常运行。

（4）提供系统使用说明书及联机帮助

用户接受培训后，仍会有有关软件使用的问题。一个有效的方法就是让用户查看使用说明书或应用系统的联机帮助。联机帮助应能与应用程序一起提供与上下文有关的帮助。

2.1.6 维护应用系统

在完成了需求收集，设计、建立、测试和实施应用系统以后，剩下的就是系统的维护工作了。用户的反馈意见可能是正向的，也可能是负向的；可能是请求增加一些功能，也可能是有关错误的报告。反馈意见可分成紧急的和缓和的，对影响系统运行的重大错误必须紧急处理。例如，可用发行紧急版本的办法进行修补，这个紧急版本也许仅包括一个替换文件。不过，一个正规的版本应该允许包含少量的错误和具有一些新的功能。

2.2 电脑销售管理系统项目需求分析

电脑销售管理系统的目的是降低企业运行成本，定位市场需求，完善服务质量，制订销售计划，并最终达到提高企业经济效益的目标。要实现这一目标，开发出的电脑销售管理系统，应该能对职员进行统一管理；能对商品的信息进行维护和更新；能对供应商的信息进行统一管理；能实现电脑商品的进货、销售、库存等管理系统化、规范化和自动化。

假设对某电脑销售公司管理系统进行分析、研究，将此系统需要完成的功能归纳如下。

（1）存储、检索、维护有关用户的信息。

（2）存储、检索、维护有关职员的信息。

（3）存储、检索、维护有关供应商的信息。

（4）存储、检索、维护有关货物的信息。

（5）存储、检索、维护有关库存的信息。

（6）存储、检索、维护有关销售的信息。

（7）存储、检索、维护有关进货的信息。

（8）对货物进行进货和出货的管理。

2.3 电脑销售管理系统总体设计

根据前面的项目需求分析可得出，电脑销售管理系统主要包括用户登录、主界面设计、用户信息管理、职员信息管理、供应商信息管理、商品信息管理、商品进货信息管理和商品出货信息管理。各模块的主要功能说明如下。

1. 用户登录

判断用户是否输入用户名和密码，若未输入则提示输入；判断用户所输入的用户名是否存在，且其对应的密码和权限是否正确，若正确则进入系统主界面，反之则提示出错并返回用户名输入框等待用户重新输入。

2. 主界面设计

（1）窗体为 MDI 窗体，启动时位于屏幕左上方，并在任务栏中显示此时登录的用户名及其权限。

（2）窗体包含菜单栏、工具栏及任务栏。

（3）单击“重新登录”工具按钮，能返回到登录界面进行重新登录。

（4）单击“退出”工具按钮，出现询问是否退出系统的消息框，选择“是”则退出系统。

（5）单击“用户管理”、“供应商管理”、“职员管理”、“商品信息管理”、“商品进货管理”、“商品出货管理”菜单项或其工具按钮，关闭所有已被打开的子窗体，并打开相应功能模块的子窗体。

3. 用户信息管理

（1）窗体加载时能作为 MDI 窗体的子窗体加载，并位于屏幕左上方的位置。

（2）启动时能在 Listview 控件中显示用户表数据，单击 Listview 控件能将选中行的数据显示在左边的相应文本框中。

（3）能完成增加、修改、删除、刷新表数据及清空操作。

4. 职员信息管理

（1）窗体加载时能作为 MDI 窗体的子窗体加载，并位于屏幕左上方的位置。

（2）启动时能在 Datagridview 控件中显示职员表数据，单击 Datagridview 控件能将选中行的数据显示在上方的相应文本框中。

（3）能完成增加、修改、删除、刷新表数据及清空操作。

5. 供应商信息管理

（1）窗体加载时能作为 MDI 窗体的子窗体加载，并位于屏幕左上方的位置。

（2）启动时能在 Datagridview 控件中显示供应商表数据，单击 Datagridview 控件能将选中行的数据显示在上方的相应文本框中。

（3）能完成增加、修改、删除、刷新表数据及清空操作。

6. 商品信息管理

（1）窗体加载时能作为 MDI 窗体的子窗体加载，并位于屏幕左上方的位置。

（2）启动时能在 Datagridview 控件中显示货物表和库存表中有关货物的数据信息，单击 Datagridview 控件能将选中行的数据显示在上方的相应文本框中。

（3）能完成增加、修改、删除、刷新各相关表数据及清空操作。

（4）在“增加”商品信息时，能同时在库存表中添加该商品信息，其“总购入量”、“总销售量”和“库存量”默认为 0。

（5）在“删除”商品信息时，能同时将库存表、销售表、进货表中该商品的信息删除。

（6）在“修改”商品信息时，能同时将库存表中该商品的信息修改。

（7）能对货物的信息进行单个或多个条件的综合搜索。

（8）能对货物信息进行单个值的多种范围搜索。

7. 商品进货信息管理

（1）窗体加载时能作为 MDI 窗体的子窗体加载，并位于屏幕左上方的位置。

（2）启动时能在 Datagridview 控件中显示进货表和供应商表中有关进货信息的数据，单击 Datagridview 控件能将选中行的数据显示在上方的相应文本框中。

（3）能完成增加、修改、删除、刷新各相关表数据及清空操作。

（4）在增加进货信息时，首先检查该货物信息是否在货物表中，如不在则提示不能进行进货操作；如在则增加此进货信息到系统，并修改该货物在库存表中的相应信息，使其库存量增加。

（5）在修改进货信息时，首先检查该货物信息是否在货物表中，如不在则提示不能进行修改操作；如在则修改此进货信息，并修改该货物在库存表中的相应信息，使其库存量发生相应的改变。

（6）在删除进货信息时，首先检查该货物信息是否在货物表中，如不在则提示不能进行删除操作；如在则删除此进货信息，并修改该货物在库存表中的相应信息，使其库存量减少。

（7）能对商品进货信息、供应商信息进行单个值的多种范围搜索。

8. 商品出货信息管理

（1）窗体加载时能作为 MDI 窗体的子窗体加载，并位于屏幕左上方的位置。

（2）启动时能在 Datagridview 控件中显示出货表和职员表中有关出货信息的数据，单击 Datagridview 控件能将选中行的数据显示在上方的相应文本框中。

（3）能完成增加、修改、删除、刷新各相关表数据及清空操作。

（4）在增加出货信息时，首先检查该货物信息是否在货物表中，如不在则提示不能进行出货操作；如在则增加此出货信息到系统，并修改该货物在库存表中的相应信息，使其库存量减少。

（5）在修改出货信息时，首先检查该货物信息是否在货物表中，如不在则提示不能进行修改操作；如在则修改此出货信息，并修改该货物在库存表中的相应信息，使其库存量发生相应的改变。

（6）在删除出货信息时，首先检查该货物信息是否在货物表中，如不在则提示不能进行删除操作；如在则删除此出货信息，并修改该货物在库存表中的相应信息，使其库存量增加。

（7）能对商品出货信息、销售职员信息进行单个值的多种范围搜索。

2.4 电脑销售管理系统的数据库设计

2.4.1 电脑销售管理系统数据库的 ERA 模型逻辑设计

数据库的逻辑设计是描述数据库的组织结构、生成数据库模式。数据库模式定义下述内容：

存储什么信息、数据的组织形式、需要什么表及列的定义。数据库逻辑设计推荐的方法是采用 ERA 模型。

ERA 模型就是实体（Entity）—关系（Relation）—属性（Attribute）模型，它的作用是描述其组织的概念模型。ERA 模型主要由实体、关系、属性 3 个组件组成。

在 ERA 模型中，实体一般用长方形表示。它在 DB 的逻辑设计中被转化为表。关系一般用菱形表示，在 DB 的逻辑设计中，关系是通过主键和外键来描述的，用于维护参照完整性，它也被转化为表。属性一般用椭圆表示，在 DB 的逻辑设计中，属性被转化为表中的列或字段。

经过分析，在本系统中存在以下实体：用户、职员、供应商、货物单、库存单、销售单和进货单。

“用户”实体用于存储、维护每个用户的有关信息。其以用户名作为标志，规定不能存在相同的用户名。“用户”实体的其他属性有：密码和用户类型。

“职员”实体用于存储、维护每个职员的有关信息。其以职员编号作为标志，规定不能存在相同的职员编号。“职员”实体的其他属性有：姓名、性别、出生年月、联系电话、家庭住址和职位。

“供应商”实体用于存储、维护每个供应商的有关信息。其以供应商名称作为标志，规定不能存在相同的供应商名称。“供应商”实体的其他属性有：供应商地址、供应商联系电话和供货人。

“货物单”实体用于存储、维护每个货物的有关信息。其以货号作为标志，规定不能存在相同的货号。“货物单”实体的其他属性有：货名、规格和单位。

“库存单”实体用于存储、维护每个货物库存的有关信息。其以库存序列号作为标志，规定不能存在相同的库存序列号。“库存单”实体的其他属性有：货号、买入数量、卖出数量和库存数量。

“销售单”实体用于存储、维护每个货物销售的有关信息。其以销售序列号作为标志，规定不能存在相同的销售序列号。“销售单”实体的其他属性有：货号、销售单价、销售日期、销售数量和销售职员编号。

“进货单”实体用于存储、维护每个货物进货的有关信息。其以进货序列号作为标志，规定不能存在相同的进货序列号。“进货单”实体的其他属性有：货号、进货单价、进货日期、进货数量、进货人和供货商名称。

用 ERA 模型描述“货物单”实体，如图 2-2 所示。

关系是实体与实体之间存在的某种关系。通过图 2-3，读者可以更好地理解各实体之间的属性关系。

进行数据库的逻辑设计，即将需求转换为数据库的逻辑模型，这一步与具体的数据库产品没有关系。在完成数据库的逻辑设计之后，下一步将进行数据库的物理设计，或称为数据库的物理实现。

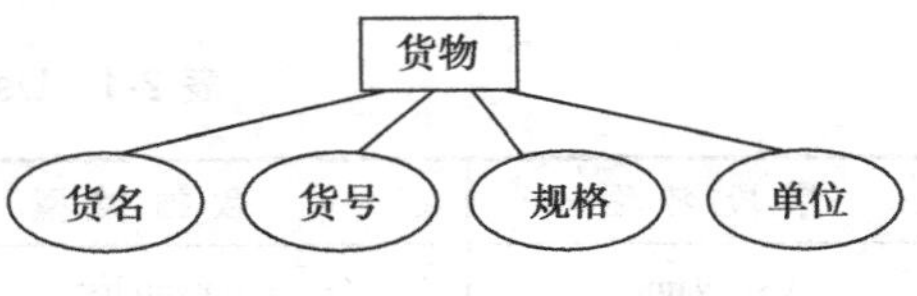

图 2-2　“货物单”实体的属性

假定选择 SQL Server 2008 作为本项目的数据库管理系统，则应在 SQL Server 2008 上创建数据库、表及其他数据库对象；设计和实现数据库时应注意数据库的完整性，即实现域完整性、实体完整性、参照完整性。

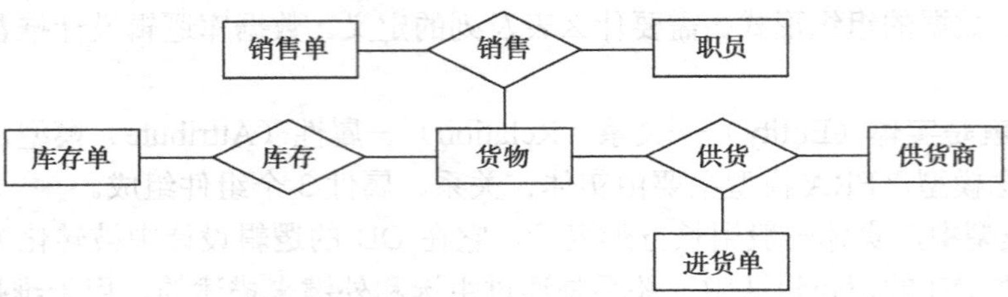

图 2-3　各实体之间的关系 E-R 图

2.4.2　电脑销售管理系统数据库、表的设计

在正确创建了数据库之后，需要考虑数据的完整性、安全性等要求。数据的完整性是指数据的正确性、有效性和完备性，强制实施数据完整性可确保数据库中的数据质量。为此，系统将提供必要的功能，保证数据库中数据的唯一性及数据在输入、修改过程中符合原来的定义和规定。

在创建表时，应该考虑表限制。

- 表名唯一：由 SQL Server 实施。
- 列名唯一：由 SQL Server 实施。
- 数据行唯一：由主键来强制实施。

另外，还应该考虑列限制。

- 列值非空（NOT NULL）：某些列要求必须有输入值。
- 唯一性：保证表中某些列中的值无重复（可通过创建主键、唯一约束、唯一索引或触发器实现）。
- 列值不允许改变：要求某些列中的值不可以更改（可通过使用参照约束、触发器实现）。

在 SQL Server 中，系统没有实施列限制，需要用户自己进行设计、实施。用户可以通过默认、规则，编写触发器、存储过程来实现数据完整性的要求。需要指出的是，完整性的实现可以在数据库设计的任意阶段及数据库的各个级别中实现。

电脑销售管理系统共有 7 张表：Users 表（用户表）、Worker 表（职员表）、Supplier 表（供货商表）、Ware 表（货物表）、Stock 表（库存表）、Sell 表（销售表）和 Restock 表（进货表）。数据库的名称为 CPMS。

下面将分别对数据库中的各个表结构和表数据进行介绍。

（1）Users 表（用户表）的表结构详见表 2-1，表数据详见表 2-2。

表 2-1　Users 表（用户表）的表结构

字段名称	数据类型	长度	空值	说明
UserName	nvarchar	20	否	用户名
Pwd	varchar	20	是	密码
UserType	nvarchar	5	是	用户类型

表 2-2　Users 表（用户表）的表数据

UserName	Pwd	UserType
admin	admin	管理员

续表

UserName	Pwd	UserType
guest	12345	普通用户
赵本山	12345	普通用户

（2）Worker 表（职员表）的表结构详见表 2-3，表数据详见表 2-4。

表 2-3 Worker 表（职员表）的表结构

字 段 名 称	数 据 类 型	长 度	空 值	说 明
Work_Id	nvarchar	6	否	职工编号
Work_Name	nvarchar	8	否	姓名
Sex	bit		否	性别
Birth	smalldatetime		是	出生日期
Telephone	nvarchar	15	是	联系电话
Address	nvarchar	50	是	家庭住址
Position	nvarchar	10	是	职位

表 2-4 Worker 表（职员表）的表数据

Work_Id	Work_Name	Sex	Birth	Telephone	Address	Position
9601	刘伟	0	1978-12-14 0:00	020-555666333	大庆路 456 号	副经理
9701	羊向天	1	1975-6-6 0:00	010-56987857	紫阳路 56 号	经理
9702	王文彬	1	1978-5-22 0:00	010-56987858	紫阳路 47 号	业务员
9703	张梦露	1	1983-8-6 0:00	010-159458793	三环路 106 号	副经理
9704	罗兰	1	1984-4-5 0:00	010-23541123	紫阳路 8 号	业务员
9801	王泽方	0	1982-2-3 0:00	010-22365478	三环路 98 号	业务员
9802	易扬	0	1985-1-14 0:00	010-89654123	紫禁城 98 号	业务员
9803	兰利	0	1984-1-1 0:00	010-156984555	紫禁城 97 号	业务员
9821	张平	0	1986-5-4 0:00	010-158322331	紫禁城 54 号	业务员

（3）Supplier 表（供货商表）的表结构详见表 2-5，表数据详见表 2-6。

表 2-5 Supplier 表（供货商表）的表结构

字 段 名 称	数 据 类 型	长 度	空 值	说 明
Sup_Name	nvarchar	20	否	供货商名称
Sup_Address	nvarchar	24	是	供货商地址
Sup_Tel	nvarchar	15	是	供货商联系电话
Supplier	nvarchar	8	是	供货人

表 2-6　Supplier 表（供货商表）的表数据

Sup_Name	Sup_Address	Sup_Tel	Supplier
华强电子公司	上海路 45 号	027123456789111	吴国立
京华电子公司	北京西路 31 号	027123456789666	刘为东
兰光电子公司	向阳大道 888 号	027123456789222	陈一红
赛格电子公司	南京紫光苍 444 号	NULL	赵天晨
桑达电子公司	红星三路 78 号	NULL	李三利

（4）Ware 表（货物表）的表结构详见表 2-7，表数据详见表 2-8。

表 2-7　Ware 表（货物表）的表结构

字段名称	数据类型	长　度	空　值	说　明
Ware_Id	nvarchar	4	否	货号
Ware_Name	nvarchar	16	是	货名
Spec	nvarchar	12	是	规格
Unit	nvarchar	2	是	单位

表 2-8　Ware 表（货物表）的表数据

Ware_Id	Ware_Name	Spec	Unit
1001	CPU	Intel P4 2.4	片
1002	CPU	Intel P4 3.0	片
1003	CPU	Intel C4 2.0	片
1006	CPU	奔腾 P4 845G	片
2101	主板	华硕 P4 B533	个
2102	主板	华硕 P4 B266	个
2204	主板	华硕 Intel845G	个
3101	软驱	三星 1.44M	个
3103	软驱	NEC	个
3104	软驱	SONY 1.44M	个
4201	光驱	三星 52X	个
4203	光驱	SONY48X	个
4204	光驱	LG16X	个
4301	硬盘	希捷 60G	个
4303	硬盘	IBM40G	个
5101	声卡	AC97	个
5103	声卡	创新 PCI128	个
5104	声卡	集成 AC97	个
5201	网卡	Intel PCLA	个
6101	内存	HY128M	个

续表

Ware_Id	Ware_Name	Spec	Unit
6201	内存	HY256M	个
7101	机箱	东方城 211A	套
7103	机箱	银梭 IV 号	套
7201	音箱	漫步者 R351T5.1	对
7202	音箱	漫步者 R8NT	对
7301	鼠标	极光旋貂	个
7401	键盘	Acer 52TW	个
7402	键盘	多彩 DL-K9810	个
7403	键盘	网际键盘	个
7501	优盘	朗科 64M	只
7503	优盘	朗科 32M	只

（5）Stock 表（库存表）的表结构详见表 2-9，表数据详见表 2-10。

表 2-9 Stock 表（库存表）的表结构

字 段 名 称	数 据 类 型	长 度	标 志 种 子	标 志 增 量	空 值	说 明
Stock_Id	int		1	1	否	序存序列号
Ware_Id	nvarchar	4			是	货号
Buy_Num	smallint				是	买入数量
Sale_Num	smallint				是	卖出数量
Stock_Num	smallint				是	库存数量

表 2-10 Stock 表（库存表）的表数据

Stock_Id	Ware_Id	Buy_Num	Sale_Num	Stock_Num
1	1001	12	7	5
2	3104	6	0	6
3	4201	6	5	1
4	4203	3	1	2
5	4204	6	3	3
6	4301	7	4	3
7	4303	6	5	1
8	5101	4	2	2
9	5103	8	5	3
10	5104	5	4	1
11	5201	5	0	5
12	1002	9	2	7
13	6101	5	4	1
14	6201	10	9	1

续表

Stock_Id	Ware_Id	Buy_Num	Sale_Num	Stock_Num
15	7101	11	1	10
16	7103	7	5	2
17	7201	13	10	3
18	7202	2	1	1
19	7301	3	2	1
20	7401	8	7	1
21	7402	1	1	0
22	7403	4	3	1
23	1003	5	3	2
24	7501	20	15	5
25	7503	15	13	2
26	1006	9	4	5
27	2101	5	3	2
28	2102	10	3	7
29	2204	8	5	3
30	3101	16	6	10
31	3103	30	2	28

（6）Sell 表（销售表）的表结构详见表 2-11，表数据详见表 2-12。

表 2-11　Sell 表（销售表）的表结构

字段名称	数据类型	长　度	标志种子	标志增量	空　值	说　明
Sell_Id	int		1	1	否	销售序列号
Ware_Id	nvarchar	4			是	货号
Sell_Price	decimal	18, 0			是	销售单价
Sell_Date	smalldatetime				是	销售日期
Sell_Num	smallint				是	销售数量
Work_Id	nvarchar	6			是	销售职工编号

表 2-12　Sell 表（销售表）的表数据

Sell_Id	Ware_Id	Sell_Price	Sell_Date	Sell_Num	Work_Id
1	1001	1550	2003-2-28 0:00	7	9702
2	1002	2040	2003-3-16 0:00	2	9801
3	1003	690	2003-3-28 0:00	3	9802
4	1006	730	2003-4-3 0:00	4	9703
5	2101	970	2003-4-19 0:00	3	9701
6	2102	780	2003-4-19 0:00	3	9702

续表

Sell_Id	Ware_Id	Sell_Price	Sell_Date	Sell_Num	Work_Id
7	3103	85	2003-4-28 0:00	2	9801
8	2204	1100	2003-7-19 0:00	5	9601
9	3101	100	2003-6-5 0:00	6	9704
10	4201	250	2003-6-5 0:00	5	9803
11	4203	780	2003-6-5 0:00	1	9821
12	4204	580	2003-6-8 0:00	3	9821
13	4301	800	2003-6-8 0:00	4	9703
14	4303	700	2003-6-28 0:00	5	9801
15	5101	420	2003-6-8 0:00	2	9801
16	5103	260	2003-7-28 0:00	5	9702
17	5104	300	2003-7-28 0:00	4	9601
18	6101	200	2003-7-28 0:00	4	9703
19	6201	300	2003-7-29 0:00	9	9801
20	7101	260	2003-7-29 0:00	1	9802
21	7103	450	2003-7-18 0:00	5	9601
22	7201	600	2003-7-18 0:00	10	9702
23	7202	150	2003-6-28 0:00	1	9704
24	7301	340	2003-8-28 0:00	2	9803
25	7401	120	2003-8-28 0:00	7	9703
26	7402	200	2003-8-28 0:00	1	9704
27	7403	180	2003-8-25 0:00	3	9601
28	7501	460	2003-8-28 0:00	15	9601
29	7503	240	2003-9-5 0:00	13	9703

（7）Restock 表（进货表）的表结构详见表 2-13，表数据详见表 2-14。

表 2-13 Restock 表（进货表）的表结构

字段名称	数据类型	长 度	标志种子	标志增量	空 值	说 明
Res_Id	int		1	1	否	进货序列号
Ware_Id	nvarchar	4			是	货号
Res_Price	decimal	18, 0			是	进货单价
Res_Number	smallint				是	进货数量
Res_Date	smalldatetime	8			是	进货日期
Res_Person	nvarchar	8			是	进货人
Sup_Name	nvarchar	20			是	供货商名称

表 2-14　Restock 表（进货表）的表数据

Res_Id	Ware_Id	Res_Price	Res_Number	Res_Date	Res_Person	Sup_Name
1	3101	70	8	2003-4-27 0:00	9702	华强电子公司
2	2101	890	5	2003-5-14 0:00	9801	华强电子公司
3	3103	70	13	2003-5-14 0:00	9801	华强电子公司
4	3104	70	2	2003-5-18 0:00	9801	华强电子公司
5	4201	200	6	2003-5-18 0:00	9801	华强电子公司
6	3101	70	8	2003-5-19 0:00	9801	华强电子公司
7	4203	699	3	2003-5-26 0:00	9701	华强电子公司
8	4204	399	6	2003-5-26 0:00	9701	华强电子公司
9	4301	695	7	2003-5-26 0:00	9702	华强电子公司
10	3103	70	17	2003-5-26 0:00	9702	华强电子公司
11	4303	625	3	2003-5-28 0:00	9801	京华电子公司
12	5101	360	4	2003-5-29 0:00	9801	京华电子公司
13	1001	1330	12	2003-3-29 0:00	9801	京华电子公司
14	1002	1950	9	2003-3-30 0:00	9701	京华电子公司
15	1003	650	5	2003-3-1 0:00	9801	京华电子公司
16	1006	700	9	2003-3-26 0:00	9702	京华电子公司
17	3104	70	6	2003-6-4 0:00	9701	京华电子公司
18	6101	135	5	2003-6-5 0:00	9701	京华电子公司
19	6201	225	10	2003-6-5 0:00	9701	京华电子公司
20	7101	180	2	2003-6-5 0:00	9801	兰光电子公司
21	4303	625	3	2003-6-12 0:00	9801	兰光电子公司
22	7103	320	2	2003-6-13 0:00	9801	兰光电子公司
23	7201	490	13	2003-6-16 0:00	9701	兰光电子公司
24	7202	100	2	2003-6-16 0:00	9701	兰光电子公司
25	5103	190	4	2003-7-20 0:00	9702	兰光电子公司
26	7301	220	3	2003-7-22 0:00	9801	兰光电子公司
27	5103	190	4	2003-7-20 0:00	9801	赛格电子公司
28	7103	320	5	2003-7-27 0:00	9801	赛格电子公司
29	7401	70	8	2003-7-27 0:00	9702	赛格电子公司
30	7402	120	1	2003-8-10 0:00	9702	赛格电子公司
31	7403	100	4	2003-8-16 0:00	9702	桑达电子公司
32	7501	300	20	2003-8-25 0:00	9701	桑达电子公司
33	7101	180	9	2003-8-28 0:00	9701	桑达电子公司
34	7503	150	15	2003-8-28 0:00	9702	桑达电子公司
35	2102	1000	10	2003-8-28 0:00	9702	赛格电子公司
36	2204	980	8	2003-6-12 0:00	9701	京华电子公司

续表

Res_Id	Ware_Id	Res_Price	Res_Number	Res_Date	Res_Person	Sup_Name
37	5104	220	5	2003-6-12 0:00	9701	京华电子公司
38	5201	150	5	2003-6-5 0:00	9701	京华电子公司

本 章 小 结

本章介绍了数据库管理系统的开发方法，包括 SQL Server 数据库应用系统开发的一般步骤，收集、分析用户需求的注意事项，设计和建立应用系统的步骤，测试、安装、实施和维护应用系统时应考虑的问题。

利用上述的数据库管理系统的开发方法对“电脑销售管理系统”进行了需求分析及总体设计，根据数据库 ERA 模型逻辑设计，进行了数据库及表的设计。

习 题

1. 数据库应用系统开发的步骤是什么？
2. 在一个实际的应用系统中，客户需求有哪三种？
3. 什么是 ERA 模型？ERA 模型如何向逻辑数据库转换？

实 时 训 练

1. 实训名称

“电脑销售管理系统”数据库及表的设计。

2. 实训目的

（1）掌握 ERA 模型逻辑设计的方法。

（2）掌握“电脑销售管理系统”数据库及表的设计。

3. 实训内容及步骤

（1）对“电脑销售管理系统”进行 ERA 模型逻辑设计。

要求：本章只利用 ERA 模型描述了“货物单”实体，请利用 ERA 模型分别对“用户”、“职员”、“供应商”、“库存单”、“销售单”和“进货单”实体进行描述。

（2）“电脑销售管理系统”数据库及表的设计。

要求：对“电脑销售管理系统”进行数据库及表的设计。

思考一：在 Worker 表（职员表）中找到 Work_name 为“刘伟”的职员，将其 Work_id 改为“9901”，请问此操作可以进行吗？如果可以，请问更改之后对其他的表有影响吗？请具体说明有哪些记录应进行修改。

思考二：在 Supplier 表（供货商表）中找到 Supplier 为“吴国立”的记录，将其 Sup_Name 改为“天翼电子公司”，请问此操作可以进行吗？如果可以，请问更改之后对其他的表有影响吗？请具体说明有哪些记录应进行修改。

思考三：在 Ware 表（货物表）中添加以下两条记录，请问此操作可以进行吗？如果可以，请问更改之后对其他的表有影响吗？请具体说明有哪些记录应进行修改。

Ware_Id	Ware_Name	Spec	Unit
4301	硬盘	希捷 160G	个
4305	硬盘	希捷 250G	个

思考四：在 Sell 表（销售表）中添加以下两条记录，请问此操作可以进行吗？如果可以，请问更改之后对其他的表有影响吗？请具体说明有哪些记录应进行修改。

Sell_Id	Ware_Id	Sell_Price	Sell_Date	Sell_Num	Work_Id
30	1001	1550	2003-5-28 0:00	3	9701
31	1002	2040	2003-4-16 0:00	6	9803

思考五：在 Restock 表（进货表）中删除以下两条记录，请问此操作可以进行吗？如果可以，请问更改之后对其他的表有影响吗？请具体说明有哪些记录应进行修改。

Res_Id	Ware_Id	Res_Price	Res_Number	Res_Date	Res_Person	Sup_Name
1	3101	70	8	2003-4-27 0:00	9702	华强电子公司
2	2101	890	5	2003-5-14 0:00	9801	华强电子公司

4. 实训结论

按照实训内容的要求完成实训报告。

第 3 章　数据库的管理、配置和维护

项目讲解

"电脑销售管理系统"项目所采用的数据库名为"CPMS"，包括 3 个数据库文件。主数据文件名为 CPMS_data1.mdf，文件大小为 50MB，最大文件大小为 200MB，文件增量为 10MB；次数据文件名为 CPMS_data2.ndf，文件大小为 50MB，最大文件大小为 200MB，文件增量为 10MB；事务日志文件名为 CPMS_log.ldf，文件大小为 10MB，最大文件大小为 20MB，文件增量为 2MB。

学习任务

1. 学习目标

- 掌握后台数据库的创建方法；
- 熟练掌握数据库管理、配置及维护的各种操作。

2. 学习要点

- 数据库的创建；
- 数据库更名、属性修改、删除；
- 数据库备份、还原、附加及分离。

3.1　创建与管理数据库

数据库是为特定目的（如搜索、排序和重新组合数据）而组织和表示的信息、表和其他对象的集合。本节将介绍 SQL Server 2008 数据库的基本知识、创建及管理过程。

3.1.1　数据库简介

1. 系统数据库

SQL Server 安装时自动创建了 4 个系统数据库，这 4 个数据库文件存储在 SQL Server 默认安装目录下的 Data 文件夹中。在 Microsoft SQL Server Management Studio 的"对象资源管理器"视图中，单击"数据库"→"系统数据库"，可以查看 SQL Server 的系统数据库，如图 3-1 所示。

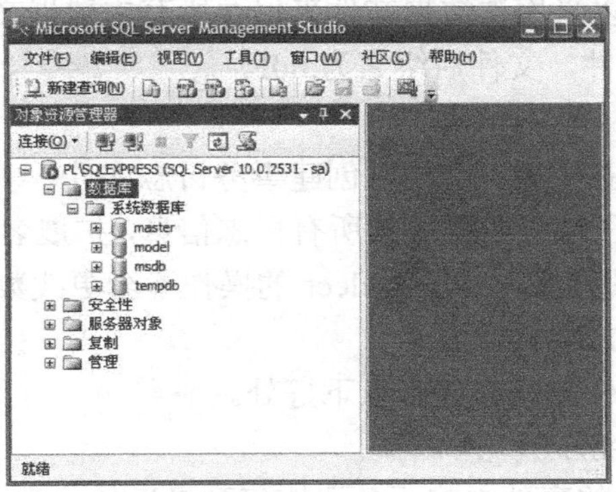

图 3-1　查看系统数据库

（1）master 数据库

master 数据库记录了一个 SQL Server 系统的所有系统信息，主要有所有的登录账户信息、系统配置信息、SQL Server 初始化信息、系统中其他系统数据库和用户数据库的相关信息等。它始终提供一个可用的最新 master 数据库备份。

（2）model 数据库

model 数据库创建所有用户数据库和 tempdb 数据库的模板文件。创建用户数据库时，系统会将 model 数据库中的内容复制到新建数据库的第一部分中，剩余部分由空页填充。由于 SQL Server 每次启动时都要创建 tempdb 数据库，因此，model 数据库必须一直存在于 SQL Server 系统中。

（3）msdb 数据库

msdb 数据库用来存储计划信息以及与备份和恢复相关的信息，代理服务器利用它来安排工作和警报、记录操作等。

（4）tempdb 数据库

tempdb 数据库用作系统的临时存储空间，主要有存储临时表和临时存储过程、存储全局变量值、存储用户利用游标说明所筛选出来的数据。tempdb 数据库是全局资源，所有连接到系统的用户的临时表和存储过程都存储在该数据库中。tempdb 数据库在 SQL Server 每次启动时都重新创建，因此，该数据库在系统启动后总是干净的。临时表和存储过程在连接断开时自动除去，而且当系统关闭后将没有任何连接处于活动状态，因此，tempdb 数据库中没有任何内容会从 SQL Server 的一个会话保存到另一个会话。

2. 数据库文件

SQL Server 2008 的数据保存在独立的数据库文件中，数据库文件是存放数据库数据和数据库对象的文件。一个数据库通常有两类文件：一类用于存放数据，称为数据文件；另一类用于存放数据库的操作记录，称为事务日志文件。数据库中所有的数据和对象，如表、存储过程、触发器和视图，都只保存在以下的操作系统文件中。

（1）主数据文件

主数据文件包含数据库的启动信息，以及存储数据库。每个数据库只有一个主数据文件，文件后缀名为.mdf。主数据文件是所有数据文件的起点，包含指向其他数据库文件的指针。

（2）次数据文件

当一个数据库数据量大到主数据文件（在一个磁盘上）容纳不下，需要多个次数据文件（可以在多个磁盘上）时，就可以采用次数据文件来保存所有主数据文件中容纳不下的数据。一个数据库可以有多个次数据文件，文件后缀名为.ndf。

（3）事务日志文件

SQL Server 创建一个数据库时，会同时创建事务日志文件。事务日志文件是用来记录数据库更新情况的文件，它保存了恢复数据库的所有日志信息，扩展名为.ldf。例如，update、insert、delete 等更改操作会记录在此文件中，而 select 的操作不会更改数据库，则不会记录在案。一个数据库可以有多个事务日志文件。

事务日志文件和数据文件分开存放有以下好处。

- 事务日志可以单独备份；
- 有可能从服务器失效的事件中将服务器恢复到最近的状态；
- 事务日志不会抢占数据库的空间；

- 可以很容易地监测事务日志的空间；
- 在向数据文件和事务日志文件写入数据时会产生较少的冲突，这有利于提高 SQL Server 的性能。

3.1.2　创建数据库

创建数据库的过程就是为数据库确定名称、大小和所存放的数据库文件及其相关特性的过程。新建数据库的信息存放在系统数据库 master 中，属于系统级信息。在创建数据库之前，必须先确定数据库的名称、所有者（创建数据库的用户）、大小、增长量，以及用于存储该数据库的文件和文件组。

任务一：创建“CPMS”数据库。该数据库包括 3 个数据库文件，主数据文件名为 CPMS_data1.mdf，文件大小为 50MB，最大文件大小为 200MB，文件增量为 10MB；次数据文件名为 CPMS_data2.ndf ，文件大小为 50MB，最大文件大小为 200MB，文件增量为 10MB；事务日志文件名为 CPMS_log.ldf，文件大小为 10MB，最大文件大小为 20MB，文件增量为 2MB。

1. 利用对象资源管理器创建

（1）使用 Microsoft SQL Server Management Studio 连接 SQL Server 2008 服务器。

（2）在“对象资源管理器”视图中选择“数据库”选项，单击鼠标右键，在弹出的快捷菜单中选择“新建数据库”命令，打开“新建数据库”窗口，如图 3-2 所示。

图 3-2　“新建数据库”窗口

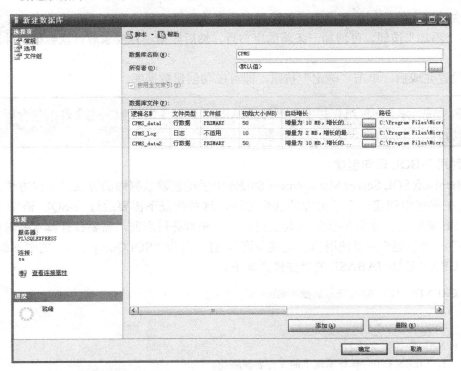

（3）在“新建数据库”窗口中输入创建数据库的相关信息。

① 数据库名称：本项目中数据库名为 CPMS。

② 数据文件和日志文件名：默认情况下，系统自动地使用指定的数据库名作为前缀创建

数据文件和日志文件。

③ 数据库文件保存路径：默认的数据库文件保存路径为 SQL Server 2008 安装文件夹中的 DATA 文件夹。

④ 数据库文件大小和增量：按照项目要求在“初始大小”栏中输入文件的初始大小，在“自动增长”栏中单击[…]按钮，在弹出的更改文件的自动增长设置对话框中分别设置文件增长量和最大文件大小，如图 3-3 所示。

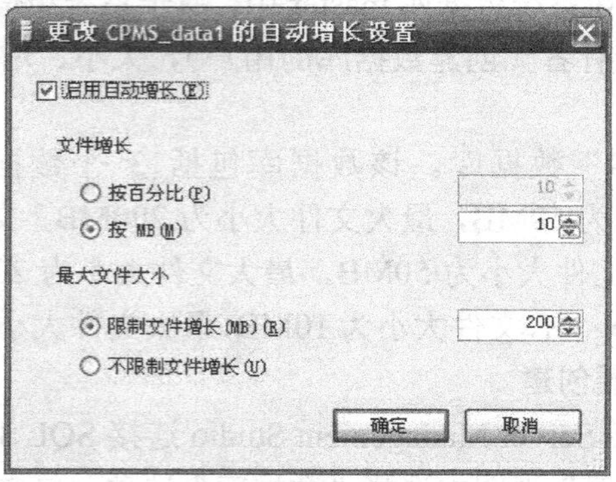

图 3-3　更改文件的自动增长设置

⑤ 次数据文件的创建和设置：如果数据库有次数据文件，则在“新建数据库”窗口的右下角单击“添加”按钮，可增加一条新的空白行，然后根据项目要求对该次数据文件进行设置即可。

⑥ 设置完成后，单击“确定”按钮，即可成功创建数据库。

> **提示：**“文件组”栏中的“PRIMARY”表示主文件组。主文件组包含所有数据库系统表和所有未指派给用户文件组的对象。

2. 利用 T-SQL 语句创建

在 Microsoft SQL Server Management Studio 中手动创建数据库的方法虽然很方便，但还是需要掌握在程序中创建一个数据库的操作方法，这种情况下需要通过 T-SQL 语句 CREATE DATABASE 来实现。使用 T-SQL 语句创建数据库和事务日志前，需要打开脚本编辑窗口，单击“文件”→“新建”→“使用当前连接查询”，打开名为“SQLQuery1.sql”的脚本编辑窗口。

（1）CREATE DATABASE 的语法格式如下。

```
CREATE  DATABASE  数据库名
[ ON
  [ PRIMARY ]
( NAME=逻辑文件名
  [, FILENAME='操作系统下的文件名和路径']
  [, SIZE=文件初始容量 ]
  [, MAXSIZE={文件最大容量 | UNLIMITED} ]
  [, FILEGROWTH=递增容量 ] )
  [, … n ] ]
[ LOG  ON
```

```
(NAME=逻辑文件名
[, FILENAME='操作系统下的文件名和路径']
[, SIZE=文件初始容量 ]
[, MAXSIZE={文件最大容量 | UNLIMITED} ]
[, FILEGROWTH=递增容量 ] )
[, ... n]]
```

（2）格式说明如下。

① ON：指定用来存储数据库数据部分的磁盘文件（数据文件）。

② PRIMARY：指定主文件组的文件。如果没有指定 PRIMARY，则 CREATE DATABASE 语句中列出的第一个文件将成为主文件。

③ LOG ON：指定用来存储数据库事务日志文件的磁盘清单。

④ NAME：指定数据库文件的逻辑名称。逻辑文件名是创建数据库后，执行的 T-SQL 语句中引用数据库文件时使用的名称，该名称在数据库中必须是唯一的，并且符合标识符的命名规则。

⑤ FILENAME：指定操作系统文件名称。FILENAME 定义操作系统中采用的数据库物理文件的路径名和文件名，FILENAME 中的路径不能指定压缩文件系统中的目录。

⑥ SIZE：指定数据库文件的初始容量大小。单位可以是千字节（KB）、兆字节（MB）、千兆字节（GB）和万兆字节（TB），默认值为 MB。若省略主文件的 SIZE，则 SQL Server 将默认与 model 数据库中的主文件大小一致；若省略次数据库文件和事务日志文件的 SIZE，则 SQL Server 将使文件大小默认为 1MB。SIZE 的最小值可设为 512KB，不能用小数，为主文件指定的大小至少应与 model 数据库的主文件大小相同。

⑦ MAXSIZE：指定数据库文件的最大容量。MAXSIZE 定义数据库文件可以增长的最大程度，单位可以是千字节（KB）、兆字节（MB）、千兆字节（GB）和万兆字节（TB），默认为 MB。设置时应指定为整数，不要包含小数位，若未指定 MAXSIZE 及指定 UNLIMITED，则文件不断增长，直到磁盘变满为止。

⑧ FILEGROWTH：指定数据库文件的增长量。可使用 KB、MB、GB、TB 或百分比指定单位，未指定单位则默认为 MB。FILEGROWTH 为零时不增长，其设置不能超过 MAXSIZE 的大小，省略 FILEGROWTH 则默认增长 10%，最小值为 64KB。

（3）任务完成。

在 CREATE DATABASE 语句中完成任务一的要求。

```
CREATE DATABASE CPMS
ON
PRIMARY(NAME=CPMS_data1,
    FILENAME='D:\CPMS\CPMS_data1.MDF',
    SIZE=50MB,
    MAXSIZE=200,
    FILEGROWTH=10),
(NAME=CPMS_data2,
    FILENAME='D:\CPMS\CPMS_data2.NDF',
    SIZE=50MB,
    MAXSIZE=200,
```

```
        FILEGROWTH=10)
    LOG ON
        (NAME= CPMS_log,
        FILENAME=' D:\CPMS\CPMS_log.LDF',
        SIZE=10MB,
        MAXSIZE=20,
        FILEGROWTH=2)
    GO
```

此语句创建了一个 SQL Server 数据库 CPMS，该数据库包括 3 个数据库文件，主数据文件名为 CPMS_data1.mdf，文件大小为 50MB，最大文件大小为 200MB，文件增量为 10MB；次数据文件名为 CPMS_data2.ndf ，文件大小为 50MB，最大文件大小为 200MB，文件增量为 10MB；事务日志文件名为 CPMS_log.ldf，文件大小为 10MB，最大文件大小为 20MB，文件增量为 2MB。

在 Microsoft SQL Server Management Studio 中，可以查看已有数据库对应的创建语句。在“对象资源管理器”视图中右键单击数据库名称，在弹出的快捷菜单中选择“编写数据库脚本为”→“CREATE 到”→“新查询编辑器窗口”，可以打开一个新的查询编辑器窗口，自动生成创建当前数据库的 CREATE DATABASE 语句，如图 3-4 所示。

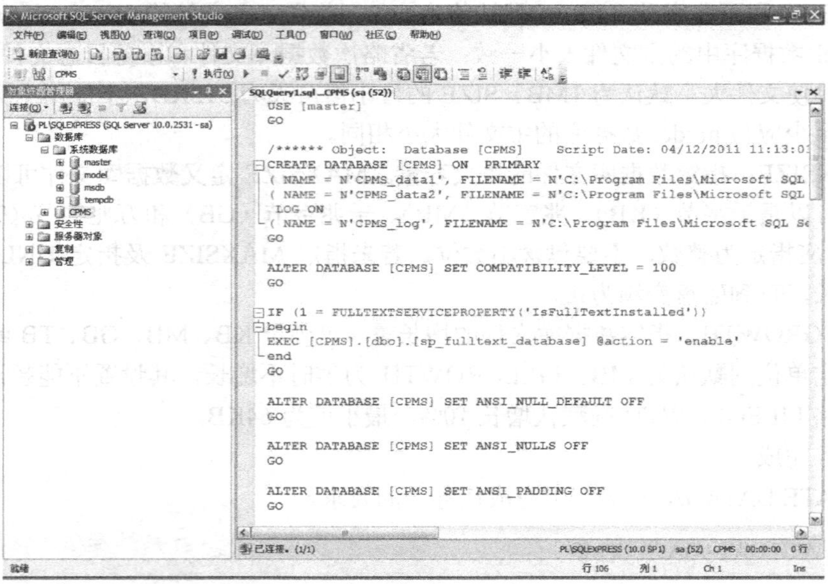

图 3-4　自动生成 CREATE DATABASE 语句

3.1.3　修改数据库

用户在创建数据库之后，可以对其原始定义进行更改。更改的内容包括以下几项。

- 扩充分配给数据库的数据或事务日志空间；
- 收缩分配给数据库的数据或事务日志空间；
- 更改数据库名称。

1．扩充数据或事务日志空间

SQL Server 数据库在使用时用完分配给它的空间且又不能自动增长时，系统会出现 9002 或 1105 的错误，为避免出现此类错误，创建完成的数据库应能自动扩充数据空间。采取的方法如下。

- 可根据数据库创建时所定义的增长参数，自动扩充数据库；
- 通过在现有的数据库文件上分配其他的文件空间，或者在另一个新文件上分配空间，来手动扩充数据库。

扩充数据库时，必须按至少 1MB 的步长增加该数据库的大小。扩充数据库的权限默认授予数据库所有者，并自动与数据库所有者身份一起传输。扩充数据库后，数据或事务日志文件立即可以使用新空间。

任务二：为“CPMS”数据库添加一个数据文件，文件名为 CPMS_data3.ndf ，文件大小为 50MB，最大文件大小为 200MB，文件增量为 10MB。

扩充数据库可采用两种方法，方法一：利用对象资源管理器完成，其步骤如下。

（1）在 Microsoft SQL Server Management Studio 的“对象资源管理器”视图中展开要修改的数据库所在的服务器实例，展开“数据库”文件夹，右键单击要增加大小的数据库 CPMS，然后在弹出的快捷菜单中选择“属性”命令，打开数据库属性窗口。

（2）在左侧窗格中单击“文件”选项，打开文件管理页面，如图 3-5 所示。

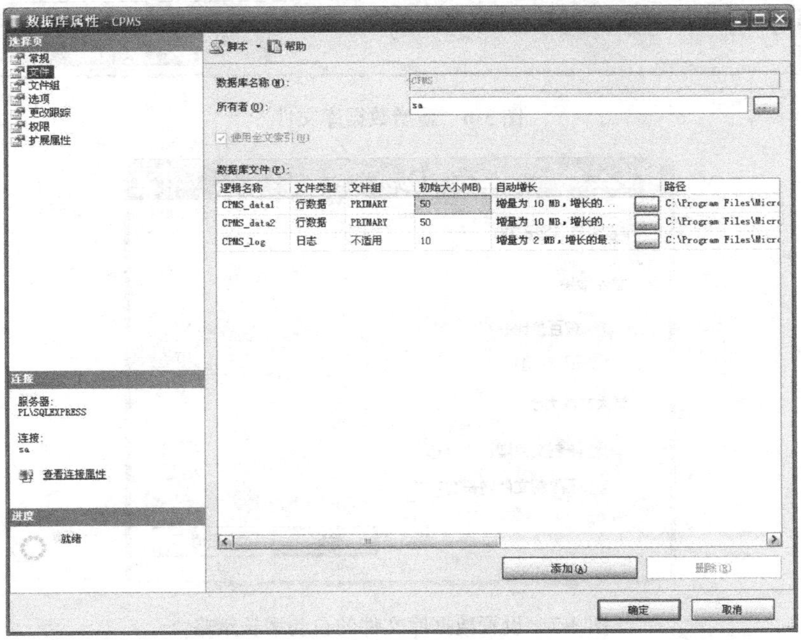

图 3-5　数据库文件管理页面

（3）单击“添加”按钮，在数据库文件表格中会出现一个空行，在“逻辑名称”栏中输入将容纳附加空间的文件名。文件位置是自动生成的，数据库文件名的后缀为.ndf,事务日志文件名的后缀为.ldf，如图 3-6 所示。根据任务要求，单击要更改的单元格，再输入或选择新值。对于现有的文件，只能更改“初始大小”和“自动增长”两栏的值，并且新的初始大小值必须大于现有文件的大小。

（4）单击“自动增长”栏中的 ... 按钮，可以设置数据库文件的自动增长策略，如图 3-7 所示。自动增长策略是指当数据库文件被填充满时采用的文件增长方法，包括按百分比增长和按 MB 增长两种方式。默认情况为自动增长 1MB。

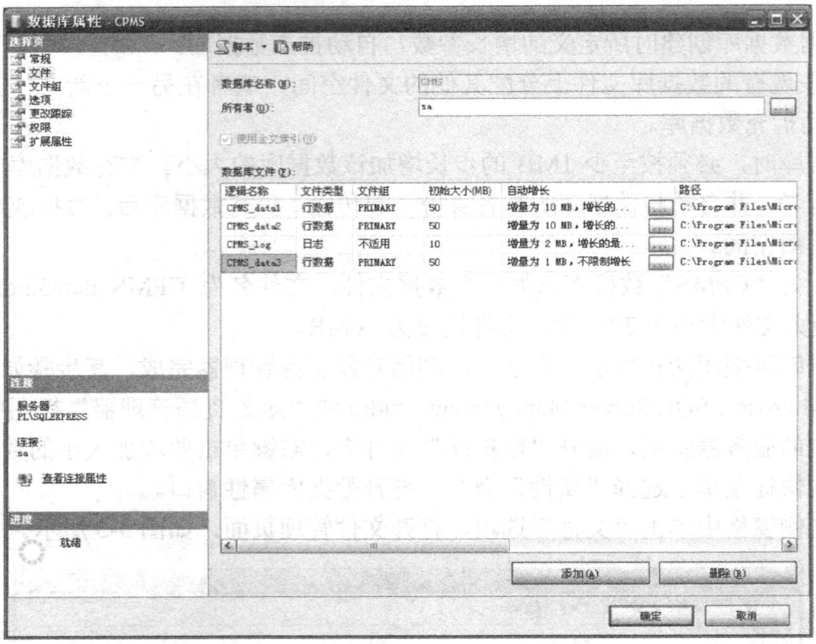

图 3-6　新增数据库文件

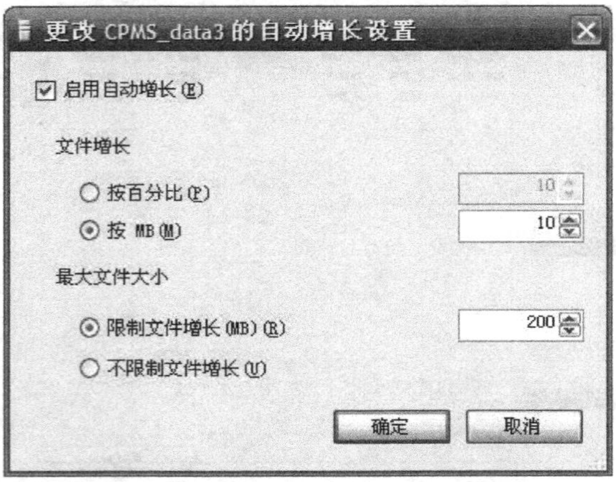

图 3-7　设置数据库文件的自动增长策略

（5）可以删除未被使用的数据库文件，从而节省磁盘空间。选中要删除的数据库文件，单击窗口下部的“删除”按钮，可以删除数据库文件。

方法二：利用 T-SQL 语句扩充。

（1）ALTER DATABASE 的语法格式如下。

```
ALTER  DATABASE  数据库名
ADD FILE  <filespec>  [, … n ] ] [ TO FILEGROUP {文件组名} ]
```

```
        | ADD LOG FILE    <filespec>    [ ,...n ]
        | REMOVE FILE  逻辑文件名
        | MODIFY FILE    <filespec>
```

（2）格式说明如下。

① ADD FILE ：向数据库中添加数据文件。

② TO FILEGROUP {文件组名} ：指定要将文件添加到的文件组。

③ ADD LOG FILE ：将要添加的日志文件添加到指定的数据库。

④ REMOVE FILE ：从 SQL Server 的实例中删除逻辑文件说明并删除物理文件。除非文件为空，否则无法删除文件。

⑤ MODIFY FILE ：指定应修改的文件。一次只能更改一个 <filespec> 属性。必须在 <filespec> 中指定 NAME，以标识要修改的文件。如果指定了 SIZE，那么新值必须比文件当前值大。若要修改数据文件或日志文件的逻辑名称，请在 NAME 子句中指定要重命名的逻辑文件名称，并在 NEWNAME 子句中指定文件的新逻辑名称。

⑥ <filespec>：指定被添加或修改文件的文件属性。文件属性主要包括以下几项。

```
    (NAME=逻辑文件名
      [，NEWNAME=新逻辑文件名]
      [，FILENAME='操作系统下的文件名和路径']
      [，SIZE=文件初始容量 ]
      [，MAXSIZE={文件最大容量 | UNLIMITED} ]
      [，FILEGROWTH=递增容量 ] )
```

（3）任务完成。

在 ALTER DATABASE 语句中完成任务二的要求。

```
ALTER   DATABASE   CPMS
ADD FILE
 ( NAME=CPMS_data3,
        FILENAME='D:\CPMS\CPMS_data3.ndf',
        SIZE=50MB,
        MAXSIZE=200MB,
FILEGROWTH=10MB)
```

2. 收缩数据或事务日志空间

SQL Server 2008 允许收缩数据库中的每个文件以删除未使用的页。数据和事务日志文件都可以收缩。数据库文件可以单独地进行手工收缩。数据库也可以设置为按给定的时间间隔自动收缩。该活动在后台进行，并且不影响数据库内的用户活动。

任务三：收缩 CPMS 数据库，使其数据库文件的空间为原来的 50%。

收缩数据库可采用两种方法，方法一：利用对象资源管理器完成，其步骤如下。

（1）在 Microsoft SQL Server Management Studio 的“对象资源管理器”视图中展开要修改的数据库所在的服务器实例，展开“数据库”文件夹，右键单击要增加大小的数据库 CPMS，在弹出的快捷菜单中选择“任务”→“收缩”→“数据库”（如果只收缩指定的数据库文件，则选择“任务”→“收缩”→“文件”），打开收缩数据库窗口，如图 3-8 所示。

（2）根据需要，可以选中“在释放未使用的空间前重新组织文件。选中此选项可能会影响性能”复选框。如果选中该复选框，则必须为“收缩后文件中的最大可用空间”指定值。

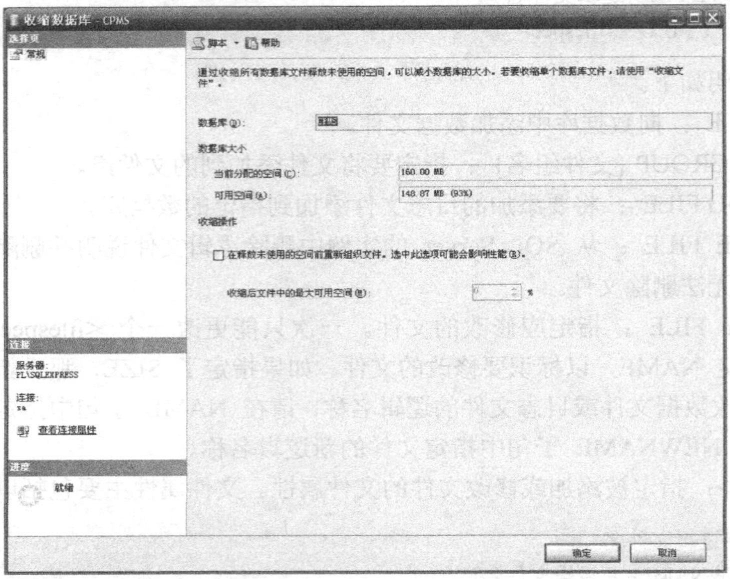

图 3-8　收缩数据库

（3）配置完成后，单击“确定”按钮。

> **提示**：数据库在进行收缩时，不能将整个数据库收缩到比其原始大小还要小。

方法二：利用 T-SQL 语句扩充。

（1）DBCC SHRINKDATABASE 的语法格式如下。

```
DBCC　SHRINKDATABASE
(数据库名　[ , target_percent ]
   [ , { NOTRUNCATE | TRUNCATEONLY } ])
[ WITH NO_INFOMSGS ]
```

（2）格式说明如下。

① target_percent：可选参数，数据库收缩后的数据库文件中所需的剩余可用空间百分比。

② NOTRUNCATE：通过将已分配的页从文件末尾移动到文件前面的未分配页来压缩数据文件中的数据。文件末尾的可用空间不会返回给操作系统，文件的物理大小也不会更改。因此，指定 NOTRUNCATE 时，数据库看起来未收缩。NOTRUNCATE 只适用于数据文件。日志文件不受影响。

③ TRUNCATEONLY：将文件末尾的所有可用空间释放给操作系统，但不在文件内部执行任何页移动。数据文件只收缩到最近分配的区。如果与 TRUNCATEONLY 一起指定，将忽略 target_percent。TRUNCATEONLY 只适用于数据文件。日志文件不受影响。

④ WITH NO_INFOMSGS：取消严重级别从 0 到 10 的所有信息性消息。

（3）任务完成。

在 DBCC SHRINKDATABASE 语句中完成任务三的要求。

```
DBCC SHRINKDATABASE
 (CPMS,50)
```

3. 更改数据库名称

在重命名数据库之前，首先要确保没有人使用该数据库，而且更改后的数据库名称应遵循 SQL Server 标识符的命名规则。

任务四：将已创建的 CPMS 数据库改名为“CSMS”。

更改数据库名称可以采用以下两种方法。

1. 利用对象资源管理器改名

在 Microsoft SQL Server Management Studio 的“对象资源管理器”视图中，右键单击要重命名的数据库 CPMS，在弹出的快捷菜单中选择“重命名”命令，数据库名称 CPMS 将变成编辑状态，此时输入“CSMS”字符串以修改数据库名称。

2. 使用 T-SQL 语句改名

（1）可以使用存储过程 SP_RENAMEDB 更改数据库名称，其基本语法格式如下。

```
SP_RENAMEDB '旧数据库名','新数据库名'
```

（2）任务完成。

使用 SP_RENAMEDB 语句完成任务四的要求。

```
SP_RENAMEDB   'CPMS','CSMS'
```

返回结果如下。

```
数据库名称' CSMS ' 已设置。
```

3.1.4　删除数据库

当不再需要数据库时，为了节省磁盘空间，可以将该数据库删除。数据库删除后，其文件和数据都将从服务器上的磁盘中删除。

任务五：删除 CPMS 数据库。

删除数据库可以采用以下两种方法。

1. 利用对象资源管理器

在 Microsoft SQL Server Management Studio 的“对象资源管理器”视图中，右键单击要删除的数据库 CPMS，在弹出的快捷菜单中选择“删除”命令，打开“删除对象”窗口，如图 3-9 所示。单击“确定”按钮即可删除所选择的数据库。

2. 使用 T-SQL 语句删除

（1）可以使用 DROP DATABASE 删除数据库，其基本语法格式如下。

```
DROP DATABASE 被删除的数据库名
```

（2）任务完成。

使用 DROP DATABASE 语句完成任务五的要求。

```
DROP DATABASE CPMS
```

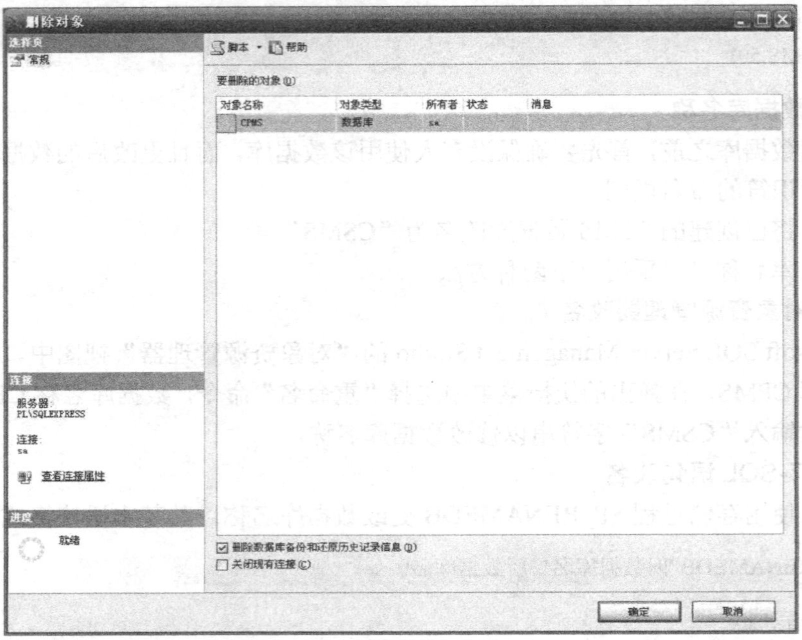

图 3-9 “删除对象”窗口

3.2 备份和还原数据库

3.2.1 备份数据库

为了保证用户数据的安全性，防止数据库中的数据意外丢失，SQL Server 2008 提供了备份数据库的功能。

数据库的备份类型分为完整备份及差异备份。完整备份是将整个数据库备份，如数据文件、日志文件等；而差异备份则是在一次完整备份数据库后，将数据库完全备份后所做的修改内容备份。

任务六：将 CPMS 管理数据库备份至 F 盘的 CPMS 文件夹中，并设置备份文件为“CPMSBAK.bak”。

1. 利用对象资源管理器备份

（1）在 Microsoft SQL Server Management Studio 的“对象资源管理器”视图中，右键单击要备份的数据库 CPMS，在弹出的快捷菜单中选择“任务”→“备份”，打开备份数据库窗口，如图 3-10 所示。

（2）在“数据库”下拉列表框中选择备份数据库的名称为 CPMS。

（3）在“目标”选项组中，选中“磁盘”单选按钮。默认的备份文件位于 SQL Server 2008 安装文件夹下的备份文件夹中，单击“删除”按钮，删除当前的备份文件。单击“添加”按钮，打开“选择备份目标”对话框，在该对话框中单击 [...] 按钮设置备份文件路径和文件名为“F:\CPMS\CPMSBAK.bak”，如图 3-11 所示。

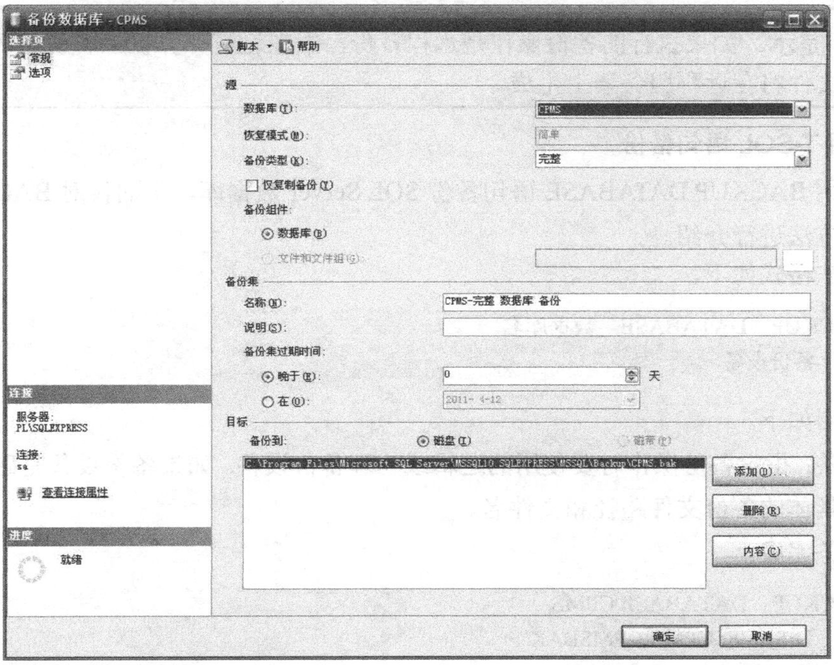

图 3-10　备份数据库窗口

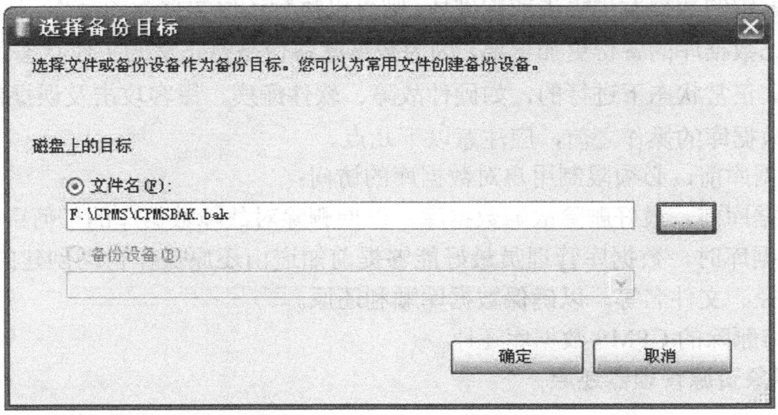

图 3-11　设置数据库备份文件路径和文件名

（4）单击“确定”按钮，返回备份数据库窗口。

（5）单击“确定”按钮，弹出备份成功对话框，如图 3-12 所示。

图 3-12　备份成功对话框

> **提示**：如果执行的备份操作是远程备份，即在远程计算机上备份服务器中的数据库，则备份文件将在远程服务器上生成。

2. 使用 T-SQL 语句备份

可以使用 BACKUP DATABASE 语句备份 SQL Server 数据库。下面仅对 BACKUP 语句最简单的使用方法进行介绍。

（1）语法格式如下。

```
BACKUP  DATABASE  数据库名
TO <备份设备>
```

（2）说明如下。

备份设备：指定备份操作时要使用的逻辑或物理备份设备。如果备份设备是磁盘（DISK），则需要指定具体的备份文件路径和文件名。

（3）任务完成。

```
BACKUP  DATABASE CPMS
TO  DISK='F:\CPMS\CPMSBAK'
```

3.2.2 还原数据库

如果数据库中的数据发生丢失或被破坏，则可以执行还原数据库的操作。从某种意义上讲，数据库的还原比数据库的备份更加重要，因为数据库备份是在正常的工作状态下进行的，而数据库还原是在非正常状态下进行的，如硬件故障、软件瘫痪、黑客攻击及误操作等。

执行还原数据库的操作之前，应注意以下几点。

- 还原数据库前，必须限制用户对数据库的访问；
- 还原数据库前，最好删除故障数据库，以便删除对故障数据库的任何引用；
- 还原数据库时，数据库管理员最好能够提前知道由还原操作自动创建的文件内容，如文件路径、文件名等，以确保数据库顺利还原。

任务七：将删除的 CPMS 数据库还原。

1. 利用对象资源管理器还原

（1）在 Microsoft SQL Server Management Studio 的“对象资源管理器”视图中，右键单击“数据库”，在弹出的快捷菜单中选择“任务”→“还原”→“数据库”，打开还原数据库窗口，将“目标数据库”设置为 CPMS。默认情况下，“还原的源”选项设置为“源数据库”，本任务中选择“源设备”，如图 3-13 所示。

（2）单击“源设备”文本框右侧的[...]按钮，打开“指定备份”对话框，“备份媒体”选项选择“文件”，单击“添加”按钮，在“定位备份设备”对话框中选择备份数据库文件路径和文件名，单击“确定”按钮，返回“指定备份”对话框。设置完成后的“指定备份”对话框如图 3-14 所示。

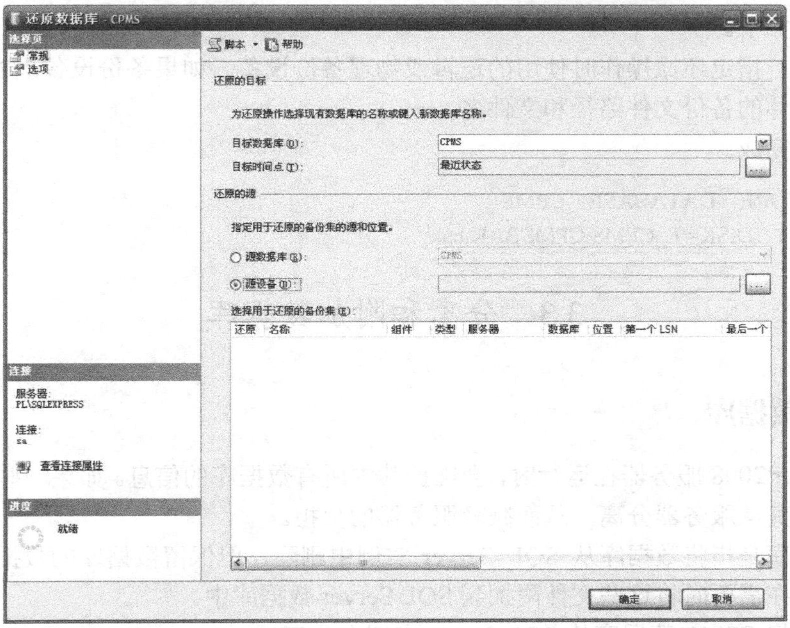

图 3-13　还原数据库窗口

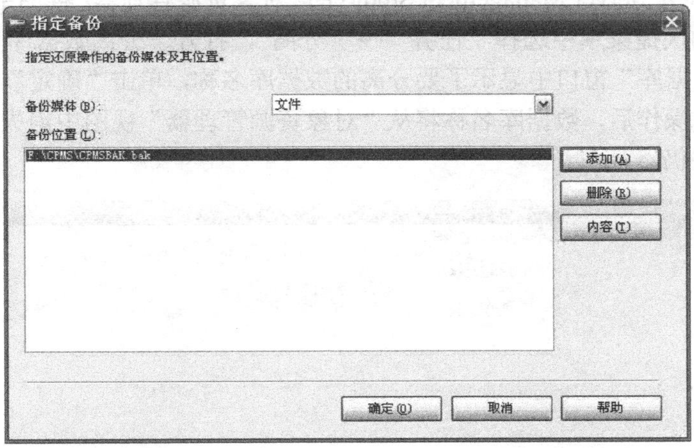

图 3-14 “指定备份”对话框

（3）在“指定备份”对话框中单击“确定”按钮，返回还原数据库窗口，在还原数据库窗口中选中要还原的备份集，单击“确定”按钮，开始还原数据库。还原操作完成后，将弹出一个对话框，提示还原成功。

2. 使用 T-SQL 语句还原

可以使用 RESTORE DATABASE 语句还原 SQL Server 数据库。下面仅对 RESTORE 语句最简单的使用方法进行介绍。

（1）语法格式如下。

```
RESTORE  DATABASE  数据库名
FROM <备份设备>
```

（2）说明如下。

备份设备：指定还原操作时使用的逻辑或物理备份设备。如果备份设备是磁盘（DISK），则需要指定具体的备份文件路径和文件名。

（3）任务完成。

```
RESTORE DATABASE CPMS
FROM DISK='F:\CPMS\CPMSBAK.bak'
```

3.3　分离和附加数据库

3.3.1　分离数据库

SQL Server 2008 服务器在运行时，会维护其中所有数据库的信息。如果一些数据库暂时不使用，则可将其从服务器分离，从而减轻服务器的负担。

分离数据库是指将数据库从 SQL Server 实例中删除，但保留数据库的数据文件和日志文件。用户可以在需要时将这些文件附加到 SQL Server 数据库中。

任务八：将 CPMS 数据库从 SQL Server 实例中分离。

1. 利用对象资源管理器分离

在 Microsoft SQL Server Management Studio 的“对象资源管理器”视图中，右键单击 CPMS 数据库，在弹出的快捷菜单中选择“任务”→“分离”，打开“分离数据库”窗口，如图 3-15 所示。在“分离数据库”窗口中显示了要分离的数据库名称，单击“确定”按钮确认要分离的数据库。执行分离操作后，数据库名称将从“对象资源管理器”视图中消失，但是数据库的数据文件和日志文件仍然存在。

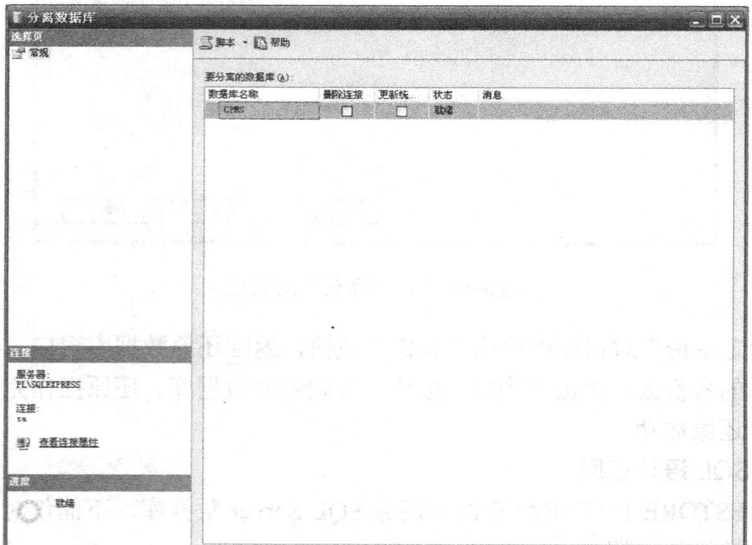

图 3-15 “分离数据库”窗口

2. 使用 T-SQL 语句分离数据库

可以使用 SP_DETACH_DB 存储过程分离数据库。

（1）语法格式如下。

```
EXEC SP_DETACH_DB　数据库名
```

（2）任务完成。

```
EXEC SP_DETACH_DB　CPMS
```

3.3.2　附加数据库

附加数据库是指将分离的数据库重新添加到数据库实例中。

任务九：将分离后的 CPMS 数据库附加到数据库实例中。

1. 利用对象资源管理器附加数据库

在 Microsoft SQL Server Management Studio 的“对象资源管理器”视图中，右键单击“数据库”，在弹出的快捷菜单中选择“附加”命令，打开“附加数据库”窗口，如图 3-16 所示。单击“添加”按钮，打开“定位数据库”对话框，选择分离数据库的数据文件（主数据文件），然后单击“确定”按钮。返回“附加数据库”窗口，单击“确定”按钮，即开始附加数据库操作，完成后，附加的数据库将会出现在“对象资源管理器”视图中。

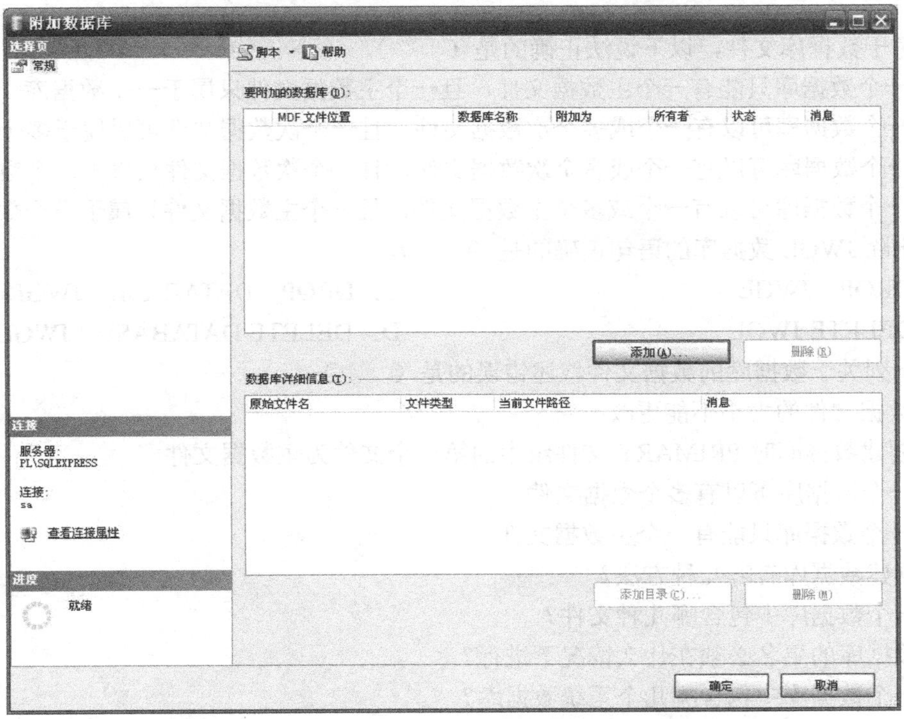

图 3-16　“附加数据库”窗口

2. 使用 T-SQL 语句附加数据库

可以使用 SP_ATTACH_DB 存储过程附加数据库。

（1）语法格式如下。

```
EXEC SP_ATTACH_DB　数据库名,'文件名 1'[,'文件名 2',……,'文件名 16']
```

（2）说明如下。

文件名用于指定附加文件的路径和物理名称，最多可指定 16 个文件，文件中必须包含主数据文件。

（3）任务完成。

```
EXEC SP_ATTACH_DB CPMS,'F:\CPMS\CPMSgl1.mdf'
```

本章小结

本章以一个实际的项目“电脑销售管理系统”为例，详细介绍了 SQL Server 2008 数据库的基本知识，并从对象资源管理器和 T-SQL 语句两个方面介绍了数据库的创建、管理与维护过程。读者在实际的数据库开发过程中应能灵活运用这些操作过程及语句代码，以提高自己的数据库操作技能。

习　题

1．对于数据库文件，以下说法正确的是（　　）。

A．一个数据库只能有一个主数据文件，且一个主数据文件只属于一个数据库

B．一个数据库可以有一个或多个次数据文件，且一个次数据文件可以属于多个数据库

C．一个数据库可以有一个或多个次数据文件，且一个次数据文件只属于一个数据库

D．一个数据库可以有一个或多个主数据文件，且一个主数据文件只属于一个数据库

2．删除 JWGL 数据库的语句正确的是（　　）。

A．DROP　JWGL　　　　B．DROP　DATABASE　JWGL

C．DELETE JWGL　　　　D．DELETE DATABASE　JWGL

3．下列关于数据库的数据文件叙述错误的是（　　）。

A．数据文件的大小不能更改

B．创建数据库时 PRIMARY 文件组中的第一个文件为主数据文件

C．一个数据库可以有多个数据文件

D．一个数据库只能有一个主数据文件

4．创建数据库有哪几种方法？

5．一个数据库中包含哪几种文件？

6．数据库的更名必须在什么情况下进行？

7．一个数据库中包含哪几个系统数据库？

实 时 训 练

1．实训名称

数据库的创建与管理。

2. 实训目的

（1）掌握利用企业管理器创建和管理数据库的过程。

（2）掌握利用 T-SQL 语句创建和管理数据库的过程。

3. 实训内容及步骤

（1）用 T-SQL 语句创建一个数据库，名称为“Arch”，该数据库包含 3 个数据文件和两个事务日志文件。主要数据文件的逻辑文件名为“Arch1”，实际文件名为“Archdat1.Mdf”；两个非主要数据文件的逻辑文件名分别为“Arch2”和“Arch3”，实际文件名分别为“Archdat2.Ndf”和“Archdat3.Ndf”。两个事务日志文件的逻辑文件名分别为“Archlog1”和“Archlog2”，实际文件名分别为“Archlog1.Ldf”和“Archlog2.Ldf”。上述文件的初始容量均为 1MB，最大容量为 10MB，递增量均为 1MB。

（2）创建名字为 mydb 的数据库，它有容量分别是 10MB、8MB、6MB 的 3 个数据文件，其中，mydb_data1.mdf 是主文件，使用 PRIMARY 关键字显示指定；Mydb_data2.ndf、mydb_data3.ndf 是次文件。该数据库还有两个容量分别是 7MB、9MB 的事务日志文件，文件名为 mydb_log1.ldf 和 mydb_log2.ldf，最大容量均是 20MB，文件增量均为 2MB。

（3）将 mydb 数据库的数据文件 mydb_data1 由原来的 10MB 扩充为 15MB，事务日志文件 mydb_log1 由原来的 7MB 扩充为 10MB。

（4）为 mydb 数据库增加一个 4MB 的次要数据文件 mydb_data4，次要数据文件的后缀名为.ndf，其余参数均采用默认值。

（5）为 mydb 数据库增加一个 5MB 的事务日志文件 mydb_log3，并删除刚增加的次要数据文件 mydb_data4.ndf。

（6）为 mydb 数据库增加一个最大容量为 30MB 的次要数据文件 mydb_data3，并添加到 ABC 文件组中，完成后将该文件的初始容量修改为 10MB。

（7）分离 mydb 数据库，完成后再将 mydb 数据库附加进来。

4. 实训结论

按照实训内容的要求完成实训报告。

第 4 章　数据表对象的创建与管理

项目讲解

“电脑销售管理系统”包括 7 个数据表，分别用于存放用户、职员、供货商、货物、进货、销售、库存等方面的信息。现需先创建这 7 个表的结构，然后定义一些数据完整性的约束，再将需要的数据存储进去。

学习任务

1. 学习目标

- 掌握 SQL Server 2008 数据表的基本概念；
- 熟练掌握如何利用 Microsoft SQL Server Mangement Studio 对象资源管理器和 T-SQL 语句两种方法进行数据表的创建、查看、修改、重命名及删除操作；
- 熟练掌握如何利用 Microsoft SQL Server Mangement Studio 对象资源管理器和 T-SQL 语句两种方法进行数据表中数据的增、删、改操作；
- 熟练掌握如何利用 Microsoft SQL Server Mangement Studio 对象资源管理器和 T-SQL 语句两种方法进行数据表的约束设置操作。

2. 学习要点

- SQL Server 2008 表结构的创建、修改；
- SQL Server 2008 表数据的增、删、改操作；
- 约束的创建及管理。

4.1 创建、管理和维护表

数据库中包含了很多对象，其中最重要的对象就是表，表是数据库中存放数据的地方，表中数据组织的形式为行列的组合。每行表示一条记录，每列表示一个属性。在 SQL Server 2008 中，一个数据库可以创建多达 20 亿个表，每个表可达 1024 列，每行最多存储 8092B 数据。本节将以“电脑销售管理系统”中表的操作为例，介绍表的基本操作，包括创建、修改、删除数据表等。

4.1.1 SQL Server 2008 的数据类型

数据库创建完毕后，就应该创建表了。因为要使用数据库，就需要在数据库中找到一种对象，能够存储用户输入的各种数据，而且以后在数据库中完成的各种操作也是在表的基础上进行的。在创建表时，需要使用不同的数据库对象，包括数据类型、约束、默认值、触发器和索引等，而且表必须建在某一个数据库中，不能单独存在，也不能以操作系统文件的形式存在。

表中的每个字段的数据都应属于某种数据类型，数据类型规定了此字段数据的取值范围和存储格式。在创建表的过程中，应当根据实际需要为每个字段指定合适的数据类型。例如，姓名应该使用字符型数据，出生日期应该使用日期时间型数据等。

1. 整数数据类型

- INT（INTEGER）

说明：

（1）取值范围：-2^{31}（-2147483648）～$2^{31}-1$（2147483647）之间的所有正负整数。

（2）存储大小：4 个字节，其中 1 位表示整数值的正负号，其他 31 位表示整数值的长度和大小。

● SMALLINT

说明：

（1）取值范围：-2^{15}（-32768）～$2^{15}-1$（32767）之间的所有正负整数。

（2）存储大小：2 个字节，其中 1 位表示整数的正负号，其他 15 位表示整数值的长度和大小。

● TINYINT

说明：

（1）取值范围：0 ～255 之间的所有正整数。

（2）存储大小：1 个字节。

● BIGINT

说明：

（1）取值范围：-2^{63}（-9223372036854775808）～$2^{63}-1$（9223372036854775807）之间的所有正负整数。

（2）存储大小：每个 BIGINT 类型的数据占用 8 个字节的存储空间。

2. 浮点数据类型

● REAL

说明：

（1）取值范围：可精确到第 7 位小数，其范围为-3.40E+38～3.40E+38。

（2）存储大小：占用 4 个字节的存储空间。

（3）若以小数点表示，则可精确到小数点后第（8-整数位）位。

（4）当整数位数达到 8 位时，系统自动以指数形式表示。

● FLOAT

说明：

（1）取值范围：可精确到第 15 位小数，其范围为-1.79E+308～1.79E+308。

（2）存储大小：占用 8 个字节的存储空间。

（3）当整数位数达到 17 位时，系统自动以指数形式表示。

3. 精确小数

● DECIMAL

说明：

（1）取值范围：存储从$-10^{38}+1$～$10^{38}-1$ 的固定精度和范围的数值型数据。

（2）存储大小：2～17 个字节不等。

（3）可用格式：DECIMAL[（p，[s]）]。

① p 指范围，是小数点左右所能存储的数字的总位数，不包括小数点。

② s 指精度，是小数点右边所能存储的数字的位数，默认为 0。例如，DECIMAL（15，5），表示共有 15 位数，其中整数 10 位，小数 5 位。

③ DECIMAL 数据占用的字节数取决于 p 中的整数位数。

● NUMERIC

NUMERIC 数据类型与 DECIMAL 数据类型完全相同。

> **提示**：SQL Server 为了和前端的开发工具配合，它所支持的数据精度默认最大为 28 位。但可以通过使用命令来改变默认精度。

4. 二进制数据类型

● BINARY：固定长度的二进制数据类型。

（1）格式：BINARY（n）， n 表示数据的长度，取值范围为 1～8000 ，必须指定 BINARY 类型数据的大小。

（2）存储大小：占用 n+4 个字节的存储空间。

● VARBINARY：可变长度的二进制数据类型。

（1）格式：VARBINARY（n）。 n 的取值范围也为 1～8000。

（2）存储大小：实际数值长度+4 个字节。

5. 逻辑数据类型

● BIT

（1）存储大小：占用 1 个字节的存储空间。

（2）取值范围：0 或 1，如果输入 0 或 1 以外的值，将被视为 1。

（3）说明：BIT 类型不能定义为 NULL 值。

6. 字符数据类型

● CHAR：固定长度的非 Unicode 字符。

（1）定义形式：CHAR[（n）]。

（2）存储大小：字符串中的每个字符和符号占 1 个字节的存储空间，汉字占 2 个字节的存储空间，n 表示所有字符占的总存储空间，n 的取值范围为 1～8000，即可容纳 8000 个 ANSI 字符。

（3）说明：省略 n，系统默认为 1。若输入数据的字符数小于 n，则系统自动在其后添加空格来填满设定好的空间，若输入的数据过长，则会截掉其超出部分。

● VARCHAR：可变长度的非 Unicode 字符。

（1）定义形式：VARCHAR[（n）]，n 的取值范围为 1～8000。

（2）存储大小：实际数值长度。若输入数据的字符数小于 n，则系统不会在其后添加空格来填充空间。

在什么情况下使用 CHAR，什么情况又使用 VARCHAR 型呢？一般来说，任何小于或等于 5 个字节的列应存储为 CHAR 型，而不是 VARCHAR 型。

● NCHAR：固定长度的 Unicode 字符。

（1）定义形式：NCHAR[（n）]。

（2）存储大小：字符串中的每个字符、符号和汉字均占 2 个字节的存储空间，n 表示总存储空间，取值范围为 1～4000。

（3）说明：字符中，英文字符只需要 1 个字节存储就足够了，但汉字众多，需要 2 个字节存储，英文与汉字同时存在时容易造成混乱，Unicode 字符集就是为了解决字符集这种不兼容的问题而产生的，它所有的字符都用 2 个字节表示，即英文字符也是用 2 个字节表示。

● NVARCHAR：可变长度的 Unicode 字符。

（1）定义形式：NVARCHAR [（n）]。它与 VARCHAR 类型相似。不同的是，NVARCHAR 数据类型采用 Unicode 标准字符集（Character Set）， n 的取值范围为 1～4000。

（2）存储大小：实际数值长度，超出 n 的部分截去，不足 n 的部分不补空格。

7. 文本和图形数据类型

● TEXT：用于存储大量文本数据。

容量：理论上为 $2^{31}-1$（2147483647）个字节，实际应用时，需要视硬盘的存储空间而定。

● NTEXT

NTEXT 数据类型与 TEXT 类型相似，不同的是，NTEXT 类型采用 Unicode 标准字符集（Character Set），因此其理论容量为 $2^{30}-1$（1073741823）个字节。

● IMAGE

IMAGE 数据类型用于存储大量的二进制数据(Binary Data)，其理论容量为 $2^{31}-1$(2147483647)个字节。

通常用来存储图形等 OLE （Object Linking and Embedding 对象链接和嵌入）对象，该类型不指定长度，可用来输入任何二进制数据。

应尽可能少地使用这三种数据类型，因为可能影响性能。能够使用 VARCHAR 就不要使用 TEXT。另外，TEXT 和 NEXT 在未来的一些版本中将不可用。

8. 日期和时间数据类型

● DATETIME

（1）日期范围：从 1753 年 1 月 1 日至 9999 年 12 月 31 日的日期数据。

（2）存储大小：每个数值要求 8 个字节的存储空间。

（3）说明：如果省略了日期部分，则系统将 1900 年 1 月 1 日作为日期的默认值。

● SMALLDATETIME

（1）日期范围：从 1900 年 1 月 1 日到 2079 年 6 月 6 日的日期和时间数据，精确到分钟。

（2）存储大小：使用 4 个字节存储数据。

（3）日期输入格式：允许用斜杠（/）、连接符（-）和小数点（.）作为用数字表示的年、月、日之间的分隔符。

如：YMD：2011/6/22 2011-6-22 2011.6.22

MDY：3/5/2011 3-5-2011 3.5.2011

DMY：31/12/1999 31-12-1999 31.12.2000

（4）时间输入格式：顺序为“小时、分钟、秒、毫秒”，中间用冒号“:”隔开，秒和毫秒之间可用小数点“.”隔开，隔开后的第 1 位数字代表十分之一秒，第 2 位数字代表百分之一秒，第 3 位数字代表千分之一秒。AM 表示午前 12 小时，PM 表示午后 12 小时，默认情况为 AM。AM 与 PM 均不区分大小写。

如：3:5:7.2PM——下午 3 时 5 分 7 秒 2 毫秒

10:23:5.123AM——上午 10 时 23 分 5 秒 123 毫秒

SQL Server 2008 有 4 种与日期相关的新数据类型：datetime2、dateoffset、date 和 time。可通过 SQL Server 联机丛书查看这些数据类型的示例。

9. 货币数据类型

货币数据类型用于存储货币值。在使用货币数据类型时，应在数据前加上货币符号，系统才能辨识其为哪国的货币，如果不加货币符号，则默认为“￥”。

● MONEY

（1）精确值：货币单位的万分之一，即 4 位小数。

（2）取值范围：-2^{63}（-9223372036854775808）～$2^{63}-1$（+9223372036854775807）。

（3）存储大小：使用 8 个字节存储。

● SMALLMONEY

类似于 MONEY 类型，存储的货币值范围较小。

（1）取值范围：-2147483648～2147483647。

（2）存储大小：使用 4 个字节存储。

10. 特定数据类型

● TIMESTAMP （时间戳）

提供数据库范围内的唯一值，此类型相当于 BINARY（8）或 VARBINARY（8），但当它所定义的列在更新或插入数据行时，此列的值会被自动更新，一个计数值将自动地添加到此 TIMESTAMP 数据列中。每个数据库表中只能有一个 TIMESTAMP 数据列。如果建立一个名为“TIMESTAMP”的列，则该列的类型将被自动设为 TIMESTAMP 数据类型。

● UNIQUEIDENTIFIER

存储一个 16 位的二进制数字，此数字称为 GUID（Globally Unique Identifier，全球唯一鉴别号）。此数字是由 SQL Server 的 NEWID()函数产生的全球唯一的编码，全球各地的计算机经由此函数产生的数字不会相同。

● Cursor：是变量和存储过程 OUTPUT 参数的一种数据类型。

● Table：用于存储结果集以进行后续处理。主要用于临时存储一组行，这些行是作为表值函数的结果集返回的。

11. 用户自定义数据类型

任务一：使用 T-SQL 语句创建一个自定义数据类型 address，长度为 40，可变 Unicode 字符型，不允许为空，创建成功后，查看该类型的特征，并将数据类型名更改为 home_addr，完成后删除。

SQL Server 2008 允许用户建立用户自定义数据类型。用户自定义数据类型并不是真正的一种数据类型，而是某些基本数据类型的别名，以便管理同类数据。创建用户自定义数据类型有以下两种方法。

（1）使用 Microsoft SQL Server Management Studio 创建。

进入数据库，右击“用户自定义数据类型”，在弹出的快捷菜单中选择“新建用户自定义数据类型”命令。

（2）使用 T-SQL 语句创建及管理用户自定义数据类型。

① 创建用户自定义数据类型。

```
sp_addtype 用户自定义数据类型名,'系统数据类型名(长度)|(总位数，小数位数)'[,'空值|非空值|标识列性质']
```

② 查看特征。

```
sp_help  用户自定义数据类型名
```

③ 重命名。

```
sp_rename　旧用户自定义数据类型名，新用户自定义数据类型名
```

④ 删除用户自定义数据类型。

```
sp_droptype　用户自定义数据类型名
```

> **提示**：不能删除正被表或其他数据库对象调用的类型，此时应先将调用对象的类型换成其他类型再删除。

⑤ 任务完成。

```
sp_addtype　address，'nvarchar(40)','not null'
sp_help address
sp_rename address,home_addr
sp_droptype home_addr
```

4.1.2　SQL Server 2008 的数据表的创建

创建表实质就是定义表结构以及约束等属性。

在 SQL Server 2008 中提供了两种创建表的方式：一种方式是在 Microsoft SQL Server Mangement Studio 中创建表，另一种方式是通过执行 T-SQL 语句创建表。

说明：表操作只能在当前数据库中进行。当前数据库指的是可以操作的数据库，可以通过“可用数据库”下拉列表进行选择，如图 4-1 所示。

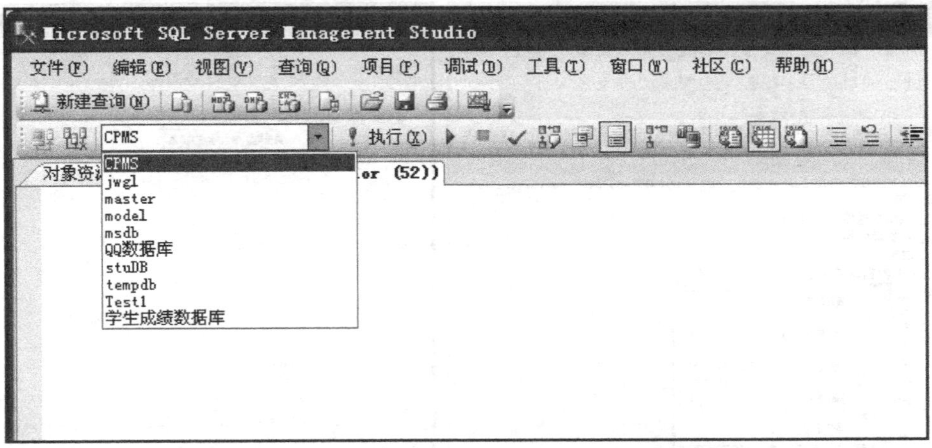

图 4-1　选择当前数据库

用户也可以在查询窗口中使用 USE 语句调用，其语法格式如下。

```
USE database_name
```

说明：database_name 是当前数据库的名称。

例如，设定“CPMS”数据库为当前数据库。

```
USE CPMS
go
```

提示： 如果没有设定当前数据库，则系统默认的当前数据库是系统数据库 master。

1. 在 Microsoft SQL Server Mangement Studio 中创建表

在 Microsoft SQL Server Management Studio 的对象资源管理器中，用户可以在图形界面环境下快捷地创建表。下面以在电脑销售管理系统数据库中创建 Ware 表（货物表）为例，说明在 Microsoft SQL Server Mangement Studio 的图形化工具中创建表的过程。

任务二：在电脑销售管理系统数据库中创建名为 Ware 的数据表，其结构如表 4-1 所示。

表 4-1　Ware 表（货物表）结构

字段名称	数据类型	长　度	空　值	说　明
Ware_Id	nvarchar	4	否	货号
Ware_Name	nvarchar	16	是	货名
Spec	nvarchar	12	是	规格
Unit	nvarchar	2	是	单位

创建步骤如下。

（1）在对象资源管理器中，用鼠标选中“CPMS”，则该数据库即为当前数据库，用鼠标右键单击“表”对象，在弹出的快捷菜单中选择“新建表”命令，打开表设计器，如图 4-2 所示。

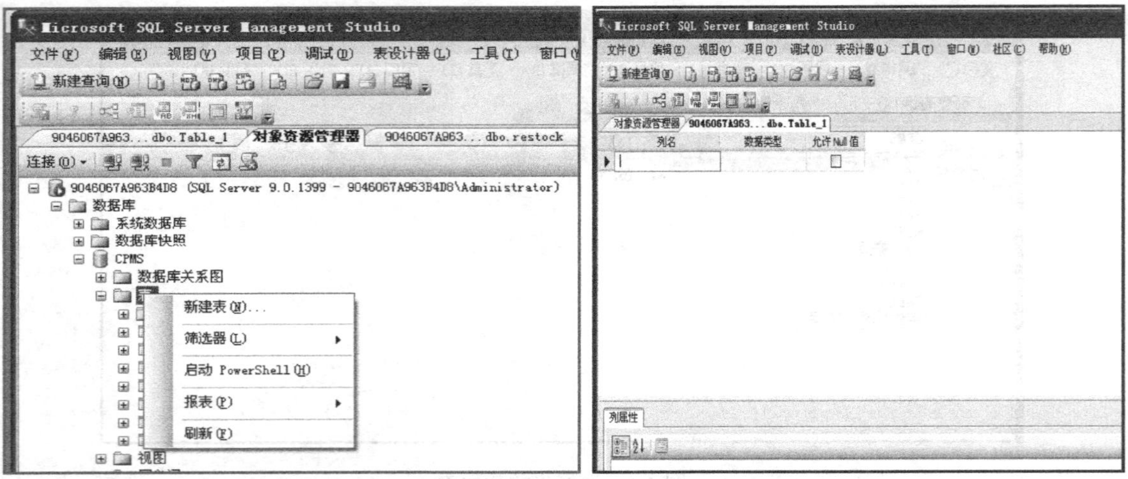

图 4-2　表设计器

（2）设置列名、数据类型，以及列是否允许为空。

在表设计器的“列名”下，输入“货物表”的所有列名；在“数据类型”列下，选择每列对应的数据类型；在“允许空”列下，设置各个列是否可以为空。打勾的表示允许为空，即表示该列可以取空值；没有打勾的表示不允许为空，即表示该列不可以取空值，如图 4-3 所示。

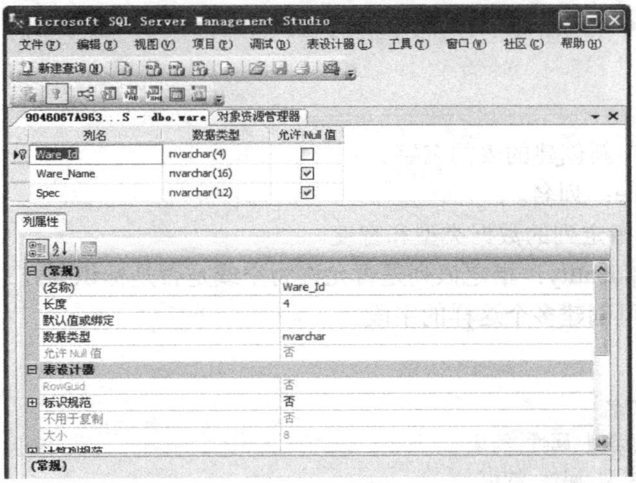

图 4-3　货物表设计

（3）设置列的属性。

在表设计器的下部是列属性的设置，用户可以在此处设置各个列的属性。在 SQL Server 2008 中，数据库中数据的完整性是非常重要的。通过对列属性进行设置，可以在某些方面保证数据的完整性。在“列属性”窗口中，依次输入各字段名及其对应的数据类型、字段长度等设置值。若有计算列，则设置计算列：选择要设为计算列的字段，在公式对应的输入栏中输入公式。

列属性的设置也称为列约束，通常包括以下几种。

- PRIMARY KEY：主关键字约束。当某一列（组）被设置为主关键字时，该列（组）的值不能为空或有重复值出现。

选择主键的原则如下。

① 尽量选择单个键作为主键。

② 尽量选择数值更新少的列作为主键。

- UNIQUE：唯一性约束。当某一列（组）被设置了唯一性约束时，该列（组）的取值不能有重复值出现，可以取空值，但最多只能有一个数据为空。
- CHECK：检查约束。当某一列被设置了检查约束时，该列的取值必须符合检查约束所设置的条件。
- DEFAULT：默认值约束。当某一列被设置了默认值约束时，该列的值可以输入，也可以不输入，不输入时的值为默认值。
- NULL：允许为空。当某一列被设置了允许为空时，该列的取值可以为空（NULL），也就是说该列的“允许空”属性没有标记“√”号。
- IDENTITY：标识规范，指系统按照给定的种子自动生成序列号值，该序列号值是唯一的，该规范只适用于数据型的数据类型。当某一列被设置了标识规范时，该列的值不能输入，但取值以标识种子开始，以标识增量为增加值自动填充。

2. 利用 T-SQL 语句创建表

在 SQL Server 2008 中可执行 T-SQL 语句创建表。

格式：

```
Create table table_name
```

```
(column_name data_type [null|not null|identity（初始值，步长值）]
[,……N]
```

说明：

（1）table_name：新创建的表的名字。

（2）column_name：列名。

（3）data_type：指定列的数据类型和宽度。

（4）null|not null|identity：指定该列是否允许为空或是否是标识列。

（5）[,……N]：可创建多个这样的字段。

换一种说法：

```
Create table 表名
（字段 1  数据类型  属性  约束
字段 2  数据类型  属性  约束
……）
```

任务三：创建一个 Sell 表（销售表），其结构如表 4-2 所示。

表 4-2　Sell 表（销售表）结构

字段名称	数据类型	长　度	标识种子	标识增量	空　值	说　明
Sell_Id	int		1	1	否	销售序列号
Ware_Id	nvarchar	4			是	货号
Sell_Price	decimal	18, 2			是	销售单价
Sell_Date	smalldatetime				是	销售日期
Sell_Num	smallint				是	销售数量
Work_Id	nvarchar	6			是	销售职工编号

任务程序如下。

```
create table Sell
(
Sell_Id   int identity(1,1) primary key,        /*设置标识规范，并设置主键*/
Ware_Id nvarchar (4),
Sell_Price decimal(18，2),
Sell_Date   smalldatetime default(getdate()) , /*设置销售日期的默认值为系统日期*/
Sell_Num    smallint ,
Work_Id    nvarchar(6) ,
)
go
```

任务四：创建一个 Worker 表（职员表），其结构如表 4-3 所示。

表 4-3　Worker 表（职员表）结构

字段名称	数据类型	长　度	空　值	说　明
Work_id	nvarchar	6	否	职工编号
Work_name	nvarchar	8	否	姓名

续表

字段名称	数据类型	长度	空值	说明
Sex	bit		否	性别
Birth	smalldatetime		是	出生日期
Telephone	nvarchar	15	是	联系电话
Address	nvarchar	50	是	家庭住址
Position	nvarchar	10	是	职位

任务程序如下。

```
create table Worker
(
Work_id nvarchar (6) primary key,
Work_name nvarchar (8) not null,
Sex bit default(1),
Birth   smalldatetime ,
Telephone nvarchar(15),
Address nvarchar(50),
Position nvarchar(10),
)
go
```

4.1.3　修改表结构

在 SQL Server 2008 中提供了两种修改表的方式：一种方式是在 Microsoft SQL Server Mangement Studio 的图形化工具中修改表，另一种方式是通过执行 T-SQL 语句修改表。

1. 在 Microsoft SQL Server Mangement Studio 中修改表

在 Microsoft SQL Server Mangement Studio 的对象资源管理器中，用户可以在图形界面环境下快捷地修改表。用鼠标选中要修改的表，右键单击，在弹出的快捷菜单中选择“修改”命令，进入表设计器，直接修改列名、列属性、默认值、标识规范等。或者用鼠标右键单击列，通过选择快捷菜单中的命令，对表进行插入列、删除列等操作，如图 4-4 所示。

图 4-4　修改表结构

2. 利用 T-SQL 语句修改表

在 SQL Server 2008 中可执行 T-SQL 语句修改表。

格式：

```
ALTER TABLE table_name
{ALTER COLUMN column_name
 new_data_type[(length)]|[(precision[,scale])] [null|not null|identity]-- 修改列的结构
|ADD [<add_column_name add_data_type>]|[,……N] –添加新列（不能添加非空属性的字段）
|DROP COLUMN drop_name|[,……N]}    ----删除指定表中的列
}
```

说明：

（1）column_name：要修改的列名。

（2）new_data_type：要修改的列的新数据类型。

（3）length、precisioin、scale：分别表示数据长度、总位数和小数位数。

（4）add_column_name：新添加到表中的列名。

（5）add_data_type：新添加到表中的列的数据类型。

（6）drop_name：要从表中删除的列名。

（7）[,……N]：可以删除多个这样的列。

> **提示**：删除列时，如果该列存在相关约束，则必须删除约束，否则无法删除该列。删除约束的方法见后面。除 DROP 命令外，ALTER TABLE 命令一次只允许修改表的一列。

说明：ALTER TABLE 语句的语法比较复杂，因为表结构本身就很复杂，限于篇幅，这里不再详细介绍，只通过简单实例了解 ALTER TABLE 语句的使用方法。

任务五：修改 Sell 表（销售表），给 Sell 表增加一个备注字段，类型为 text 类型。

```
ALTER TABLE Sell
Add notation text
Go
```

任务六：修改 Sell 表（销售表），删除备注字段。

```
ALTER TABLE Sell
Drop notation
Go
```

任务七：修改 Sell 表（销售表），将 Ware_Id 字段类型改为 char 型，长度为 5。

```
ALTER TABLE Sell
Alter column   Ware_Id char(5)
Go
```

4.1.4 表的删除与重命名

1. 在 Microsoft SQL Server Mangement Studio 的图形化工具中删除或重命名表

在 Microsoft SQL Server Mangement Studio 的对象资源管理器中，选择用户所在的数据

库→表，右击要删除或重命名的表，在弹出的快捷菜单中，分别选择“重命名表”或“删除表”命令即可。

2. 利用 T-SQL 语句删除或重命名表

重命名表，格式如下。

```
EXEC    SP_RENAME    table_old_name, table_new_name
```

删除表，格式如下。

```
DROP TABLE table_name
```

任务八：将 Sell 表改名为销售表，然后将其删除。

```
EXEC    SP_RENAME Sell，销售表
go
DROP TABLE  销售表
```

4.2　更新及维护表数据

数据表创建成功以后，下一步就是向表中添加数据了。没有数据的表只是一个空表结构，没有任何意义。向表中添加数据后，可以根据需要对数据进行增、删、改操作。管理表中的数据的方法也有两种，即用 Microsoft SQL Server Mangement Studio 和 T-SQL 语句。

在 Microsoft SQL Server Mangement Studio 的对象资源管理器中，用户可以在图形界面环境下对表中的数据进行操作。鼠标选中要操作的表，右键单击，在弹出的快捷菜单中选择“打开表”命令，进入表数据窗口，直接在表数据窗口中对表进行操作，包括插入、删除、修改记录，如图 4-5 所示。

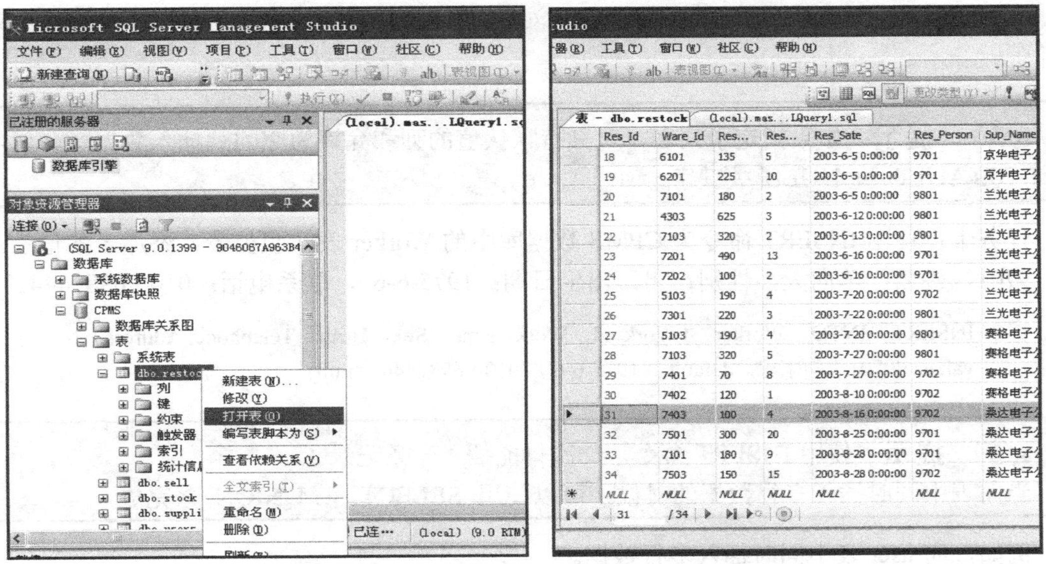

图 4-5　表数据的管理

提示：标识列的值由系统自动生成，不允许用户输入；如果某列不允许为空值，则必须为该列输入值；如果列允许空值而不输入值，则在相应的位置显示“NULL”字样；不允许修改标识列的值。

另外，还可以利用 T-SQL 语句修改表数据。

4.2.1　插入数据

插入单行数据

格式：

```
INSERT  [INTO] <表名或视图名>  [列名] VALUES <值列表> <条件子句>
```

说明：

（1）<值列表>：是与列名对应的字段的值，其值可以是默认值、空值、表达式、常量。

（2）<条件子句>：通过查询向表插入数据的条件语句。

提示：当向表中的所有列都插入新数据时，可省略列名，但 VALUES 后的各项位置顺序、类型与表定义时一样；要保证表定义时的非空列必须有值；插入字符型和日期型值时要加入单引号；有些字段在输入时可省略，但必须是 identity、Timestamp 具有 NULL 属性或有一个默认值。

任务九：使用 INSERT 命令为 CPMS 数据库中的 Worker 表（职员表）添加一条记录。工号：9601，姓名：刘伟，性别：男，出生日期：1978-12-14，联系电话：020-555666333，家庭住址：大庆路 456 号，职位：副经理。

```
INSERT  INTO  Worker  values ('9601','刘伟', 0, '1978-12-14', '020-555666333', '大庆路 456 号',
'副经理')
```

提示：如果指定了列名，对具有默认值的列和允许为空的列插入数据时，就需要用到 DEFAULT 和 NULL 关键字。

任务十：使用 INSERT 命令为 CPMS 数据库中的 Worker 表（职员表）添加一条记录。工号：9701，姓名：羊向天，性别：男，出生日期：1975-6-6 ，联系电话：010-96987444。

```
INSERT  INTO  Worker （Work_id, Work_name, Sex, Birth, Telephone, Address）
values ('9701','羊向天', default, '1975-6-6', '010-96987444', null)
```

提示：使用 INSERT 命令，一次只能插入一条记录。
当向表中同时插入多行数据的时候，可以使用 SELECT……UNION 来完成。

例如，向 user 表中同时插入多行数据。

```
INSERT  user(UserName, Pwd , UserType)
SELECT 'admin',' admin',' 管理员' UNION
SELECT 'guest','12345',' 普通用户' UNION
```

```
SELECT '赵本山','12345',' 普通用户'
```

说明：

- 如果需要将一张数据表中的数据复制到另外一张新数据表中，可以使用 SELECT……INTO 语句。
- SELECT……INTO 语句用于把查询结果存放到一个新表中（不存在的表）。

任务十一：将普通用户复制到 user2 表中。

```
Select * into user2 from    user
Where UserType='普通用户'
```

使用 SELECT ……INTO 向表中添加数据时，这个表必须是原数据库中不存在的新表，否则会出现错误。

- INSERT……SELECT 语句同样也可以向数据表中插入多行数据，但不同的是，插入的表必须事先创建好，而不是执行 T-SQL 语句时创建。

任务十二：将 Worker 表中 Work_id、Work_name 列的所有数据，一次性添加到 Worker 2 表中。

```
INSERT INTO Worker 2 (Work_id, Work_name)
SELECT Work_id, Work_name   FROM Worker
```

使用 INSERT INTO……SELECT 向表中添加数据时，这个表必须是原数据库已经存在的表，否则会出现错误。

4.2.2　更新数据

格式：

```
UPDATE   表名或视图名   SET  列名  或变量名=表达式
<where  更新数据所应满足的条件>
```

说明：

（1）要更新数据的字段名或变量名可以为多个。

（2）更新数据所应满足的条件若默认，则向该列所有行更新指定数据。

任务十三：将 Worker 表中工号为 9701 的职工的姓名改为杨向天。

```
UPDATE Worker SET Work_name='杨向天'   WHERE Work_id ='9701'
```

任务十四：将 Sell 表中货号 为 1001 的商品价格打九折。

```
UPDATE   Sell   SET   Sell_Price =   Sell_Price *0.9   WHERE Ware_Id ='1001'
```

4.2.3　删除数据

格式：

```
DELETE FROM   <表名>   [WHERE   条件表达式]
```

任务十五：将 Worker 表中工号 为 9701 的职工删除。

```
DELETE FROM Worker WHERE Work_id ='9701'
```

还有一种删除方式：TRUNCATE TABLE <表名>。

```
TRUNCATE TABLE Worker= DELETE FROM Worker
```

> **提示**：TRUNCATE 语句与没有条件表达式的 DELETE 语句结果一样，但是执行的速度更快，使用的系统资源和事务日志更少，但是有外键约束的数据表不能使用 TRUNCATE，需要用 DELETE 来完成。

4.3　数据完整性的实现

4.3.1　数据完整性的概念

数据完整性指数据的正确性、完备性和一致性，是衡量数据库质量好坏的重要标准，在用 INSERT、UPDATE、DELETE 语句修改数据库的内容时，数据的完整性可能会遭到破坏。可能会出现这样的情况：无效的数据被添加到数据库的表中。例如，一个人身高 15m，年龄 300 岁；学生的成绩是负数；在一个表中修改了一个商品的货号，而在另一个表中没有修改；在销售表中销售了并不存在的商品……这些都是数据完整性受到破坏的例子。为了解决类似的问题，保证数据的一致性和正确性，SQL Server 2008 提供了对数据库中的表、列实施数据完整性约束的方法。在 SQL Server 2008 中，数据完整性分为 3 类：域完整性、实体完整性和参照完整性。

1. 域完整性

域完整性也称为列的完整性，指表中一个列的输入有效性（即列数据必须满足所定义的数据类型，且值必须在有效的范围内）。例如，若年龄为数值类型，则不允许输入其他类型的数据，且年龄值必须在 0～150 岁之间，或学生的考试成绩必须在 0～100 分之间，不在该范围内，则破坏了年龄域和成绩域的完整性。

强制域完整性的方法如下。

- 限定类型：主要在建表时设置；
- 限定格式：主要通过 CHECK 约束和规则设置；
- 限定可能值的范围：通过外键约束、检查约束、默认定义、非空定义和规则设置。

2. 实体完整性

实体完整性也称为表的完整性，指表中必须有一个主关键字，用来唯一地标识表中的每一行，且不允许为空值。保证一张表不能有两列完全相同。

强制实体完整性的方法有索引、unique 约束、primary key 约束和 identity 属性。

3. 参照完整性

参照完整性也称为引用完整性，是对表与表之间的联系而言的，主要用于保证主关键字和外部关键字之间的参照关系，确保主键值和外键值在所有表中一致，保证一张表中的某列来自于另外一张主表的列。它涉及两个或两个以上表数据的一致性维护。

数据完整性的实施方法如下。

（1）声明型数据完整性：在对象创建时定义，这种数据完整性是在数据库说明的一部分语法中实现的。使用这种方法实现数据完整性简单且不容易出错，是首选方法。

（2）过程型数据完整性：指由某个过程引发而实施的数据完整性。这种数据完整性由默认、规则和触发器具体实现，由视图和存储过程支持。一般先写出实施条件，再写出强制该条件执行的用于保证数据完整性的脚本。

4.3.2　约束

1. 概念

约束是 SQL 强制实行的应用规则，它能够限制用户存放到表中的数据的格式和可能值。建立和使用约束的目的是保证数据的完整性，防止列中出现非法数据，可以自动维护数据库中数据的完整性。

2. 常见约束

- 非空约束（not null）;
- 默认约束（default constraint）;
- 主键约束（primary key constraint）;
- 唯一约束（unique constraint）;
- 检查约束（check constraint）;
- 外键约束（foreign key constraint）。

非空约束、默认约束、主键约束、唯一约束前面已做了介绍，就不再赘述了。下面简单地介绍一下检查约束和外键约束。

（1）检查约束：Check Constraints，限制插入列中的值的范围，主要用于实现域完整性。它是当对数据库中的表执行插入或更新操作时，检查新行中的列值必须满足的约束条件。例如，对年龄字段，可以给它加上一个检查约束：年龄>0 and 年龄<150。

（2）外键约束：Foreign Key Constraints，为了满足引用完整性，可以通过设定外键进行约束。什么是外键？所谓外键是指一张表（从表）中的一列必须取自另外一张表（主表），我们把这一列称为外键。要求从表中正被插入或更新的列（外键）的新值，必须在被参照表（主表）的相应列（主键）中已经存在。

例如，在 CPMS 数据库中，库存表或销售表中的货号必须取自货物表中的货号，这时我们称库存表或销售表中的货号是货物表的外键。若两张表存在外键关系，那么它们具有以下特点。

① 当主表中没有对应的记录时，不能将记录添加到从表。例如，库存表或销售表中不能出现货物表中不存在的货号。

② 不能更改主表中的值而导致从表中的记录孤立。例如，货物表中的货号改变了，库存表或销售表中的货号也应当随之改变。

③ 从表存在与主表对应的记录，不能从主表中删除该行。

④ 删除主表前，先删除从表（先删除库存表或销售表，后删除货物表）。

如何建立外键？

在 Microsoft SQL Server Mangement Studio 中，通过建立两张表之间的关系来确定外键。

① 在对象资源管理器中，右键单击具有外键的表，在弹出的快捷菜单中选择“设计”命令，如图 4-6 所示。此时，将在表设计器中打开该表。

② 在“表设计器”菜单中，选择“关系”命令。

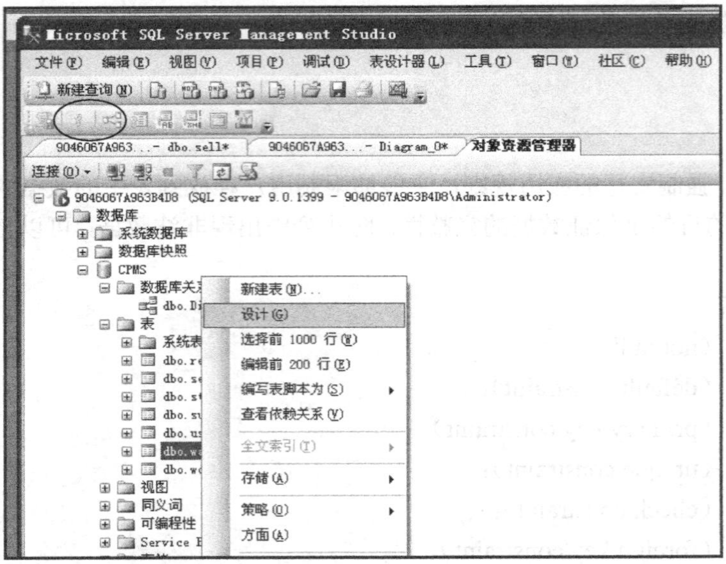

图 4-6　建立外键（1）

③ 在“外键关系”对话框中，从“选定的关系”列表框中选择关系，如图 4-7 所示。

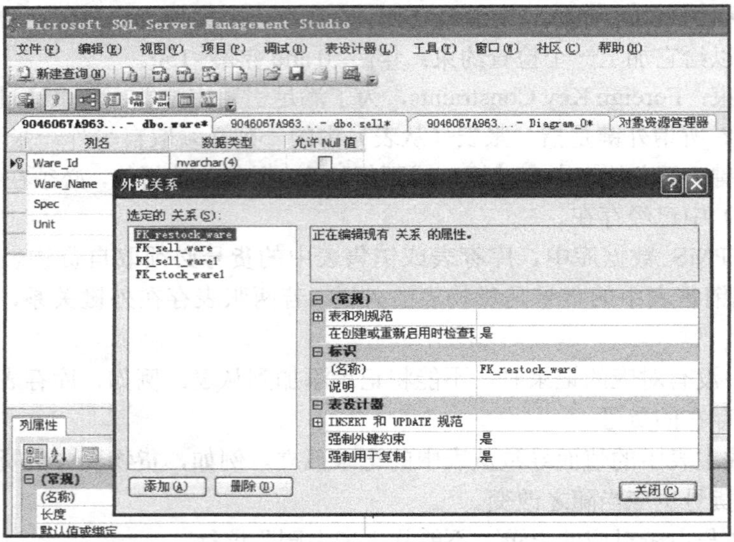

图 4-7　建立外键（2）

④ 在网格中，单击“表和列规范”按钮，再单击属性右侧的省略号（…）。

⑤ 在“表和列”对话框中，从列表中选择其他表列，如图 4-8 所示。

提示：唯一约束和主键约束的区别。

唯一约束与主键约束都为指定的列建立唯一索引，唯一约束不允许有重复值，但允许有空值，而主键约束限制更严格，不但不允许有重复值，而且也不允许有空值。

默认情况下，主键约束产生聚簇索引，而唯一约束产生非聚簇索引。

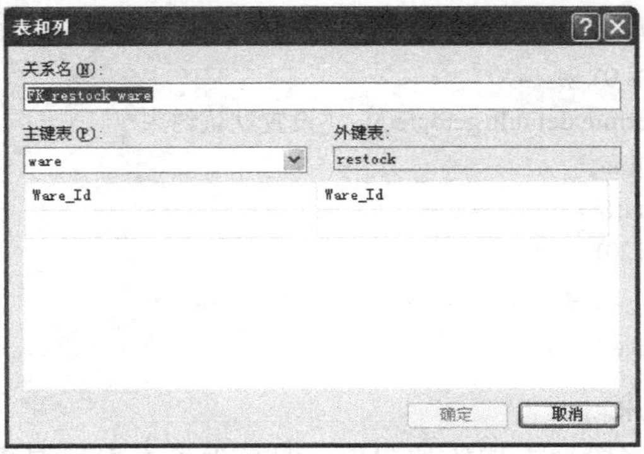

图 4-8　建立外键（3）

约束的类型与数据完整性的关系：

- 域完整性：非空约束、DEFAULT、CHECK；
- 实体完整性：PRIMARY KEY、UNIQUE；
- 参照完整性：FOREIGN KEY。

3. 添加约束

（1）创建表时添加约束

通过 SQL 语句来添加约束，格式如下。

```
Create table 表名
(字段 1  数据类型  属性  约束
字段 2  数据类型  属性  约束
……)
```

任务十六：创建 Restock 表（进货表），并设置进货序列号为主键和标识列，货号不能为空，且货号必须是 Ware 表（货物表）里存在的货号，进货日期为系统当前的日期。Restock 表（进货表）结构如表 4-4 所示。

表 4-4　Restock 表（进货表）结构

字段名称	数据类型	长　度	标识种子	标识增量	空　值	说　明
Res_Id	int		1	1	否	进货序列号
Ware_Id	nvarchar	4			否	货号
Res_Price	decimal	18, 0			是	进货单价
Res_Number	smallint				是	进货数量
Res_date	smalldatetime	8			是	进货日期
Res_Person	nvarchar	8			是	进货人
Sup_Name	nvarchar	20			是	供货商名称

程序如下。

```
Create table Restock
(
Res_Id   int identity(1,1) primary key,   /*设置标识规范，并设置主键*/
Ware_Id   nvarchar (4)not null REFERENCES ware(Ware_Id),
```

```
/*设置非空约束和外键约束*/
Res_Price decimal(18,0),
Res_date   smalldatetime default(getdate()) , /*设置默认约束*/
Res_Number   smallint ,
Res_Person   nvarchar(8)
Sup_Name nvarchar(20)
)
go
```

（2）修改表时添加约束

在创建表时，可以在字段后添加各种约束，但是为了不引起混淆，推荐将约束和建表分开编写。添加约束的语法格式如下。

```
ALTER TABLE 表名
ADD CONSTRAINT 约束名   约束类型   具体的约束说明
```

示例如下。

```
为用户表添加主键
ALTER TABLE   Users
ADD CONSTRAINT PK_ UName   PRIMARY KEY ( UserName )
GO
为 Worker 表（职员表）添加默认约束
ALTER TABLE Worker
ADD CONSTRAINT DF_workSex   DEFAULT (1) FOR Sex
GO
为用户表添加主键
ALTER TABLE   Users
ADD CONSTRAINT PK_ UName   PRIMARY KEY ( UserName )
GO
为 Worker 表（职员表）添加默认约束
ALTER TABLE Worker
ADD CONSTRAINT DF_workSex   DEFAULT (1) FOR Sex
GO
为 Restock 表（进货表）添加检查约束
ALTER TABLE   Restock
ADD CONSTRAINT CK_ BesNum
CHECK(Res_Number>=2)
GO
为 Sell 表（销售表）添加外键约束
ALTER TABLE Sell
ADD CONSTRAINT FK_SellID
FOREIGN KEY( Ware_Id ) REFERENCES Ware( Ware_Id )
GO
```

4. 删除约束

删除约束的语法格式如下。

```
ALTER TABLE 表名
```

```
DROP CONSTRAINT 约束名
```

任务十七：删除销售表的外键约束。

程序如下。

```
ALTER TABLE Sell
DROP CONSTRAINT FK_SellID
```

本 章 小 结

表是一种十分重要的数据库对象。一个表由若干条记录组成，每条记录由若干个字段组成，在一个表中每个字段具有唯一的名称和指定的数据，另外，还可以对字段或字段组合设置某种约束。

本章首先介绍了 SQL Server 2008 中的各种系统数据类型，并讲述了如何创建用户自定义数据类型，然后详细讨论了数据表的创建和修改，以及如何为数据库的内容进行各种更新操作，最后介绍了数据完整性的概念及其实现方法。

习 题

1．主键用来实施（ ）。

A．引用完整性约束　　B．实体完整性约束

C．域完整性约束　　D．自定义完整性约束

2．手机号码应该采用（ ）格式的数据类型来存储。

A．字符　　B．整数　　C．浮点　　D．Bit

3．SQL Server 主数据文件的后缀名是（ ）。

A．.ndf　　B．.ldf　　C．.mdf　　D．tdf

4．数据完整性是指（ ）。

A．数据库中的所有数据格式一样　　B．数据库中的数据不可以重复

C．数据库中的数据能够反映实际情况　　D．所有的数据都存在数据库中

5．关于主键下列说法正确的是（ ）。

A．一张表必须要有主键　　B．一张表建议加主键

C．一张表可以设定多个主键　　D．一个主键只能对应一列

6．某公司需使用表 CuInfo 来存储客户的信息，客户的信息包括：代号（整型，主键标识列，从 10001 开始，每次增加 5），客户名（最长 40 个汉字），电话（20 个字符），性别（一个汉字），传真（20 个字符），备注（最长 1000 个汉字）。电话和传真需要使用自定义数据类型 TypeTelFax，要求如下。

（1）写出创建该表的 SQL 语句。

（2）在表中增加一个字段“QQ 号”，该字段与电话数据类型一致，编写添加该字段的 SQL 语句。

（3）给性别字段添加检查约束，只能输入“男”或“女”，写出添加约束的 SQL 语句。

实 时 训 练

1. 实训名称

表的创建和管理。

2. 实训目的

（1）熟练掌握利用企业管理器和 T-SQL 语句创建表以及设置约束、默认值、规则的方法。

（2）熟练掌握在查询分析器中设置约束的方法及过程。

3. 实训内容及步骤

（1）利用 Microsoft SQL Server Management Studio 创建登录信息表。

创建一张登录信息表（LoginInfo）。

登录信息表

编号（LoginID）	int	主键标识列	
账户（Admin）	char(10)	非空	
密码（Pwd）	char(10)	非空	默认值为 123456

参考步骤

① 创建数据库 Students。

② 创建表 LoginInfo。

③ 设定约束。

④ 插入 5 条数据。

（2）创建两张表并设定约束。

创建一个数据库（Students），该数据库包括学生信息表和学生成绩表两个表。

学生信息表（StuInfo）

学号（StuID）	int	主键	学号不可以超过 1000
姓名（StuName）	char(10)	非空	
性别（StuSex）	bit	非空	

学生成绩表（StuExam）

考号（ExamNO）	int	主键	
学号（StuID）	int	外键	
分数（Score）	int	非空	默认值为 0

参考步骤

① 创建数据库。

② 创建表。

③ 实施约束。

④ 每个表插入 5 条数据。

4. 实训结论

按照实训内容的要求完成实训报告。

第 5 章　项目数据库安全管理

🏳项目讲解

数据库的安全性是指保护数据库以防止不合法的使用所造成的数据泄露、更改或破坏。系统安全保护措施是否有效是数据库系统的主要指标之一，随着越来越多的网络相互连接，存储着企业宝贵信息的数据库安全变得日益重要。安全性是数据库系统的关键特性之一，它保护着企业数据免受各种威胁，SQL Server 2008 的安全特性使我们能够更方便地进行数据库安全管理。

📖学习任务

1. 学习目标

- 了解 SQL Server 服务器的安全特性；
- 掌握数据库安全性管理；
- 掌握数据库角色管理；
- 掌握数据库权限管理。

2. 学习要点

- 用户的种类及其创建方法；
- 角色的种类及使用方法；
- 权限的种类及操作方法。

5.1　数据库安全性概述

数据库通常都保存着重要的商业数据和客户信息，例如，交易记录、工程数据、个人资料等。数据完整性和合法存取会受到很多方面的安全威胁，包括密码策略、系统后门、数据库操作以及本身的安全方案。

5.1.1　SQL Server 2008 安全管理新特性

在过去几年中，世界各地的人们对于安全的、基于计算机的系统有了更深刻的理解。SQL Server 就是落实这种理解的首批产品之一。它实现了重要的“最少特权”原则，因此不必授予用户超出工作所需的权限。它提供了深层次的防御工具，可以通过采取措施，防御黑客的攻击。

SQL Server 2008 可以对整个数据库、数据文件和日志文件进行加密，而不需要改动应用程序。进行加密使公司可以满足遵守规范和极其关注数据隐私的要求。它为加密和密钥管理提供了一个全面的解决方案。满足不断发展的对数据中心的信息的更强安全性的需求，公司投资给供应商来管理公司内的安全密钥。SQL Server 2008 使用户可以审查数据的操作，从而提高了遵从性和安全性。审查不只包括对数据修改的所有信息，还包括关于什么时候对数据进行读取的信息。

SQL Server 2008 提供了丰富的安全特性，用于保护数据和网络资源。它的安装更轻松、更安全，除了最基本的特性之外，其他特性都不是默认安装的，即便安装了，也处于未启用的状态。SQL Server 提供了丰富的服务器配置工具，特别值得关注的就是 SQL Server Surface Area

Configuration Tool，它的身份验证特性得到了增强，SQL Server 更加紧密地与 Windows 身份验证相集成，并保护弱口令或陈旧的口令。有了细粒度授权、SQL Server Agent 代理和执行上下文，在经过验证之后，授权和控制用户可以采取的操作将更加灵活。元数据也更加安全，因为系统元数据视图仅返回关于用户有权以某种形式使用的对象的信息。在数据库级别，加密提供了最后一道安全防线，而用户与架构的分离使得用户的管理更加轻松。

5.1.2 SQL Server 2008 安全性机制

对于数据库管理来说，保护数据不受内部和外部侵害是一项重要的工作。SQL Server 2008 的身份验证、授权和验证机制可以保护数据免受未经授权的泄露和篡改。

SQL Server 的安全机制主要包括以下三个等级。

（1）服务器级别的安全机制

这个级别的安全性主要通过登录账户进行控制，要想访问一个数据库服务器，必须拥有一个登录账户。登录账户可以是 Windows 账户或组，也可以是 SQL Server 的登录账户。登录账户可以属于相应的服务器角色。至于角色，可以理解为权限的组合。

（2）数据库级别的安全机制

这个级别的安全性主要通过用户账户进行控制，要想访问一个数据库，必须拥有该数据库的一个用户账户身份。用户账户是通过登录账户进行映射的，可以属于固定的数据库角色或自定义数据库角色。

（3）数据对象级别的安全机制

这个级别的安全性通过设置数据对象的访问权限进行控制。如果是使用图形界面管理工具，可以在表上右击，选择“属性”→“权限”选项，然后选中相应的权限复选框即可。

以上的每个等级就好像一道门，如果门没有上锁，或者用户拥有开门的钥匙，则用户可以通过这道门达到下一个安全等级。如果通过了所有的门，则用户就可以实现对数据的访问。

5.1.3 SQL Server 2008 安全主体

SQL Server 2008 中广泛使用安全主体和安全对象管理安全。一个请求服务器、数据库或架构资源的实体称为安全主体。每一个安全主体都有唯一的安全标识符（Secrity Identifier，ID）。安全主体在三个级别上管理：Windows、SQL Server 和数据库。安全主体的级别决定了安全主体的影响范围。通常，Windows 和 SQL Server 级别的安全主体具有实例级的范围，而数据库级别的安全主体的影响范围是特定的数据库。

表 5-1 中列出了每一级别的安全主体。这些安全主体，包括 Windows 组、数据库角色和应用程序角色，它们能包括其他安全主体。这些安全主体也称为集合，每个数据库用户属于公共数据库角色。当一个用户在安全对象上没有被授予或被拒绝给予特定权限时，用户则继承了该安全对象上授予公共角色的权限。

表 5-1 安全主体级别和所包括的主体

主 体 级 别	主 体 对 象
Windows 级别	Windows 域登录、Windows 本地登录、Windows 组

续表

主体级别	主体对象
SQL Server 级别	服务器角色、SQL Server 登录 SQL Server 登录映射为非对称密钥 SQL Server 登录映射为证书 SQL Server 登录映射为 Windows 登录
数据库级别	数据库用户、应用程序角色、数据库角色、公共数据库角色 数据库映射为非对称密钥 数据库映射为证书 数据库映射为 Windows 登录

5.2　管理 SQL Server 服务器安全性

要想保证数据库数据的安全，必须搭建一个相对安全的运行环境。因此，对服务器安全性管理至关重要。在 SQL Server 2008 中，对服务器安全性管理主要通过更加健壮的验证模式，安全的登录服务器的账户管理以及对服务器角色的控制，从而更加有力地保证了服务器的安全、便捷。

5.2.1　身份验证模式

SQL Server 2008 提供了 Windows 身份和混合身份两种验证模式，每一种身份验证都有一个不同类型的登录账户。

1. Windows 身份验证

Windows 身份验证模式是默认的身份验证模式，它比混合模式要安全得多。当数据库仅在内部访问时，使用 Windows 身份验证模式可以获得最佳的工作效率。在使用 Windows 身份验证模式时，可以使用 Windows 域中有效的用户和组账户来进行身份验证。在这种模式下，域用户不需要独立的 SQL Server 用户账户和密码就可以访问数据库。这对于普通用户来说是非常有益的，因为这意味着域用户不需记住多个密码。如果用户更新了自己的域密码，也不必更改 SQL Server 2008 的密码。但是在该模式下，用户仍然要遵从 Windows 安全模式的所有规则，并可以用这种模式去锁定账户、审核登录和迫使用户周期性地更改登录密码。

当用户通过 Windows 用户账户连接时，SQL Server 使用操作系统中的 Windows 主体标记验证账户名和密码。也就是说，用户身份由 Windows 进行确认。SQL Server 不要求提供密码，也不执行身份验证。

在打开 SQL Server Management Studio 窗口时，使用操作系统中的 Windows 主体标记进行连接，如图 5-1 所示。

其中，服务器名称“MR”代表当前计算机的名称，“Administrator”是指登录该计算机时使用的 Windows 账户名称。这也是 SQL Server 默认的身份验证模式，并且比 SQL Server 身份验证更为安全。Windows 身份验证使用 Kerberos 安全协议，提供有关强密码复杂性验证的密码策略强制，还提供账户锁定支持，并且支持密码过期。通过 Windows 身份验证完成的连接有时也称为可信连接，这是因为 SQL Server 信任由 Windows 提供的凭据。

图 5-1　Windows 身份验证模式

Windows 身份验证模式的主要优点如下。

- 数据库管理员的工作可以集中在管理数据库上面，而不是管理用户账户。对用户账户的管理可以交给 Windows 去完成；
- Windows 有更强的用户账户管理工具，可以设置账户锁定、密码期限等。如果不通过定制来扩展 SQL Server，SQL Server 则不具备这些功能。
- Windows 的组策略支持多个用户同时被授权访问 SQL Server。

2. 混合模式

使用混合安全的身份验证模式，可以同时使用 Windows 身份验证和 SQL Server 登录。SQL Server 登录主要用于外部的用户，如那些可能从 Internet 访问数据库的用户。用户可以配置从 Internet 访问 SQL Server 2008 的应用程序，以自动地使用指定的账户或提示用户输入有效的 SQL Server 用户账户和密码。

使用混合安全模式，SQL Server 2008 首先确定用户的连接是否使用有效的 SQL Server 用户账户登录。如果用户有有效的登录和使用正确的密码，则接受用户的连接；如果用户有有效的登录，但是使用不正确的密码，则用户的连接被拒绝。仅当用户没有有效的登录时，SQL Server 2008 才检查 Windows 账户的信息。在这种情况下，SQL Server 2008 将会确定 Windows 账户是否有连接到服务器的权限。如果账户有权限，连接被接受；否则，连接被拒绝。

当使用混合模式身份验证时，在 SQL Server 中创建的登录名并不基于 Windows 用户账户。用户名和密码均通过使用 SQL Server 创建并存储在 SQL Server 中。通过混合模式身份验证进行连接的用户，每次连接时必须提供其凭据（登录名和密码）。当使用混合模式身份验证时，必须为所有 SQL Server 账户设置强密码。如图 5-2 所示，就是选择混合模式身份验证的登录界面。

图 5-2　混合模式身份验证

如果用户是具有 Windows 登录名和密码的 Windows 域用户，则还必须提供另一个用于连接的（SQL Server）登录名和密码。记住多个登录名和密码对于许多用户而言都较为困难，每次连接到数据库时都必须提供 SQL Server 凭据也十分烦琐。混合模式身份验证的缺点如下：

- SQL Server 身份验证无法使用 Kerberos 安全协议；
- SQL Server 登录名不能使用 Windows 提供的其他密码策略。

混合模式身份验证的优点如下。

- 允许 SQL Server 支持那些需要进行 SQL Server 身份验证的旧版应用程序和由第三方提供的应用程序；
- 允许 SQL Server 支持具有混合操作系统的环境，在这种环境中并不是所有用户均由 Windows 域进行验证；
- 允许用户从未知的或不可信的域进行连接。例如，客户使用指定的 SQL Server 登录名进行连接以接收其订单状态的应用程序；
- 允许 SQL Server 支持基于 Web 的应用程序，在这些应用程序中用户可以创建自己的标识；
- 允许软件开发人员通过使用基于已知的预设 SQL Server 登录名的复杂权限层次结构来分发应用程序。

3. 配置身份验证模式

在第一次安装 SQL Server 2008 或者使用 SQL Server 2008 连接其他服务器时，需要指定验证模式。对于已指定验证模式的 SQL Server 2008 服务器还可以进行修改，具体操作步骤如下。

（1）打开 SQL Server Management Studio 窗口，选择一种身份验证模式，建立与服务器的连接。

（2）在“对象资源管理器”视图中右击当前服务器的名称，在弹出的快捷菜单中选择“属性”命令，打开服务器属性对话框，如图 5-3 所示。

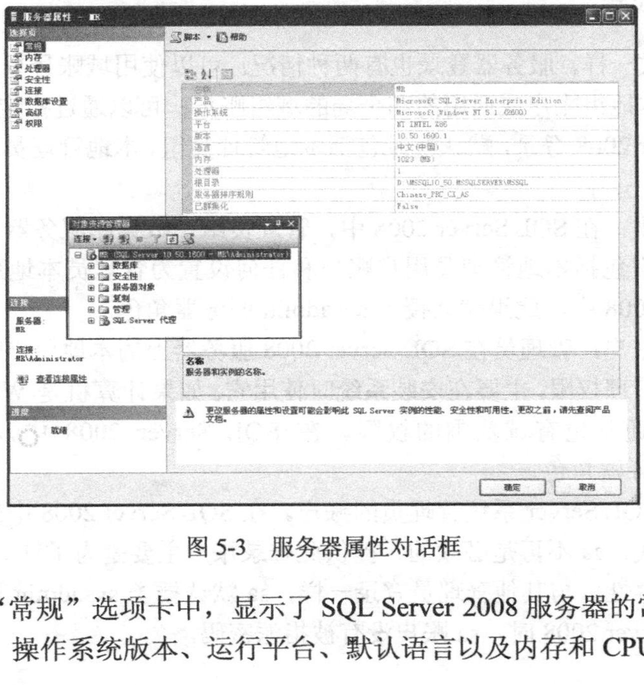

图 5-3　服务器属性对话框

在默认打开的“常规”选项卡中，显示了 SQL Server 2008 服务器的常规信息，包括 SQL Server 2008 的版本、操作系统版本、运行平台、默认语言以及内存和 CPU 等。

（3）在左侧的选项卡列表框中，选择“安全性”选项卡，展开安全性选项内容，如图 5-4 所示。在此选项卡中，即可设置身份验证模式。

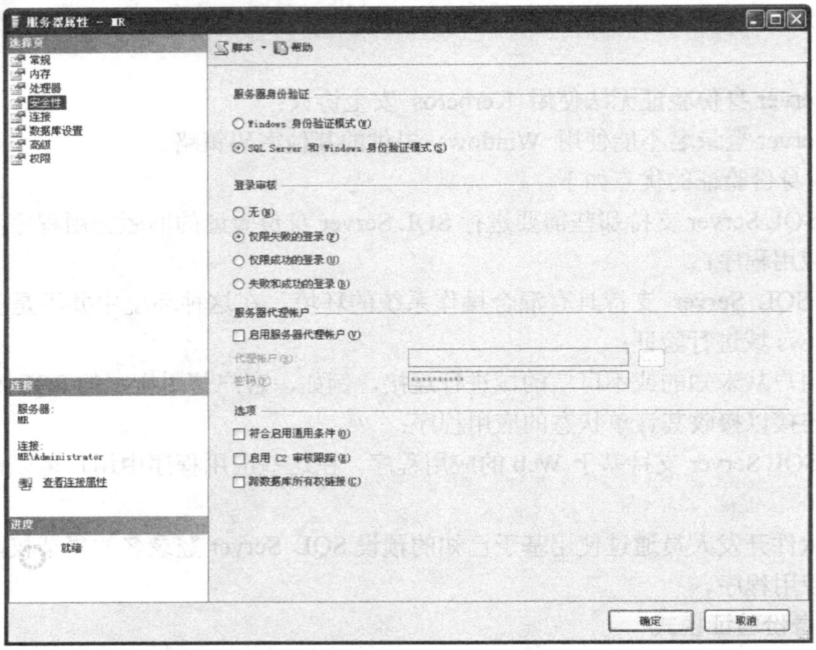

图 5-4　“安全性”选项卡

（4）通过在“服务器身份验证”选项组中，选中相应的单选按钮，可以确定 SQL Server 2008 的服务器身份验证模式。无论使用哪种模式，都可以通过审核来跟踪访问 SQL Server 2008 的用户，默认时仅审核失败的登录。

5.2.2　管理登录账号

与两种验证模式一样，服务器登录也有两种情况：可以使用域账号登录，域账号可以是域或本地用户账号、本地组账户或通用的和全局的域组账户；可以通过指定唯一的登录 ID 和密码来创建 SQL Server 2008 登录，默认登录包括本地管理员组、本地管理员、sa、Network Service 和 SYSTEM。

- 系统管理员组：在 SQL Server 2008 中，管理员组在数据库服务器上属于本地组。这个组的成员通常包括本地管理员用户账户和任何设置为管理员本地系统的其他用户。在 SQL Server 2008 中，此组默认授予 sysadmin 服务器角色。
- 管理员用户账户：管理员在 SQL Server 2008 服务器上的本地用户账户。该账户提供对本地系统的管理权限，主要在安装系统时使用它。如果计算机是 Windows 域的一部分，管理员账户通常也有域范围的权限。在 SQL Server 2008 中，这个账户默认授予 sysadmin 服务器角色。
- sa 登录：是 SQL Server 系统管理员的账户。在 SQL Server 2008 中采用了新的集成和扩展的安全模式，sa 不再是必须的，提供此登录账户主要是为了针对以前 SQL Server 版本的向后兼容性。与其他管理员登录一样，sa 默认授予 sysadmin 服务器角色。在默认安装 SQL Server 2008 时，sa 账户没有被指派密码。

- Network Service 和 SYSTEM 登录：它是 SQL Server 2008 服务器上内置的本地账户，而是否创建这些账户的服务器登录，依赖于服务器的配置。例如，如果已经将服务器配置为报表服务器，此时将有一个 NETWORK SERVICE 的登录账户，这个登录将是 master、msdb、ReportServer 和 ReportServerTempDB 数据库的特殊数据库角色 RSExceRole 的成员。

在服务器实例设置期间，NETWORK SERVICE 和 SYSTEM 账户可以是为 SQL Server、SQL Server 代理、分析服务和报表服务器所选择的服务账户。在这种情况下，SYSTEM 账户通常具有 sysadmin 服务器的角色，允许其完全访问以管理服务器实例。

只有获得 Windows 账户的客户才能建立与 SQL Server 2008 的信任连接（即 SQL Server 2008 委托 Windows 验证用户的密码）。如果正在为其创建登录的用户（如 Novell 客户）无法建立信任连接，则必须为该用户创建 SQL Server 账户登录。下面来创建两个标准登录，以供后面使用。具体操作过程如下。

（1）打开 Microsoft SQL Server Management Studio，展开“服务器”节点，然后展开“安全性”节点。

（2）右击“登录名”节点，从弹出的快捷菜单中选择“新建登录名”命令，打开“登录名-新建”窗口，然后设置“登录名”为“shop_Manage”，同时选中“SQL Server 身份验证”单选按钮，并设置密码，如图 5-5 所示。

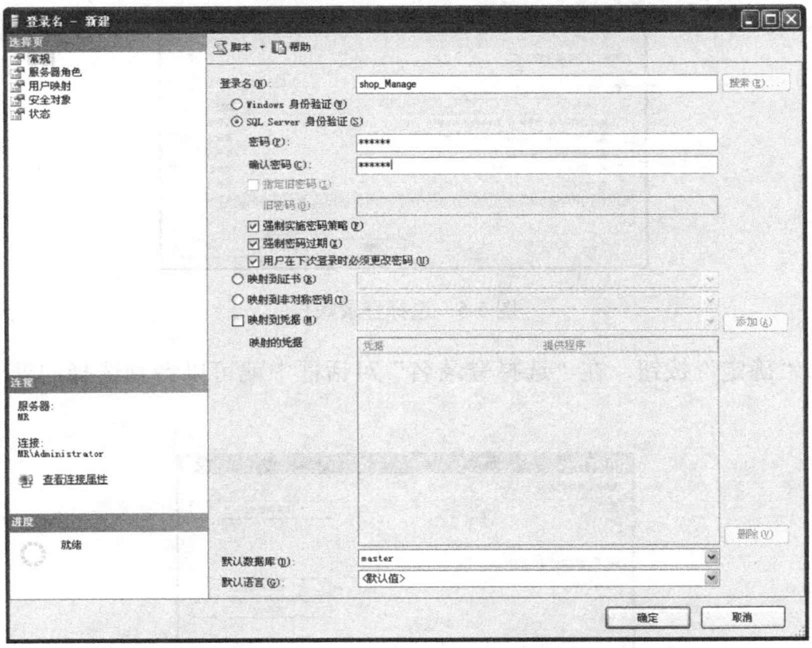

图 5-5　创建 SQL Server 登录账户

（3）单击“确定”按钮，完成 SQL Server 登录账户的创建。

5.2.3　管理用户

要访问特定的数据库，还必须具有用户名。用户名在特定的数据库内创建，并关联一个登录名（当一个用户创建时，必须关联一个登录名），通过授权给用户来指定用户可以访问的数据库对象的权限。可以这样想象，假设 SQL Server 是一个包含许多房间的大楼，每一个房间代表一个数据库，房间里的资料代表数据库对象，则登录名就相当于进入大楼的钥匙，而每个房间的钥匙就是用户名，房间中的资料则可以根据用户名的不同而有不同的权限。

一般情况下，用户登录 SQL Server 实例后，还不具备访问数据库的条件。在用户可以访问数据库之前，管理员必须为该用户在数据库中建立一个数据库账号作为访问该数据库的 ID。这个过程就是将 SQL Server 登录账号映射到需要访问的每个数据库中，这样才能够访问数据库。如果数据库中没有用户账户，则即使用户能够连接到 SQL Server 实例，也无法访问到该数据库。

下面通过使用 SQL Server Management Studio 来创建数据库用户账户，然后给用户授予访问数据库的权限。具体步骤如下。

（1）打开 SQL Server Management Studio，并展开“服务器”节点。

（2）展开“数据库”节点，然后再展开“网店购物系统”节点。

（3）展开“安全性”节点，右击“用户”节点，从弹出的快捷菜单中选择“新建用户”命令，打开“数据库用户-新建”窗口。

（4）单击“登录名”文本框旁边的[...]按钮，打开“选择登录名”对话框，然后单击“浏览”按钮，打开“查找对象”对话框，选择刚刚创建的 SQL Server 登录账户 shop_Manage，如图 5-6 所示。

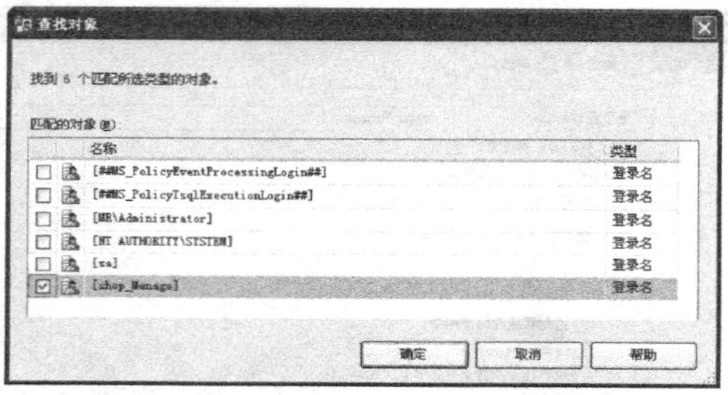

图 5-6　选择登录账户

（5）单击“确定”按钮，在“选择登录名”对话框中就可以看到选择的登录名对象，如图 5-7 所示。

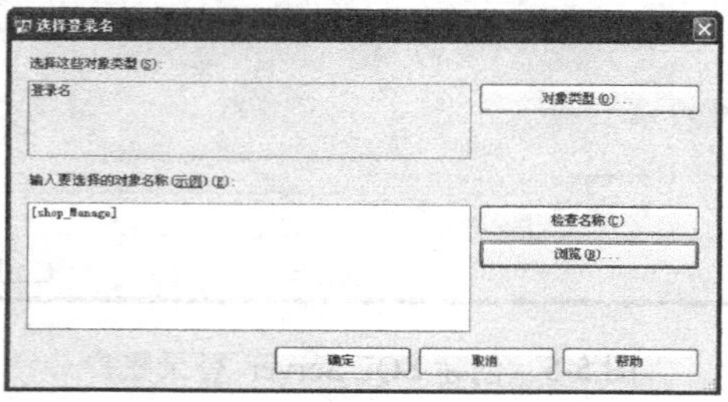

图 5-7　“选择登录名”对话框

（6）单击“确定”按钮返回。设置“用户名”为 WD，选择“默认架构”为 dbo，并设置用户的角色为 db_owner，具体设置如图 5-8 所示。

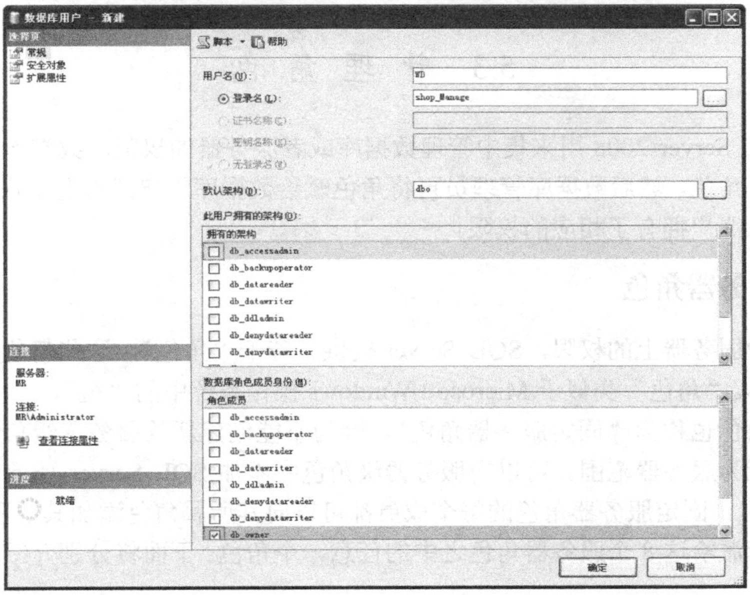

图 5-8　新建数据库用户

（7）单击“确定”按钮，完成数据库用户的创建。

（8）为了验证是否创建成功，可以刷新“用户”节点，此时用户就可以看到刚才创建的 WD 用户账户，如图 5-9 所示。

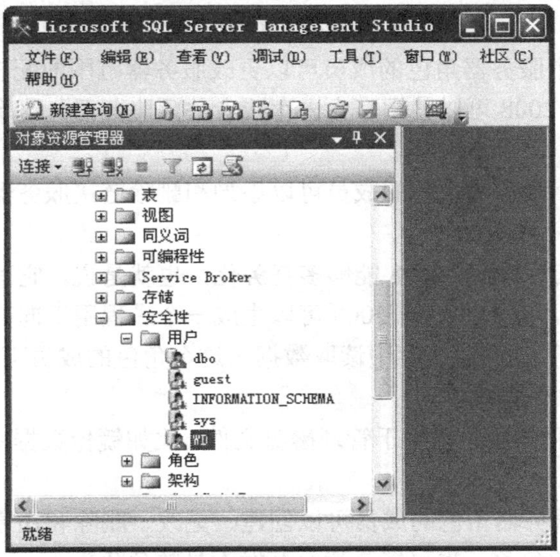

图 5-9　查看“用户”节点

数据库用户创建成功后，就可以使用该用户关联的登录名 shop_Manage 进行登录，就可以访问相关数据库的所有内容。

5.3 管理角色

角色是 SQL Server 2008 用来集中管理数据库或者服务器的权限。数据库管理员将操作数据库的权限赋予角色，然后数据库管理员再将角色赋给数据库用户或者登录账户，从而使数据库用户或者登录账户拥有了相应的权限。

5.3.1 固定服务器角色

为便于管理服务器上的权限，SQL Server 提供了若干“角色”，这些角色是用于分组其他主体的安全主体。“角色”类似于 Microsoft Windows 操作系统中的“组”。

服务器级角色也称为“固定服务器角色”，因为不能创建新的服务器级角色。服务器级角色的权限作用域为服务器范围。可以向服务器级角色中添加 SQL Server 登录名、Windows 账户和 Windows 组。固定服务器角色的每个成员都可以向其所属角色添加其他登录名。

用户可以指派给这 8 个服务器角色之中的任意一个角色。下面将分别介绍这 8 个服务器角色。

- sysadmin：这个服务器角色的成员有权在 SQL Server 2008 中执行任何任务。不熟悉 SQL Server 2008 的用户可能会意外地造成严重问题，所以给这个角色指派用户时应该特别小心。通常情况下，这个角色仅适合数据库管理员（DBA）。
- securityadmin：这个服务器角色的成员将管理登录名及其属性。他们可以 GRANT、DENY 和 REVOKE 服务器级权限，也可以 GRANT、DENY 和 REVOKE 数据库级权限。另外，他们可以重置 SQL Server 2008 登录名的密码。
- serveradmin：这个服务器角色的成员可以更改服务器范围的配置选项和关闭服务器。例如，SQL Server 2008 可以使用多大内存或者关闭服务器，这个角色可以减轻管理员的一些管理负担。
- setupadmin：这个服务器角色的成员可以添加和删除链接服务器，并且也可以执行某些系统存储过程。
- processadmin：SQL Server 2008 能够多任务化，也就是说，它可以通过执行多个进程做多件事件。例如，SQL Server 2008 可以生成一个进程用于向高速缓存写数据，同时生成另一个进程用于从高速缓存中读取数据。这个角色的成员可以结束（在 SQL Server 2008 中称为删除）进程。
- diskadmin：这个服务器角色用于管理磁盘文件，比如镜像数据库和添加备份设备。这适合于助理 DBA。
- dbcreator：这个服务器角色的成员可以创建、更改、删除和还原任何数据库。这不仅是适合助理 DBA 的角色，也可能是适合开发人员的角色。
- bulkadmin：这个服务器角色的成员可以运行 BULK INSERT 语句。这条语句允许他们从文本文件中将数据导入到 SQL Server 2008 数据库中。

在 SQL Server 2008 中，可以使用系统存储过程对固定服务器角色进行相应的操作。表 5-2 就列出了可以对服务器角色进行操作的各个存储过程。

表 5-2　使用服务器角色的操作

功　　能	类　　型	说　　明
sp_helpsrvrole	元数据	返回服务器级角色的列表
sp_helpsrvrolemember	元数据	返回有关服务器级角色成员的信息
sp_srvrolepermission	元数据	显示服务器级角色的权限
IS_SRVROLEMEMBER	元数据	指示 SQL Server 登录名是否为指定服务器级角色的成员
sys.server_role_members	元数据	为每个服务器级角色的每个成员返回一行
sp_addsrvrolemember	命令	将登录名添加为某个服务器级角色的成员
sp_dropsrvrolemember	命令	从服务器级角色中删除 SQL Server 登录名或者 Windows 用户或者组

要想查看所有的固定服务器角色，就可以使用系统存储过程 sp_helpsrvrole，具体的执行过程及结果如图 5-10 所示。

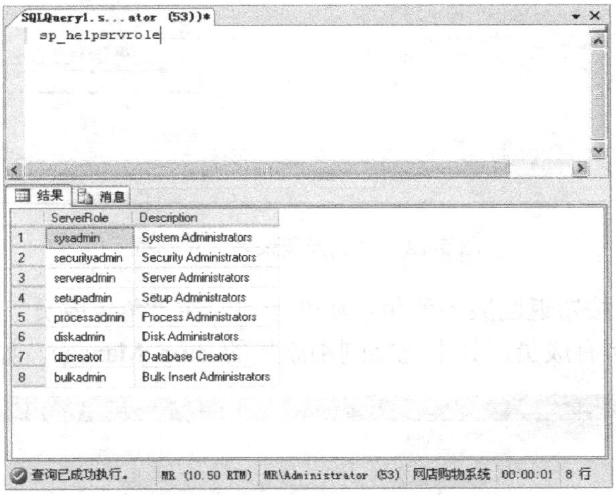

图 5-10　查看固定服务器角色

下面将运用上面介绍的知识，将一些用户指派给固定服务器角色，进而分配给他们相应的管理权限。具体步骤如下。

（1）打开 SQL Server Management Studio，在“对象资源管理器”视图中，展开“安全性”节点，然后再展开“服务器角色”节点。

（2）双击 sysadmin 节点，打开服务器角色属性窗口，然后单击“添加”按钮，打开“选择登录名”对话框。

（3）单击“浏览”按钮，打开“查找对象”对话框，选中 shop_Manage 选项旁边的复选框，如图 5-11 所示。

（4）单击“确定”按钮返回到“选择登录名”对话框，就可以看到刚刚添加的登录名 shop_Manage，如图 5-12 所示。

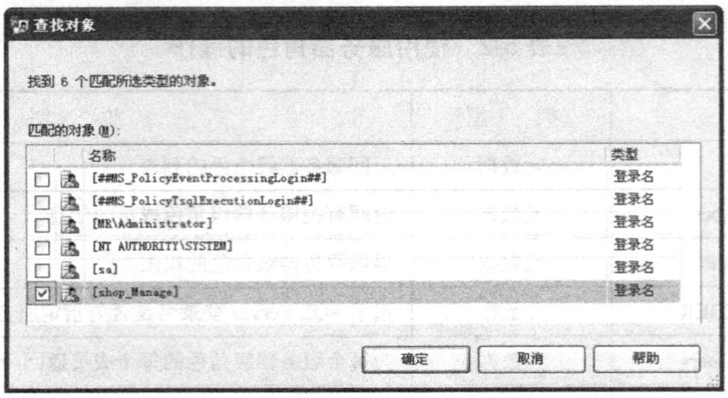

图 5-11　添加登录名

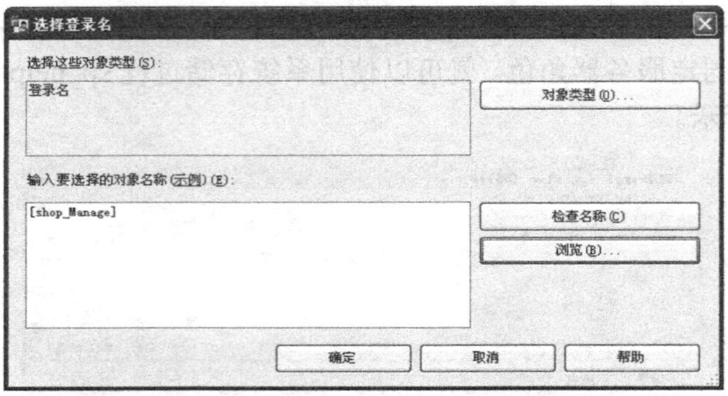

图 5-12　“选择登录名”对话框

（5）单击“确定”按钮返回服务器角色属性窗口，在“角色成员”列表中，就可以看到服务器角色 sysadmin 的所有成员，其中包括刚刚添加的 shop_Manage，如图 5-13 所示。

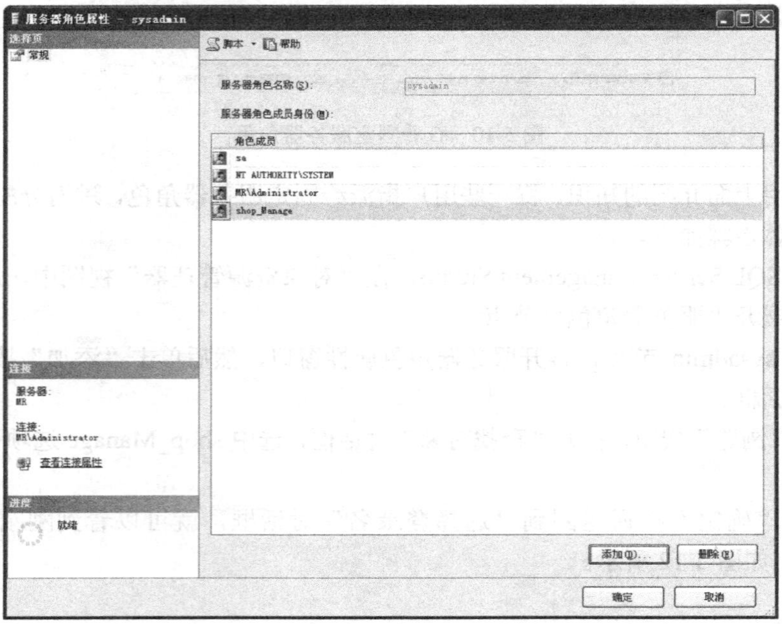

图 5-13　服务器角色属性窗口

（6）用户可以再次通过“添加”按钮添加新的登录名，也可以通过“删除”按钮删除某些不需要的登录名。

（7）添加完成后，单击“确定”按钮关闭服务器角色属性窗口。

5.3.2　固定数据库角色

固定数据库角色存在于每个数据库中，在数据库级别提供管理特权分组。管理员可将任何有效的数据库用户添加为固定数据库角色成员。每个成员都获得应用于固定数据库角色的权限。用户不能增加、修改和删除固定数据库角色。

SQL Server 2008 在数据库级设置了固定数据库角色来提供最基本的数据库权限的综合管理。在创建数据库时，系统默认创建了 10 个固定数据库角色。下面将分别介绍这些固定数据库角色。

- db_owner：进行所有数据库角色的活动，以及数据库中的其他维护和配置活动。该角色的权限跨越所有其他的固定数据库角色；
- db_accessadmin：这些用户有权通过添加或者删除用户来指定谁可以访问数据库；
- db_securityadmin：这个数据库角色的成员可以修改角色成员身份和管理权限；
- db_ddladmin：这个数据库角色的成员可以在数据库中运行任何数据定义语言（DDL）命令。这个角色允许创建、修改或者删除数据库对象，而不必浏览里面的数据；
- db_backupoperator：这个数据库角色的成员可以备份该数据库；
- db_datareader：这个数据库角色的成员可以读取所有用户表中的所有数据；
- db_datawriter：这个数据库角色的成员可以在所有用户表中添加、删除或者更改数据；
- db_denydatareader：这个服务器角色的成员不能读取数据库内用户表中的任何数据，但可以执行架构修改（如在表中添加列）；
- db_denydatawriter：这个服务器角色的成员不能添加、修改或者删除数据库内用户表中的任何数据。

在 SQL Server 2008 中，可以使用 T-SQL 语句对固定数据库角色进行相应的操作。表 5-3 就列出了可以对服务器角色进行操作的系统存储过程和命令等。

表 5-3　数据库角色的操作

功　能	类　型	说　明
sp_helpdbfixedrole	元数据	返回固定数据库角色的列表
sp_dbfixedrolepermission	元数据	显示固定数据库角色的权限
sp_helprole	元数据	返回当前数据库中有关角色的信息
sp_helprolemember	元数据	返回有关当前数据库中某个角色的成员的信息
sys.database_role_members	元数据	为每个数据库角色的每个成员返回一行
IS_MEMBER	元数据	指示当前用户是否为指定 Microsoft Windows 组或者 Microsoft SQL Server 数据库角色的成员
CREATE ROLE	命令	在当前数据库中创建新的数据库角色
ALTER ROLE	命令	更改数据库角色的名称
DROP ROLE	命令	从数据库中删除角色

续表

功　能	类　型	说　明
sp_addrole	命令	在当前数据库中创建新的数据库角色
sp_droprole	命令	从当前数据库中删除数据库角色
sp_addrolemember	命令	为当前数据库中的数据库角色添加数据库用户、数据库角色、Windows 登录名或者 Windows 组
sp_droprolemember	命令	从当前数据库的 SQL Server 角色中删除安全账户

下面通过将用户添加到固定数据库角色中来配置他们对数据库拥有的权限，具体步骤如下。

（1）打开 SQL Server Management Studio，在“对象资源管理器”视图中，展开“数据库”节点，然后再展开“网店购物系统”节点中的“安全性”节点。

（2）接着展开“角色”节点，然后再展开“数据库角色”节点，双击 db_owner 节点，打开数据库角色属性窗口。

（3）单击“添加”按钮，打开“选择数据库用户或角色”对话框，然后单击“浏览”按钮，打开“查找对象”对话框，选择数据库用户 admin，如图 5-14 所示。

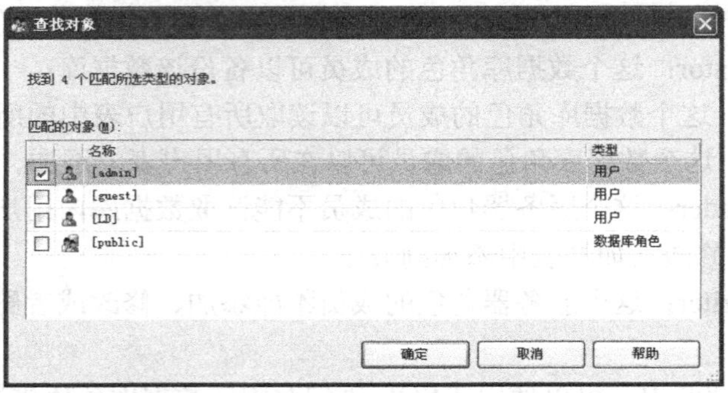

图 5-14　添加数据库用户

（4）单击“确定”按钮返回“选择数据库用户或角色”对话框，如图 5-15 所示。

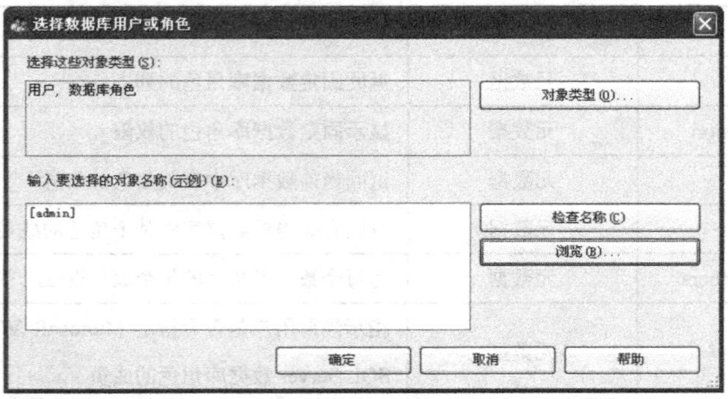

图 5-15　“选择数据库用户或角色”对话框

（5）单击“确定”按钮，返回数据库角色属性窗口，在这里可以看到当前角色拥有的架构以及该角色所有的成员，其中包括刚添加的数据库用户 admin，如图 5-16 所示。

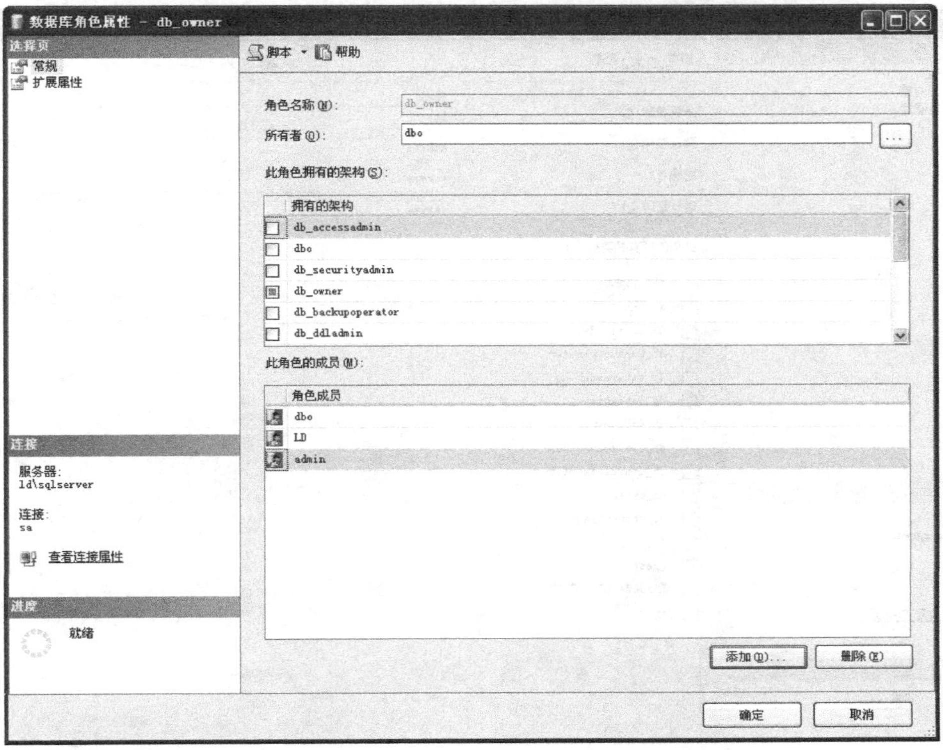

图 5-16　数据库角色属性窗口

（6）添加完成后，单击“确定”按钮关闭数据库角色属性窗口。

5.3.3　应用程序角色

应用程序角色是一个数据库主体，它使应用程序能够用其自身的、类似用户的特权来运行。使用应用程序角色，可以只允许通过特定应用程序连接的用户访问特定数据。与数据库角色不同的是，应用程序角色默认情况下不包含任何成员，而且不活动。应用程序角色使用两种身份验证模式，可以使用 sp_setapprole 来激活，并且需要密码。因为应用程序角色是数据库级别的主体，所以它们只能通过其他数据库中授予 guest 用户账户的权限来访问这些数据库。因此，任何已禁用 guest 用户账户的数据库对其他数据库中的应用程序角色都不可以访问。

创建应用程序角色的过程与创建数据库角色的过程一样，图 5-17 为应用程序角色的创建窗口。

应用程序角色和固定数据库角色的区别有以下 4 点。

- 应用程序角色不包含任何成员，不能将 Windows 组、用户和角色添加到应用程序角色；
- 当应用程序角色被激活以后，这次服务器连接将暂时失去所有应用于登录账户、数据库用户等的权限，而只拥有与应用程序相关的权限，在断开本次连接以后，应用程序失去作用；
- 默认情况下，应用程序角色非活动，需要密码激活；
- 应用程序角色不使用标准权限。

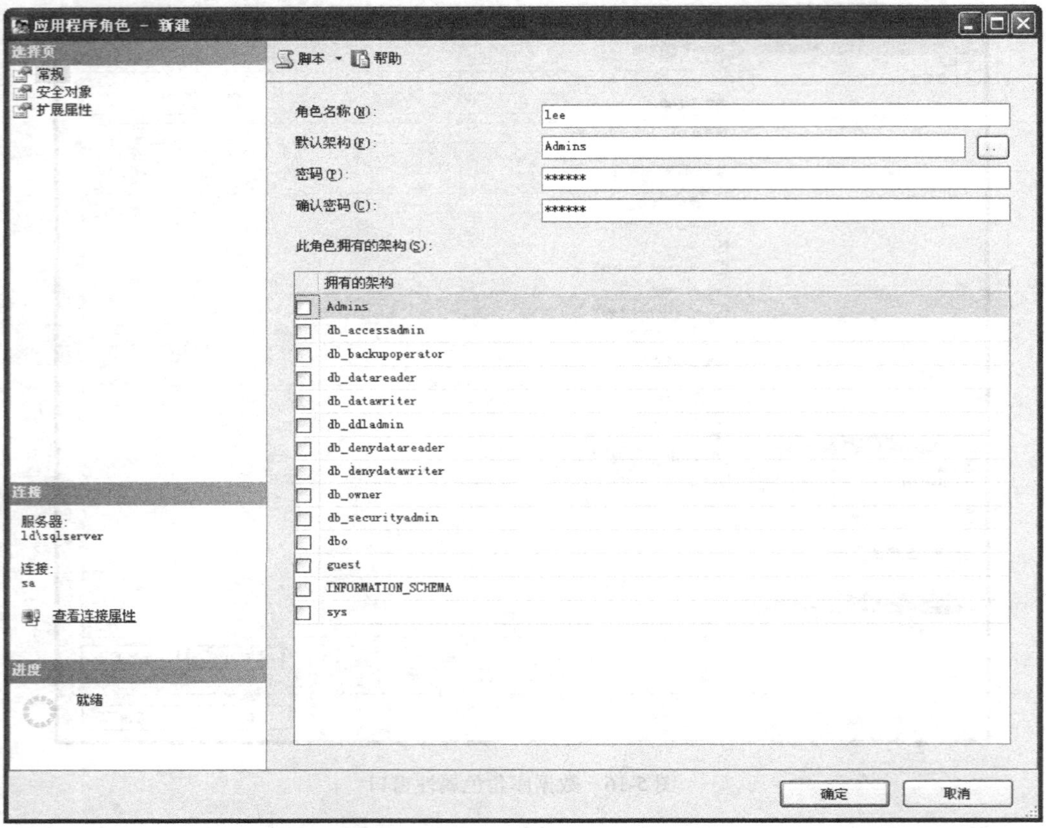

图 5-17　创建应用程序角色

5.3.4　用户自定义角色

有时，固定数据库角色可能不满足需要。例如，有些用户可能只需要数据库的“选择”、“修改”和“执行”权限。由于固定数据库角色之中没有一个角色能提供这组权限，所以需要创建一个自定义的数据库角色。

在创建自定义数据库角色时，需要先给该角色指派权限，然后将用户指派给该角色。这样，用户将继承给这个角色指派的任何权限。这不同于固定数据库角色，因为在固定角色中不需要指派权限，只需要添加用户。创建自定义数据库角色的步骤如下。

（1）打开 SQL Server Management Studio，在“对象资源管理器”视图中，展开“数据库”→“网店购物系统”→“安全性”→“角色”节点，右击“数据库角色”节点，从弹出的快捷菜单中选择“新建数据库角色”命令，打开“数据库角色-新建”窗口。

（2）设置“角色名称”为 TestRole，“所有者”为 dbo，单击“添加”按钮，选择数据库用户 admin，如图 5-18 所示。

（3）选中“安全对象”选项，打开“安全对象”选项卡，通过单击“搜索”按钮，添加“商品信息”表为“安全对象”，选中“选择”后面“授予”列的复选框，如图 5-19 所示。

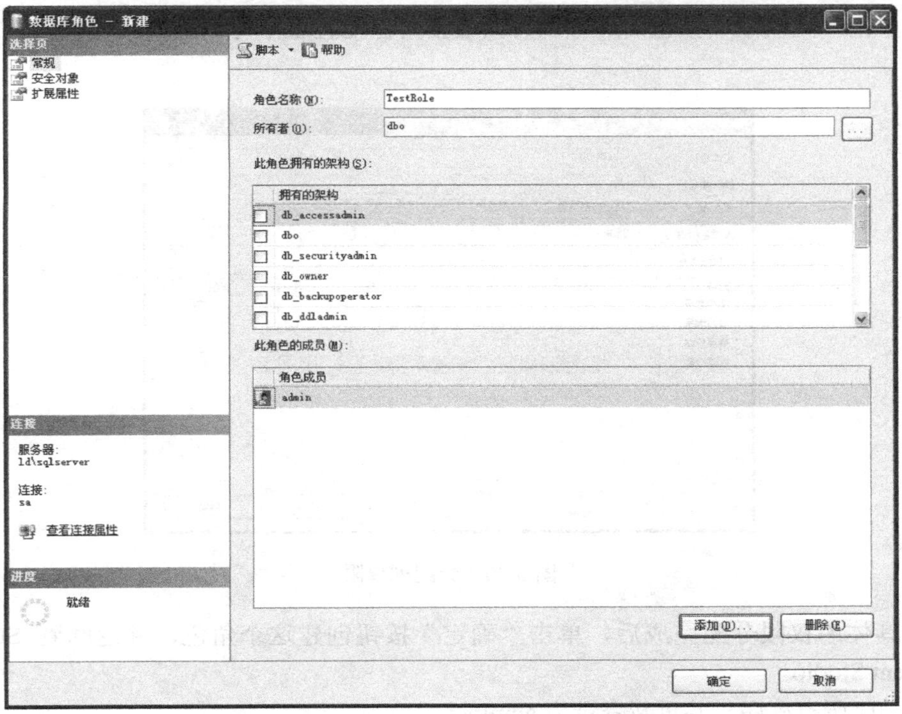

图 5-18　“数据库角色-新建”窗口

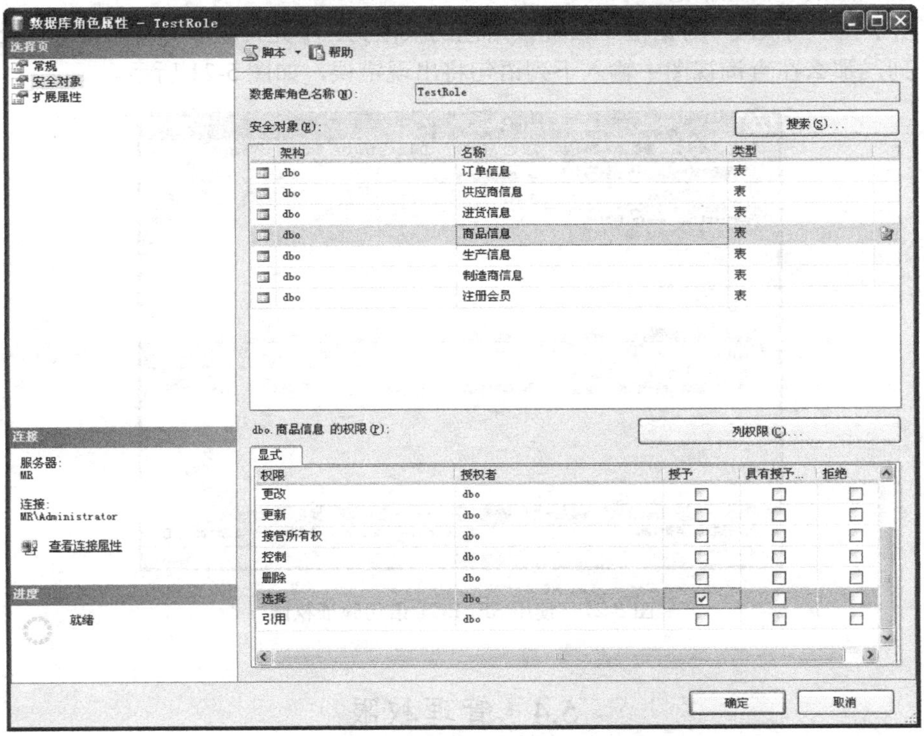

图 5-19　为角色分配权限

（4）单击“列权限”按钮，还可以为该数据角色配置表中每一列的具体权限，如图 9-27 所示。

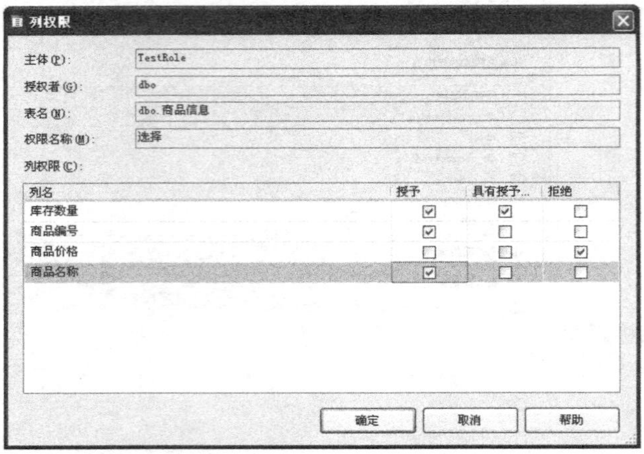

图 5-20　分配列权限

（5）具体的权限分配完成后，单击“确定”按钮创建这个角色，并返回到 SQL Server Management Studio。

（6）关闭所有程序，并重新登录为 admin。

（7）展开“数据库”→“网店购物系统”→“表”节点，可以看到“表”节点下面只显示了拥有查看权限的“商品信息”表。

（8）由于在“列权限”对话框中设置该角色的权限为：不允许查看“商品信息”表中的“商品价格”列，那么在查询视图中输入下列语句将出现错误，如图 5-21 所示。

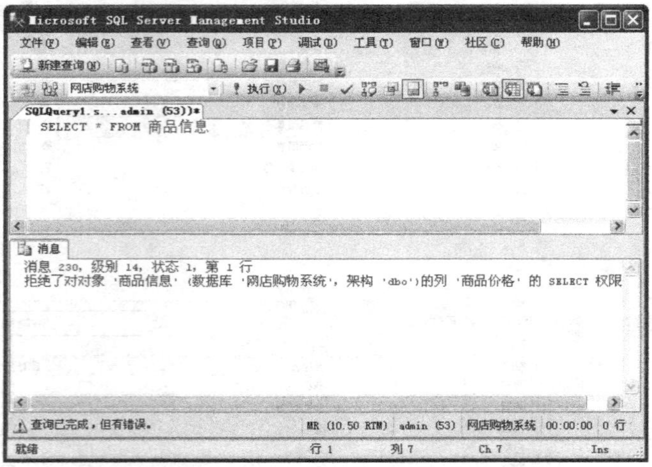

图 5-21　使用 SELECT 语句验证权限

5.4　管理权限

数据库权限指明用户获得哪些数据库对象的使用权，以及用户能够对这些对象执行何种操作。用户在数据库中拥有的权限取决于以下两方面的因素。

- 用户账户的数据库权限；
- 用户所在角色的类型。

权限提供了一种方法来对特权进行分组，并控制实例、数据库和数据库对象的维护和实用程序的操作。用户可以具有授予一组数据库对象的全部特权的管理权限，也可以具有授予管理系统的全部特权但不允许存取数据的系统权限。

5.4.1 对象权限

在 SQL Server 2008 中，所有对象权限都可以授予，可以为特定的对象、特定类型的所有对象和所有属于特定架构的对象管理器。

在服务器级别，可以为服务器、端点、登录和服务器角色授予对象权限，也可以为当前的服务器实例管理权限；在数据库级别，可以为应用程序角色、程序集、非对称密钥、凭据、数据库角色、数据库、全文目录、函数、架构等管理权限。

一旦有了保存数据的结构，就需要给用户授予开始使用数据库中数据的权限，可以通过给用户授予对象权限来实现。利用对象权限，可以控制谁能够读取、写入或者以其他方式操作数据。下面简要介绍 12 个对象权限。

- Control：这个权限提供对象及其下层所有对象上的类似于主所有权的能力。例如，如果给用户授予了数据库上的“控制”权限，那么该用户在该数据库内的所有对象（如表和视图）上都拥有“控制”权限；
- Alter：这个权限允许用户创建（CREATE）、修改（ALTER）或者删除（DROP）受保护对象及其下层所有对象。他们能够修改的唯一属性是所有权；
- Take Ownership：这个权限允许用户取得对象的所有权；
- Impersonate：这个权限允许一个用户或者登录模仿另一个用户或者登录；
- Create：这个权限允许用户创建对象；
- View Definition：这个权限允许用户查看用来创建受保护对象的 T-SQL 语法；
- Select：当用户获得了选择权限时，该权限允许用户从表或者视图中读取数据。当用户在列级上获得了选择权时，该权限允许用户从列中读取数据；
- Insert：这个权限允许用户在表中插入新的行；
- Update：这个权限允许用户修改表中的现有数据，但不允许添加或者删除表中的行。当用户在某一列上获得了这个权限时，用户只能修改该列中的数据；
- Delete：这个权限允许用户从表中删除行；
- References：表可以借助于外部关键字关系在一个共有列上相互链接起来。外部关键字关系设计用来保护表间的数据。当两个表借助于外部关键字链接起来时，这个权限允许用户从主表中选择数据，即使他们在外部表上没有“选择”权限；
- Execute：这个权限允许用户执行被应用了该权限的存储过程。

5.4.2 语句权限

语句权限是用于控制创建数据库或者数据库中的对象所涉及的权限。例如，如果用户需要在数据库中创建表，则应该向该用户授予 CREATE TABLE 语句权限。某些语句权限（如 CREATE DATABASE）适用于语句自身，而不适用于数据库中定义的特定对象。只有 sysadmin、 db_owner 和 db_securityadmin 角色的成员才能够授予用户语句权限。

在 SQL Server 2008 中的语句权限主要以下 7 个。

● CREATE DATABASE：创建数据库；
● CREATE TABLE：创建表；
● CREATE VIEW：创建视图；
● CREATE PROCEDURE：创建过程；
● CREATE INDEX：创建索引；
● CREATE ROLE：创建规则；
● CREATE DEFAULT：创建默认值。

用户可以使用 SQL Server Management Studio 授予语句权限，例如为角色 TestRole 授予 CREATE TABLE 权限，而不授予 SELECT 权限，然后执行相应的语句，查看执行结果，从而理解语句权限的设置。具体步骤如下。

（1）打开 SQL Server Management Studio，在“对象资源管理器”视图中展开“服务器”节点，然后再展开“数据库”节点。

（2）右击数据库，如“CPMS”，从弹出的快捷菜单中选择“属性”命令，打开“数据库属性”窗口。

（3）选中“权限”选项，打开“权限”选项卡，从“用户或角色”列表中选中 TestRole。

（4）在“TestRole 的显示权限”列表中，选中 CREATE TABLE 后面“授予”列的复选框，而 SELECT 后面的“授予”列的复选框一定不能选中。

（5）设置完成后，单击“确定”按钮返回 SQL Sever Management Studio。

（6）断开当前 SQL Server 服务器的连接，重新打开 SQL Sever Management Studio，设置验证模式为 SQL Server 身份验证模式，使用 admin 登录，由于该登录账户与数据库用户 admin 相关联，而数据库用户 admin 是 TestRole 的成员，所以该登录账户拥有该角色的所有权限。

（7）单击“新建查询”命令，打开查询视图，查看“CPMS”数据库中的客户信息，结果将会失败。

（8）消除当前查询窗口的语句，并输入 REATE TABLE 语句创建表，具体代码如下所示。

```
USE CPMS
GO
CREATE TABLE 客户信息
(客户编号 int NOT NULL,
客户名称 nvarchar(50) NOT NULL,
出生日期 datetime NOT NULL,
年龄 int NOT NULL
)
```

（9）执行上述语句，显示成功。因为用户 admin 拥有创建表的权限，所以登录名 admin 继承了该权限。

其实上面的授予语句权限工作完全可以用 GRANT 语句来完成，具体语句如下所示。

```
GRANT {ALL | statement[,…n]}
TO security_account[,…n]
```

上述语法中，各参数描述如下所示。

- ALL：该参数表示授予所有可以应用的权限。在授予语句权限时，只有固定服务器角色 sysadmin 成员可以使用 ALL 参数；
- statement：表示可以授予权限的命令，如 CREATE TABLE 等；
- security_account：定义被授予权限的用户单位。security_account 可以是 SQL Server 2008 的数据库用户或者角色，也可以是 Windows 用户或者用户组。

例如，使用 GRANT 语句完成前面使用 SQL Server Management Studio 完成的为角色 TestRole 授予 CREATE TABLE 权限，就可以使用如下代码。

```
USE CPMS
GO
GRANT CREATE TABLE
TO TestRole
```

5.4.3　删除权限

通过删除某种权限可以停止以前授予或者拒绝的权限。使用 REVOKE 语句删除以前授予或者拒绝的权限。删除权限是删除已授予的权限，并不是妨碍用户、组或者角色从更高级别集成已授予的权限。

撤销对象权限的基本语法如下：

```
REVOKE [GRANT OPTION FOR]
{ALL[PRIVILEGES]|permission[,...n]}
{
[(column[,...n])]ON {table|view}|ON{table|view}
[(column[,...n])]
|{stored_procedure}
}
{TO|FROM}
security_account[,...n]
[CASCADE]
```

撤销语句权限的语法如下：

```
REVOKE {ALL|statement[,...n]}
FROM security_account[,...n]
```

其中，对各个参数的介绍如下。

- ALL：表示授予所有可以应用的权限。其中，在授予命令权限时，只有固定的服务器角色 sysadmin 成员可以使用 ALL 关键字；而在授予对象权限时，固定服务器角色成员 sysadmin、固定数据库角色 db_owner 成员和数据库对象拥有者都可以使用关键字 ALL；
- statement：表示可以授予权限的命令。例如，CREATE DATABASE；
- permission：表示在对象上执行某些操作的权限；
- column：在表或者视图上允许用户将权限局限到某些列上，column 表示列的名字；
- WITH GRANT OPTION：指示被授权者在获得指定权限的同时还可以将指定权限授予其他主体；

● security_account：定义被授予权限的用户单位。security_account 可以是 SQL Server 的数据库用户，可以是 SQL Server 的角色，也可以是 Windows 的用户或者工作组。

● CASCADE：指示要撤销的权限也会从此主体授予或者拒绝该权限的其他主体中撤销。

例如，删除角色 TestRole 对客户信息表的 SELECT 权限，就可以使用如下代码。

```
USE CPMS
GO
REVOKE SELECT ON 客户信息
FROM TestRole
Go
```

本 章 小 结

SQL Server 2008 提供了丰富的安全特性，其身份验证、授权和验证机制可以保护数据免受未经授权的泄露和篡改。本章主要介绍了 SQL Server 2008 在用户管理、角色管理及权限管理等方面的配置方法，对用户的数据安全提供了有力的保障。

习　　题

1．SQL Server 2008 提供了__________和__________两种身份验证模式，每一种身份验证都有一个不同类型的登录账户。

2．SQL Server 2008 默认登录账户包括________、________、________和________。

3．角色是 SQL Server 2008 用来集中管理数据库或者服务器的_____。数据库管理员将操作数据库的权限赋予_____。然后，数据库管理员再将角色赋给________或者________。

4．应用程序角色是一个__________，它使__________能够用其自身的、类似用户的特权来运行。使用应用程序角色，可以只允许通过__________________访问特定数据。

5．语句权限是用于控制__________或者__________所涉及的权限。

实时训练

1．实训名称

数据库用户账户的创建。

2．实训目的

（1）了解数据库用户账户的作用和意义。

（2）掌握 SQL Server 2008 数据库用户账户的创建过程。

3．实训内容及步骤

（1）打开 SQL Server Management Studio，并展开“服务器”节点。

（2）展开“数据库”节点，然后再展开曾经创建的“CPMS”节点。

（3）展开“安全性”节点，右击“用户”节点，从弹出的快捷菜单中选择“新建用户”命令，打开“数据库用户-新建”窗口。

（4）单击“登录名”文本框旁边的[...]按钮，打开“选择登录名”对话框，然后单击“浏览”按钮，打开“查找对象”对话框，选择一个有效的登录名。

（5）单击“确定”按钮返回，在“选择登录名”对话框就可以看到选择的登录名对象。继续单击“确定”按钮，设置一个用户名，如“WD”，选择架构为 dbo，并设置用户的角色为 db_owner，单击“确定”按钮，完成数据库用户的创建。

（6）验证是否创建成功。刷新“用户”节点，就可以看到刚才创建的 WD 用户账户。

4. 实训结论

按照实训内容的要求完成实训报告。

第6章　数据查询

项目讲解

“电脑销售管理系统”项目所采用的数据库名为“CPMS”，其中包括7个数据表：Users、Worker、Sell、Supplier、Ware、Stock、Restock，现要求对上述7个数据表根据实际工作需求完成各种查询要求。

学习任务

1. 学习目标

- 能熟练运用SELECT语句完成“电脑销售管理系统”中的各种查询；
- 掌握子查询、多表连接、分组汇总查询的原理及编程。

2. 学习要点

- 单表和多表查询语句的格式及方法；
- 复杂查询的使用方法；
- 集合函数和子查询的编程思路和书写格式；
- group by 和 compute 子句的使用方法和格式。

6.1　SELECT语句

数据库存在的意义在于将数据合理地组织在一起，使它们更容易被人们所获取。“查询”用来描述怎样从数据库中获取数据和操作数据，其所采用的SELECT语句是数据库结构化查询语言SQL的核心内容。SELECT语句可以以多种不同的方式查询数据库中的数据，并且可以通过现有数据来推导、计算新的数据。本节将介绍SELECT语句的基本语法格式。

6.1.1　基本语法格式

SELECT语句的基本语法格式如下：

```
SELECT [ALL | DISTINCT][TOP n] select_list
[INTO new_table]
[FROM table_source]
[WHERE search_condition]
[GROUP BY group_by_expression]
[HAVING search_condition]
[ORDER BY order_by_expression[ASC | DESC]]
[COMPUTE expression]
[BY select_list]
```

6.1.2　格式说明

其中，[ ]表示可选项，SELECT子句是必选的，其他子句都是可选的。下面具体说明语句中各参数的含义。

① SELECT 子句：用来指定由查询返回的列（字段、表达式、函数表达式、常量）。基本表中相同的列名表示为<表名>.<列名>。

② INTO 子句：用来创建新表，并将查询结果行插入到新表中。

③ FROM 子句：用来指定查询行的源表。可以指定多个源表，各个源表之间用“，”分隔；若数据源不在当前数据库中，则用“<数据库名>. <表名>”表示；还可以在该子句中指定表的别名，定义别名表示为<表名> as <别名>。

④ WHERE 子句：用来指定限定返回的行的搜索条件，它定义了源表中的行数据进入结果集所要满足的条件，只有满足条件的行才能出现在结果集中。

⑤ GROUP BY 子句：用来指定查询结果的分组条件，即归纳信息类型。

⑥ HAVING 子句：应用于结果集的附加筛选。从逻辑上讲 HAVING 子句从中间结果集对行进行筛选，这些中间结果集是用 SELECT 语句中的 FROM、WHERE 或 GROUP BY 子句创建的。HAVING 子句通常与 GROUP BY 子句一起使用，尽管 HAVING 子句前面不必有 GROUP BY 子句。

⑦ ORDER BY 子句：用来指定结果集的排序方式。

⑧ COMPUTE 子句：用来在结果集的末尾生成一个汇总数据行。

在使用 SELECT 语句时应注意如下几点。

- 必须按照正确的顺序指定 SELECT 语句中的子句；
- 对数据库对象的每个引用必须具有唯一性；
- 在执行 SELECT 语句时，对象所驻留的数据库不一定总是当前数据库。若要确保总是使用正确的对象，则不论当前数据库是如何设置的，均应使用数据库和所有者来限定对象名称；
- 在 FROM 子句中所指定的表或视图可能有相同的列名，外键很可能和相关主键同名，加上对象名称来限定列名可解决重复列名称的问题。

6.2 简单查询的实施

SQL 语言中最主要、最核心的部分是它的查询功能。查询语言用来对已经存在于数据库中的数据按照特定的组合、条件表达式或次序进行检索。掌握查询语句是学习 SQL 语言的关键，本节将介绍查询过程中的字段选取、指定行数以及条件过滤等查询语句的用法及格式。

6.2.1 使用 SELECT 子句选取字段和记录

1. 选择所有字段

SELECT 子句用于选择表中的字段。如果要显示数据表中所有的字段值，SELECT 子句后用星号（*）表示，同时还必须用 FROM 子句来指定作为选择查询的输入源。

任务一：查询 Worker 表中的所有职员信息。

SQL 语句如下：

```
Use CPMS
SELECT * from Worker
```

执行过程如图 6-1 所示。

	Work_id	Work_name	Sex	Birth	Telephone	Address	Position
1	9601	刘伟	0	1978-12-14 00:00:00	020-555666333	大庆路456号	副经理
2	9701	羊向天	1	1975-06-06 00:00:00	010-56987857	紫阳路56号	经理
3	9702	王文彬	1	1978-05-22 00:00:00	010-56987858	紫阳路47号	业务员
4	9703	张梦露	1	1983-08-06 00:00:00	010-159458793	三环路106号	副经理
5	9704	罗兰	1	1984-04-05 00:00:00	010-23541123	紫阳路8号	业务员
6	9801	王泽方	0	1982-02-03 00:00:00	010-22365478	三环路98号	业务员
7	9802	易扬	0	1985-01-14 00:00:00	010-89654123	紫禁城98号	业务员
8	9803	兰利	0	1984-01-01 00:00:00	010-156984555	紫禁城97号	业务员
9	9821	张平	0	1986-05-04 00:00:00	010-158322331	紫禁城54号	业务员

图 6-1　显示 Worker 表中的所有字段

2. 选择部分字段

在查询表时，很多时候只查询部分字段的记录，这时在 SELECT 子句中给出包含所选字段的一个列表即可，各个字段之间用逗号分隔，字段的次序可以任意指定。

任务二：查询 Worker 表的职工编号、姓名及性别。

SQL 语句如下：

```
Use CPMS
SELECT Work_id,Work_name,Sex from Worker
```

执行结果如图 6-2 所示。

	Work_id	Work_name	Sex
1	9601	刘伟	0
2	9701	羊向天	1
3	9702	王文彬	1
4	9703	张梦露	1
5	9704	罗兰	1
6	9801	王泽方	0
7	9802	易扬	0
8	9803	兰利	0
9	9821	张平	0

图 6-2　显示 Worker 表中的部分字段

提示：如果在 FROM 子句中指定了两个表，而这两个表中又有同名的字段，使用这些字段时就应在其字段名前冠以表名。

3. 设置字段别名

在上面的任务中，结果集中列出的第一行（即表头）中显示的是各个输出字段的名称。为了便于阅读，也可指定更容易理解的字段名来取代原来的字段名。

在 SELECT 语句中设置别名的格式如下。

（1）原字段名 [AS]　'字段别名'。

（2）原字段名　'字段别名'。

（3）‘字段别名’ = 原字段名。

任务三：将任务二查询到的 Worker 表的职工编号、姓名及性别字段，用中文标题显示。

SQL 语句如下：

```
Use CPMS
SELECT Work_id as '职工编号',Work_name '职工姓名',Sex '性别'
from Worker
```

执行结果如图 6-3 所示。

	职工编号	职工姓名	性别
1	9601	刘伟	0
2	9701	羊向天	1
3	9702	王文彬	1
4	9703	张梦露	1
5	9704	罗兰	1
6	9801	王泽方	0
7	9802	易扬	0
8	9803	兰利	0
9	9821	张平	0

图 6-3　用别名显示 Worker 表中的部分字段

4. 使用计算字段

计算字段又称派生字段，是由数据库表中的一些字段经过运算而生成的表达式，其中可以包括字段、运算符和 SQL Server 的内置函数。

设置计算字段的语法如下：

```
表达式  [ [ AS ] 别名 ]
```

任务四：显示 Sell 表中的销售序列号、货号及销售单价，在结果中将销售单价在原有价格上+5 元，字段名不变。

SQL 语句如下：

```
Use CPMS
SELECT Sell_id,Ware_id,Sell_price+5 as 'Sell_price'
from sell
```

执行结果如图 6-4 所示。

	Sell_id	Ware_id	Sell_price
1	1	1001	1550
2	2	1002	2040
3	3	1003	690
4	4	1006	730
5	5	2101	970
6	6	2102	780
7	7	3103	85
8	8	2204	1100
9	9	3101	100
10	10	4201	250
11	11	4203	780

	Sell_id	Ware_id	Sell_price
1	1	1001	1555
2	2	1002	2045
3	3	1003	695
4	4	1006	735
5	5	2101	975
6	6	2102	785
7	7	3103	90
8	8	2204	1105
9	9	3101	105
10	10	4201	255
11	11	4203	785

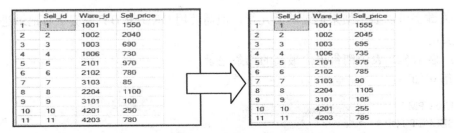

图 6-4　修改销售单价后的显示结果

6.2.2 使用 ALL、DISTINCT 和 TOP 指定记录行数

1. TOP 关键字

TOP 关键字用于限制查询结果显示的行数，其可以返回表中前 n 行或前一个百分数的数据行。

TOP 关键字的语法格式如下：

```
SELECT TOP n [PERCENT]
From table_name
ORDER BY…
```

格式说明如下。

① n：TOP n 返回 WHERE 子句的前 n 条记录。如果子句中满足条件的记录少于 n，那么返回满足条件的记录。n 是介于 0～4294967295 之间的整数。

② [PERCENT]：从查询结果集中输出前百分之 n 条记录。n 必须是 0～100 之间的整数。

任务五：查询 Worker 表中的前 3 条记录。

SQL 语句如下：

```
Use CPMS
SELECT TOP 3 *
from Worker
```

执行结果如图 6-5 所示。

	Work_id	Work_name	Sex	Birth	Telephone	Address	Position
1	9601	刘伟	0	1978-12-14 00:00:00	020-555666333	大庆路456号	副经理
2	9701	羊向天	1	1975-06-06 00:00:00	010-56987857	紫阳路56号	经理
3	9702	王文彬	1	1978-05-22 00:00:00	010-56987858	紫阳路47号	业务员

图 6-5　显示 Worker 表中的前 3 条记录

TOP 关键字还可以按百分比返回记录的行数。

例如：显示 Sell 表中的前 10%条记录。

SQL 语句如下：

```
Use CPMS
SELECT TOP 10 PERCENT *
from Sell
```

TOP 关键字可以显示结果记录的后几行，但需要用 ORDER BY 关键字对记录进行降序排列后方能实现。

例如：显示 Sell 表中销售单价最高的三条记录。

SQL 语句如下：

```
Use CPMS
SELECT TOP 3   *
from Sell
ORDER BY Sell_Price DESC
```

2. DISTINCT 关键字

DISTINCT 关键字用于去除查询的结果集中重复的记录。如果用户没有指定 DISTINCT 关键字，那么系统默认将返回符合条件的所有记录，其中包括重复的记录。

DISTINCT 关键字的语法格式如下：

```
SELECT [ALL|DISTINCT] select_list
From table_name
```

格式说明如下：

① ALL：表示检索出全部信息。

② DISTINCT：表示显示结果中将剔除重复信息。

任务六：在 Ware 表中查询货名不重复的货物信息。

SQL 语句如下：

```
Use CPMS
SELECT DISTINCT Ware_Name
from Ware
```

执行结果如图 6-6 所示。

	Ware_Name
1	CPU
2	光驱
3	机箱
4	键盘
5	内存
6	软驱
7	声卡
8	鼠标
9	网卡
10	音箱
11	硬盘
12	优盘
13	主板

图 6-6 显示 Ware 表中没有重复记录的“货名”字段信息

6.2.3 使用 WHERE 子句过滤记录

包含 WHERE 子句的 SELECT 语句称为条件查询语句。因为一个表通常会有数千条记录，而在实际工作中，查询往往不是针对表中所有行的查询，而是从整个表中选出符合条件的信息，这时就需要使用 WHERE 子句指定一系列的查询条件。

WHERE 子句的语法格式如下：

```
SELECT <column_list>
From <table_name>
WHERE <条件表达式>
```

为了实现许多不同种类的查询，WHERE 子句提供了丰富的搜索条件，其支持的搜索条件如下。

- 比较运算符（如=、<>、>=、<=、>和<）；
- 范围说明（BETWEEN 和 NOT BETWEEN）；

- 可选值列表（IN 和 NOT IN）；
- 模式匹配（LIKE 和 NOT LIKE）；
- 逻辑运算符（AND、OR、NOT）。

1. 基于比较条件的 WHERE 子句

使用基于比较条件的 WHERE 子句对表中的数据进行查询，系统在执行这种条件查询时，逐行地对表中的数据进行比较，检查它们是否满足条件，只有满足该查询条件的记录才会出现在最终的结果集中。

SQL Server 比较运算符如表 6-1 所示。

表 6-1　比较运算符

运 算 符	说 明
=	等于
>	大于
<	小于
>=	大于或等于
<=	小于或等于
!>	不大于
!<	不小于
<>或!=	不等于

任务七：完成要求如下的查询结果。

（1）在 Sell 表中，查询销售价格大于 1000 元的货物销售信息。

SQL 语句如下：

```
Use CPMS
SELECT *
from sell
WHERE Sell_Price>1000
```

执行结果如图 6-7 所示。

	Sell_Id	Ware_Id	Sell_Price	Sell_Date	Sell_Num	Work_Id
1	1	1001	1550	2003-02-28 00:00:00	7	9702
2	2	1002	2040	2003-03-16 00:00:00	2	9801
3	8	2204	1100	2003-07-19 00:00:00	5	9601

图 6-7　查询 Sell 表中销售价格大于 1000 元的记录

（2）在 Sell 表中，查询销售价格小于 800 元的货物销售信息。

SQL 语句如下：

```
Use CPMS
SELECT *
from sell
WHERE Sell_Price<800
```

（3）在 Sell 表中，查询销售价格不大于 1000 元的货物销售信息。

SQL 语句如下：

```
Use CPMS
SELECT *
from sell
WHERE Sell_Price !>1000
```

（4）在 Sell 表中，查询销售价格在 1000～2000 元的货物销售信息。

SQL 语句如下：

```
Use CPMS
SELECT *
from sell
WHERE Sell_Price>=1000 and Sell_Price<=2000
```

（5）在 Sell 表中，查询销售价格不在 1000～2000 元之间的货物销售信息。

SQL 语句如下：

```
Use CPMS
SELECT *
from sell
WHERE Sell_Price<1000 or Sell_Price>2000
```

2. 基于 BETWEEN 关键字的 WHERE 子句

通常使用 BETWEEN…AND 和 NOT BETWEEN…AND 来指定范围查询条件，目的是为了对表中某一范围内的数据进行查询，此时系统将逐行检查表中的数据是否在 BETWEEN 关键字设定的范围内。如果满足条件，则取出该行，如果不满足条件则不取出该行。

BETWEEN 关键字的语法格式如下：

```
WHERE <字段名> [NOT] BETWEEN 低值 AND 高值
```

任务八：在 Sell 表中，查询销售价格在 1000～2000 元的货物销售信息。

SQL 语句如下：

```
Use CPMS
SELECT *
from sell
WHERE Sell_Price BETWEEN 1000 and 2000
```

执行结果如图 6-8 所示。

	Sell_Id	Ware_Id	Sell_Price	Sell_Date	Sell_Num	Work_Id
1	1	1001	1550	2003-02-28 00:00:00	7	9702
2	8	2204	1100	2003-07-19 00:00:00	5	9601

图 6-8　查询 Sell 表中销售价格在 1000～2000 元的记录

上述 SELECT 语句也可以用>=…<=符号来改写。SELECT 语句如下：

```
Use CPMS
SELECT *
from sell
WHERE Sell_Price>=1000 and Sell_Price<=2000
```

而 NOT BETWEEN…AND 语句返回某个数据值在两个指定值的范围以外的记录，但并不包括两个指定的值。

任务九：在 Sell 表中，查询销售价格不在 1000～2000 元的货物销售信息。

SQL 语句如下：

```
Use CPMS
SELECT *
from sell
WHERE Sell_Price NOT BETWEEN 1000 and 2000
```

执行结果如图 6-9 所示。

	Sell_Id	Ware_Id	Sell_Price	Sell_Date	Sell_Num	Work_Id
1	2	1002	2040	2003-03-16 00:00:00	2	9801
2	3	1003	690	2003-03-28 00:00:00	3	9802
3	4	1006	730	2003-04-03 00:00:00	4	9703
4	5	2101	970	2003-04-19 00:00:00	3	9701
5	6	2102	780	2003-04-19 00:00:00	3	9702
6	7	3103	85	2003-04-28 00:00:00	2	9801
7	9	3101	100	2003-06-05 00:00:00	6	9704
8	10	4201	250	2003-06-05 00:00:00	5	9803
9	11	4203	780	2003-06-05 00:00:00	1	9821
10	12	4204	580	2003-06-08 00:00:00	3	9821
11	13	4301	800	2003-06-08 00:00:00	4	9703
12	14	4303	700	2003-06-28 00:00:00	5	9801
13	15	5101	420	2003-06-08 00:00:00	2	9801
14	16	5103	260	2003-07-28 00:00:00	5	9702

图 6-9　查询 Sell 表中销售价格不在 1000～2000 元的记录

3. 基于 IN 关键字的 WHERE 子句

当测试一个数据值是否匹配一组目标值中的一个时，通常使用 IN 关键字来指定列表搜索条件。IN 关键字是一个逻辑运算符，用于测试一个值是否在一个子查询或项目列表中。

IN 关键字的语法格式如下：

```
WHERE <字段名> [NOT] IN （目标值 1，目标值 2，目标值 3，…）
```

任务十：在 Worker 表中，查询职工编号为 9601、9702 的职工信息。

SQL 语句如下：

```
Use CPMS
SELECT * from worker
WHERE Work_id IN ('9601','9702')
```

执行结果如图 6-10 所示。

	Work_id	Work_name	Sex	Birth	Telephone	Address	Position
1	9601	刘伟	0	1978-12-14 00:00:00	020-555666333	大庆路456号	副经理
2	9702	王文彬	1	1978-05-22 00:00:00	010-56987858	紫阳路47号	业务员

图 6-10　在 Worker 表中查询职工编号为 9601、9702 的记录

如果表达式的值等于目标值列表中的某个目标值，则运算结果为 True，否则为 False。当使用 NOT IN 时，将对 IN 运算的结果再取一次反。

任务十一：在 Worker 表中，查询职工编号不是 9601、9702 的职工信息。

SQL 语句如下：

```
Use CPMS
SELECT * from worker
WHERE Work_id NOT   IN ('9601','9702')
```

4. 基于 LIKE 关键字的 WHERE 子句

LIKE 运算符用于测试一个字符串是否与给定的模式相匹配。如果需要从数据库中检索一批记录，但又不能给出精确的查询条件，例如不能确定所要查询职工的姓名而只知道他姓李，在这种情况下，就可以使用 LIKE 运算符和通配符来实现模糊查询。所谓模式是一种特殊的字符串，其特殊之处在于它不仅可以包含普通字符，还可以包含通配符，可用于表示任意的字符串。LIKE 关键字中的通配符及其含义如表 6-2 所示。

表 6-2　LIKE 关键字中的通配符及其含义

通 配 符	说 明
%	由零个或更多字符组成的任意字符串
_	任意单个字符
[]	用于指定范围，例如[A～F],表示 A～F 范围内的任何单个字符
[^]	表示指定范围之外的，例如[^A～F]，表示 A～F 范围以外的任何单个字符

LIKE 关键字的语法格式如下：

```
Where <字符串表达式|字段名> [NOT] LIKE '<模式>'
```

（1）“%”通配符

“%”通配符能匹配 0 个或更多个字符的任意长度的字符串，此时“%”通配符在查询中起着占位符的作用，用于代替数目不确定的字符。

任务十二：查询 Worker 表中所有姓王的职工信息。

SQL 语句如下：

```
Use CPMS
SELECT * from worker
WHERE Work_name LIKE '王%'
```

执行结果如图 6-11 所示。

	Work_id	Work_name	Sex	Birth	Telephone	Address	Position
1	9702	王文彬	1	1978-05-22 00:00:00	010-56987858	紫阳路47号	业务员
2	9801	王泽方	0	1982-02-03 00:00:00	010-22365478	三环路98号	业务员

图 6-11　“%”通配符的使用

（2）“_”通配符

“_”通配符代表一个任意字符，该字符只能匹配一个字符。

任务十三：查询 Worker 表中姓王的且名字第三个字为彬的职工信息。

SQL 语句如下：

```
Use CPMS
SELECT * from worker
WHERE Work_name LIKE '王_彬'
```

执行结果如图 6-12 所示。

	Work_id	Work_name	Sex	Birth	Telephone	Address	Position
1	9702	王文彬	1	1978-05-22 00:00:00	010-56987858	紫阳路47号	业务员

图 6-12 “_”通配符的使用

（3）“[]”通配符

“[]”通配符匹配任何在范围或集合中的单个字符。

说明：

- “[]”通配符表示一个字符列表时，将各个字符写在方括号内，字符之间也可以用逗号分隔。例如[m,p]，匹配的是 m 和 p 两个字符；
- “[]”通配符表示一个字符范围时，将这个范围的起止字符写在方括号内，并使用连字符“–”来分隔这两个字符。此时下限写在左边，上限写在右边。例如[m-p]，匹配的是 m、n、o、p 四个连续的字符。

任务十四：查询 Worker 表中姓王或姓刘的职工信息。

SQL 语句如下：

```
Use CPMS
SELECT * from worker
WHERE Work_name LIKE '[王刘]%'
```

执行结果如图 6-13 所示。

	Work_id	Work_name	Sex	Birth	Telephone	Address	Position
1	9601	刘伟	0	1978-12-14 00:00:00	020-555666333	大庆路456号	副经理
2	9702	王文彬	1	1978-05-22 00:00:00	010-56987858	紫阳路47号	业务员
3	9801	王泽方	0	1982-02-03 00:00:00	010-22365478	三环路98号	业务员

图 6-13 “[]”通配符的使用

（4）“[^]”通配符

“[^]”通配符的作用与[]相反，用于表示位于一个字符列表或字符范围之外的任意字符，其中^符号通知 SQL Server 将包含指定字符的记录排除在结果集之外。

任务十五：查询 Worker 表中既不姓王也不姓刘的职工信息。

SQL 语句如下：

```
Use CPMS
SELECT * from worker
WHERE Work_name LIKE '[^王刘]%'
```

执行结果如图 6-14 所示。

	Work_id	Work_name	Sex	Birth	Telephone	Address	Position
1	9701	羊向天	1	1975-06-06 00:00:00	010-56987857	紫阳路56号	经理
2	9703	张梦露	1	1983-08-06 00:00:00	010-159458793	三环路106号	副经理
3	9704	罗兰	1	1984-04-05 00:00:00	010-23541123	紫阳路8号	业务员
4	9802	易扬	0	1985-01-14 00:00:00	010-89654123	紫禁城98号	业务员
5	9803	兰利	0	1984-01-01 00:00:00	010-156984555	紫禁城97号	业务员
6	9821	张平	0	1986-05-04 00:00:00	010-158322331	紫禁城54号	业务员

图 6-14　“[^]”通配符的使用

> **提示**：含通配符的字符串需用单引号括起来，单引号中的字符都被认为是通配字符；若使用的字符中含有通配字符，则可使用 ESCAPE 子句，定义一个转义字符，紧跟在转义字符后的字符被原样输出。

5. 基于空值判断的 WHERE 子句

在查询过程中，有时会存在表中数据为空值的情况，例如供货商的电话号码没有输入，货物还没有定价等。这时，就会在相应列上产生空值。空值表示值未知、不可用或以后添加数据，通常用 NULL 表示，它仅仅是一个符号，既不等于空格，也不能像 0 那样进行算术运算。

NULL 关键字的语法格式如下：

```
Where <字段名> IS [NOT] NULL
```

任务十六：查询 Supplier 表中未提供联系电话的供货商信息。

SQL 语句如下：

```
Use CPMS
SELECT * from Supplier
WHERE Sup_Tel  IS NULL
```

执行结果如图 6-15 所示。

	Sup_Name	Sup_Address	Sup_Tel	Supplier
1	赛格电子公司	南京紫光苍444号	NULL	赵天晨
2	桑达电子公司	红星三路78号	NULL	李三利

图 6-15　NULL 关键字的应用

6. 基于多个检索条件的复合查询

在很多情况下，在 Where 子句中仅仅使用一个条件不能准确地从表中检索到需要的数据，此时就需要用到逻辑运算符 AND、OR 和 NOT 将多个查询条件组合起来，完成比较复杂的数据检索。逻辑运算符及其含义如表 6-3 所示。

表 6-3　逻辑运算符及其含义

逻辑运算符	说　明
AND	能返回满足所有条件的记录行
OR	能返回满足任意条件的记录行
NOT	能返回不满足条件表达式的行

任务十七：查询 Sell 表单价在 1000 元以上，100 元以下的货物信息。

SQL 语句如下：

```
Use CPMS
SELECT * from Sell
WHERE Sell_Price >=1000 OR Sell_Price<=100
```

执行结果如图 6-16 所示。

	Sell_Id	Ware_Id	Sell_Price	Sell_Date	Sell_Num	Work_Id
1	1	1001	1550	2003-02-28 00:00:00	7	9702
2	2	1002	2040	2003-03-16 00:00:00	2	9801
3	7	3103	85	2003-04-28 00:00:00	2	9801
4	8	2204	1100	2003-07-19 00:00:00	5	9601
5	9	3101	100	2003-06-05 00:00:00	6	9704

图 6-16　基于多个检索条件的复合查询的应用

就像数据运算符乘和除一样，逻辑运算符之间是具有优先级顺序的，NOT 优先级最高，AND 次之，OR 的优先级最低。

6.2.4　ORDER BY 排序查询

前面介绍的数据检索所查询出来的结果均按照记录在数据表中的顺序排列，但如果数据表比较大，则必须使用 ORDER BY 子句改变查询结果的显示顺序。ORDER BY 语句可以使结果集中的记录按照一个或多个字段的值进行排列，排序的方向可以是升序或降序。

ORDER BY 子句的语法形式如下：

```
SELECT select_list
FROM table_source
[ORDER BY 字段名 [ASC|DESC]]
[,ORDER BY 字段名 [ASC|DESC]]
```

格式说明如下。

- ASC 和 DESC：用于指定排序方向。其中，ASC 用于指定升序，表示从小到大的顺序；DESC 用于指定降序，表示从大到小的顺序，如未指定则默认为升序。
- 可以对多达 16 个字段执行 ORDER BY 语句。
- ORDER BY 结果依赖于安装时确定的排序规则。

任务十八：在 Sell 表中，将销售单价按由大到小的顺序进行排列，并显示所有货物的信息。

SQL 语句如下：

```
Use CPMS
SELECT * from Sell
ORDER BY Sell_Price DESC
```

执行结果如图 6-17 所示。

	Sell_Id	Ware_Id	Sell_Price	Sell_Date	Sell_Num	Work_Id
1	2	1002	2040	2003-03-16 00:00:00	2	9801
2	1	1001	1550	2003-02-28 00:00:00	7	9702
3	8	2204	1100	2003-07-19 00:00:00	5	9601
4	5	2101	970	2003-04-19 00:00:00	3	9701
5	13	4301	800	2003-06-08 00:00:00	4	9703
6	11	4203	780	2003-06-05 00:00:00	1	9821
7	6	2102	780	2003-04-19 00:00:00	3	9702
8	4	1006	730	2003-04-03 00:00:00	4	9703
9	14	4303	700	2003-06-28 00:00:00	5	9801
10	3	1003	690	2003-03-28 00:00:00	3	9802

图 6-17　Sell 表按销售单价的降序进行排列

6.3　复杂查询的实施

6.3.1　多表查询

前面学习的查询均是在数据库的单个表中进行简单的查询，而在实际的数据库应用中，经常需要从两个或更多的表中查询数据，这就需要使用连接查询。连接就是以指定的表中的某个列或某些列作为连接条件，然后从这些表中检索出关联数据。连接的全部意义在于水平方向上合并两个数据集合，并产生一个新的结果集合。

SQL 提供了内连接、外连接、交叉连接、多表连接等多种连接方式，它们之间的区别在于从相互交叠的不同数据集合中选择用于连接的行时采用的方法不同。

1. 内连接

内连接是连接类型中最普通的一种，其使用比较运算符进行连接。内连接使用比较运算符根据每个表共有的字段的值匹配两个表中的行，换句话说，内连接仅仅返回那些存在字段匹配的记录。

内连接的语法格式如下：

```
SELECT 字段列表
FROM table_name1 INNER JOIN table_name2
ON table_column=table2.column
```

任务十九：显示职工信息及每个职工对应的货物销售情况。

SQL 语句如下：

```
Use CPMS
SELECT *
FROM Worker INNER JOIN Sell
ON Worker.Work_id=Sell.Work_Id
```

执行结果如图 6-18 所示。

	Work_id	Work_name	Sex	Birth	Telephone	Address	Position	Sell_Id	Ware_Id	Sell_Price	Sell_Date	Sell_Nu
1	9702	王文彬	1	1978-05-22 00:00:00	010-56987858	紫阳路47号	业务员	1	1001	1550	2003-02-28 00:00:00	7
2	9801	王泽方	0	1982-02-03 00:00:00	010-22365478	三环路98号	业务员	2	1002	2040	2003-03-16 00:00:00	2
3	9802	易扬	0	1985-01-14 00:00:00	010-89654123	紫禁城98号	业务员	3	1003	690	2003-03-28 00:00:00	3
4	9703	张梦霞	1	1983-08-06 00:00:00	010-159458793	三环路106号	副经理	4	1006	730	2003-04-03 00:00:00	4
5	9701	羊向天	1	1975-06-06 00:00:00	010-56987857	紫阳路56号	经理	5	2101	970	2003-04-19 00:00:00	3
6	9702	王文彬	1	1978-05-22 00:00:00	010-56987858	紫阳路47号	业务员	6	2102	780	2003-04-19 00:00:00	3
7	9801	王泽方	0	1982-02-03 00:00:00	010-22365478	三环路98号	业务员	7	3103	85	2003-04-28 00:00:00	2
8	9601	刘伟	0	1978-12-14 00:00:00	020-555666333	大庆路456号	副经理	8	2204	1100	2003-07-19 00:00:00	5
9	9704	罗兰	1	1984-04-05 00:00:00	010-23541123	紫阳路8号	业务员	9	3101	100	2003-06-05 00:00:00	6
10	9803	兰利	0	1984-01-01 00:00:00	010-156984555	紫禁城97号	业务员	10	4201	250	2003-06-05 00:00:00	5
11	9821	张平	0	1986-05-04 00:00:00	010-158322331	紫禁城54号	业务员	11	4203	780	2003-06-05 00:00:00	1

图 6-18　Worker 和 Sell 表实现内连接

2. 外连接

内连接时，返回查询结果集合中的仅是符合查询条件（WHERE 搜索条件或 HAVING 条件）和连接条件的行。而采用外连接时，它返回到查询结果集合中的不仅包含符合连接条件的行，而且还包括左表（左外连接时）、右表（右外连接时）或两个连接表（全外连接）中的所有数据行。根据保留下来的行不同，把外连接分为左外连接、右外连接和全外连接 3 种。

外连接的语法格式如下：

```
SELECT 字段列表
FROM table_name1 <LEFT/RIGHT> [OUTER] JOIN table_name2
ON table_column=table2.column
```

（1）左连接

左连接也称为左外连接，其结果集中包括 LEFT OUTER 子句中指定的左表的所有行，而不仅仅是连接字段所匹配的行。如果左表的某行在右表中没有匹配行，则在相关联的结果集行中右表的所有选择列表字段均为空值。左连接就是返回左边的匹配行，不考虑右边的表是否有相应的行。

任务二十：采用左连接显示所有货物信息及每种货物的销售情况。

SQL 语句如下：

```
Use CPMS
SELECT *
FROM Ware LEFT OUTER JOIN Sell
ON Ware.Ware_Id=Sell.Ware_Id
```

执行结果如图 6-19 所示。

	Ware_Id	Ware_Name	Spec	Unit	Sell_Id	Ware_Id	Sell_Price	Sell_Date	Sell_Num	Work_Id
10	3104	软驱	SONY 1.44M	个	NULL	NULL	NULL	NULL	NULL	NULL
11	4201	光驱	三星52X	个	10	4201	250	2003-06-05 00:00:00	5	9803
12	4203	光驱	SONY48X	个	11	4203	780	2003-06-05 00:00:00	1	9821
13	4204	光驱	LG16X	个	12	4204	580	2003-06-08 00:00:00	3	9821
14	4301	硬盘	希捷60G	个	13	4301	800	2003-06-08 00:00:00	4	9703
15	4303	硬盘	IBM40G	个	14	4303	700	2003-06-28 00:00:00	5	9801
16	5101	声卡	AC97	个	15	5101	420	2003-06-08 00:00:00	2	9801
17	5103	声卡	创新 PCI128	个	16	5103	260	2003-07-28 00:00:00	5	9702
18	5104	声卡	集成AC97	个	17	5104	300	2003-07-28 00:00:00	4	9601
19	5201	网卡	Intel PCLA	个	NULL	NULL	NULL	NULL	NULL	NULL
20	6101	内存	HY128M	个	18	6101	200	2003-07-28 00:00:00	4	9703
21	6201	内存	HY256M	个	19	6201	300	2003-07-29 00:00:00	9	9801

图 6-19　Ware 和 Sell 表实现左外连接

Ware 和 Sell 表实现左外连接，其中第一个表 Ware 有部分字段在第二个表 Sell 中没有找到匹配行，因此结果集中 Sell 表中的所有字段均为 NULL。

（2）右连接

右连接也称为右外连接，是左向外连接的反向连接。将返回右表的所有行。如果右表的某行在左表中没有匹配行，则将为左表返回空值。右连接就是返回右边的匹配行，不考虑左边的表是否有相应的行。

任务二十一：采用右连接显示所有货物信息及每种货物的销售情况。

SQL 语句如下：

```
Use CPMS
SELECT *
```

```
FROM Sell RIGHT OUTER JOIN Ware
ON Sell.Ware_Id=Ware.Ware_Id
```

执行结果如图 6-20 所示。

	Sell_Id	Ware_Id	Sell_Price	Sell_Date	Sell_Num	Work_Id	Ware_Id	Ware_Name	Spec	Unit
10	NULL	NULL	NULL	NULL	NULL	NULL	3104	软驱	SONY 1.44M	个
11	10	4201	250	2003-06-05 00:00:00	5	9803	4201	光驱	三星52X	个
12	11	4203	780	2003-06-05 00:00:00	1	9821	4203	光驱	SONY48X	个
13	12	4204	580	2003-06-08 00:00:00	3	9821	4204	光驱	LG16X	个
14	13	4301	800	2003-06-08 00:00:00	4	9703	4301	硬盘	希捷60G	个
15	14	4303	700	2003-06-28 00:00:00	5	9801	4303	硬盘	IBM40G	个
16	15	5101	420	2003-06-08 00:00:00	2	9801	5101	声卡	AC97	个
17	16	5103	260	2003-07-28 00:00:00	5	9702	5103	声卡	创新 PCI128	个
18	17	5104	300	2003-07-28 00:00:00	4	9601	5104	声卡	集成AC97	个
19	NULL	NULL	NULL	NULL	NULL	NULL	5201	网卡	Intel PCLA	个

图 6-20 Ware 和 Sell 表实现右外连接

Sell 和 Ware 表实现右外连接，其中第二个表 Ware 有部分字段在第一个表 Sell 中没有找到匹配行，因此结果集中 Sell 表中的所有字段均为 NULL。

（3）全外连接

全外连接也称为完整外部连接，其返回左表和右表中的所有行。当某行在另一个表中没有匹配行时，则另一个表的选择列表列包含空值。如果表之间有匹配行，则整个结果集行包含基表的数据值。

任务二十二：采用全外连接显示所有货物信息及每种货物的销售情况。

SQL 语句如下：

```
Use CPMS
SELECT * FROM Ware FULL OUTER JOIN Sell
ON Ware.Ware_Id=Sell.Ware_Id
```

执行结果如图 6-21 所示。

	Ware_Id	Ware_Name	Spec	Unit	Sell_Id	Ware_Id	Sell_Price	Sell_Date	Sell_Num	Work_Id
10	3104	软驱	SONY 1.44M	个	NULL	NULL	NULL	NULL	NULL	NULL
11	4201	光驱	三星52X	个	10	4201	250	2003-06-05 00:00:00	5	9803
12	4203	光驱	SONY48X	个	11	4203	780	2003-06-05 00:00:00	1	9821
13	4204	光驱	LG16X	个	12	4204	580	2003-06-08 00:00:00	3	9821
14	4301	硬盘	希捷60G	个	13	4301	800	2003-06-08 00:00:00	4	9703
15	4303	硬盘	IBM40G	个	14	4303	700	2003-06-28 00:00:00	5	9801
16	5101	声卡	AC97	个	15	5101	420	2003-06-08 00:00:00	2	9801
17	5103	声卡	创新 PCI128	个	16	5103	260	2003-07-28 00:00:00	5	9702
18	5104	声卡	集成AC97	个	17	5104	300	2003-07-28 00:00:00	4	9601
19	5201	网卡	Intel PCLA	个	NULL	NULL	NULL	NULL	NULL	NULL

图 6-21 Ware 和 Sell 表实现全外连接

3. 交叉连接

交叉连接将两个表的记录进行交叉组合。交叉连接与其他的连接不同，它不使用 ON 运算符，而将 JOIN 左侧的所有记录与另一侧的所有记录连接。

交叉连接与其他连接语法类似，不过它使用 CROSS 关键字，而不使用 ON 运算符。

交叉连接的语法格式如下：

```
SELECT 字段列表
```

```
FROM table_name1
CROSS JOIN table_name2
```

其忽略了 ON 条件的方法来创建交叉连接。

任务二十三：采用交叉连接显示所有货物信息及每种货物的销售情况。

SQL 语句如下：

```
Use CPMS
SELECT *
FROM Ware CROSS JOIN Sell
```

执行结果如图 6-22 所示。

	Ware_Id	Ware_Name	Spec	Unit	Sell_Id	Ware_Id	Sell_Price	Sell_Date	Sell_Num	Work_Id
1	1001	CPU	Intel P4 2.4	片	1	1001	1550	2003-02-28 00:00:00	7	9702
2	1002	CPU	Intel P4 3.0	片	1	1001	1550	2003-02-28 00:00:00	7	9702
3	1003	CPU	Intel C4 2.0	片	1	1001	1550	2003-02-28 00:00:00	7	9702
4	1006	CPU	奔腾 P4 845G	片	1	1001	1550	2003-02-28 00:00:00	7	9702
5	2101	主板	华硕 P4 B533	个	1	1001	1550	2003-02-28 00:00:00	7	9702
6	2102	主板	华硕 P4 B266	个	1	1001	1550	2003-02-28 00:00:00	7	9702
7	2204	主板	华硕 Intel845G	个	1	1001	1550	2003-02-28 00:00:00	7	9702
8	3101	软驱	三星1.44M	个	1	1001	1550	2003-02-28 00:00:00	7	9702
9	3103	软驱	NEC	个	1	1001	1550	2003-02-28 00:00:00	7	9702

查询已成功执行。　(local)\SQLEXPRESS (10.0 SP1)　sa (53)　CPMS　00:00:00　899 行

图 6-22　Ware 和 Sell 表实现交叉连接

4. 基于 WHERE 子句的多表连接

基于 WHERE 子句的多表连接方式，主要采用在 FROM 子句后写多个表的名称，然后将任意两个表的连接条件分别写在 WHERE 子句后的方式。在 WHERE 子句中连接几个表的语法如下：

```
SELECT 字段列表
FROM table_name1,table_name2,table_name3…
WHERE table1_column=table2.column
and table2_column=table3.column and …
```

任务二十四：查询每个职工的编号、姓名及其销售货物的编号。

SQL 语句如下：

```
Use CPMS
SELECT Worker.Work_id ,Work_name,Ware_Id
FROM Worker,Sell
WHERE Worker.Work_id=Sell.Work_Id
```

执行结果如图 6-23 所示。

	Work_id	Work_name	Sell_Id
1	9702	王文彬	1
2	9801	王泽方	2
3	9802	易扬	3
4	9703	张梦露	4
5	9701	羊向天	5
6	9702	王文彬	6
7	9801	王泽方	7
8	9601	刘伟	8
9	9704	罗兰	9

图 6-23　Worker 和 Sell 两个表利用 WHERE 子句进行连接

任务二十五：查询每个职工的编号、姓名及其销售货物的编号和货物名称。

SQL 语句如下：

```
Use CPMS
SELECT Worker.Work_id ,Work_name,Sell.Ware_Id,Ware.Ware_Name
FROM Worker,Sell,Ware
WHERE Worker.Work_id=Sell.Work_Id
and Sell.Ware_Id=Ware.Ware_Id
```

执行结果如图 6-24 所示。

	Work_id	Work_name	Ware_Id	Ware_Name
1	9702	王文彬	1001	CPU
2	9801	王泽方	1002	CPU
3	9802	易扬	1003	CPU
4	9703	张梦露	1006	CPU
5	9701	羊向天	2101	主板
6	9702	王文彬	2102	主板
7	9801	王泽方	3103	软驱
8	9601	刘伟	2204	主板
9	9704	罗兰	3101	软驱

图 6-24　Worker、Sell 和 Ware 三个表利用 WHERE 子句进行连接

6.3.2　聚合函数查询

聚合函数也称为字段函数，用于对一组值进行计算返同时回一个单值。聚合函数的作用范围既可以是一个表中的全部记录，也可以是由 Where 子句指定的该表的一个子集。聚合函数还可以作用于表中的一组或多组记录，此时将针对每组记录产生一个单值。聚合记录函数主要用在 SELECT 子句、ORDER BY 子句以及 HAVING 子句中。聚合函数及其功能如表 6-4 所示。

表 6-4　聚合函数及其功能

函 数 名	说　明
SUM()	返回指定数值型字段的和，只能用于数值型字段
AVG()	返回指定数值型字段的平均值，空值被忽略不计入计算中
MAX()	返回指定字段的最大值
MIN()	返回指定字段的最小值
COUNT()	返回字段中项目的数量

任务二十六：统计销售货物的总金额。

SQL 语句如下：

```
Use CPMS
SELECT SUM(Sell_Price) as '销售总计'
FROM Sell
```

执行结果如图 6-25 所示。

	销售总计
1	15635

图 6-25　统计销售货物的总金额

任务二十七：统计职工总人数。

SQL 语句如下：

```
Use CPMS
SELECT COUNT(Work_name) as '职工人数'
FROM worker
```

执行结果如图 6-26 所示。

	职工人数
1	9

图 6-26　统计职工总人数

6.3.3　嵌套查询

嵌套查询是指在一个外层查询中包含有另一个内层查询，即一个 SELECT-FROM-WHERE 查询语句块可以嵌套在另一个查询块的 WHERE 子句中。其中，外层查询称为父查询或主查询，内存查询称为子查询或从查询。子查询能够将比较复杂的查询分解为几个简单的查询。

嵌套查询的执行流程是，首先执行内部查询，其查询出来的数据并不被显示出来，而是传递给外层 SELECT 语句，作为该 SELECT 语句的查询条件使用。

1. 简单的嵌套查询

嵌套内层子查询通常作为搜索条件的一部分出现在 WHERE 或 HAVING 子句中，其类似于比较表达式，即把一个表达式的值和由子查询产生的值进行比较，这时子查询只能返回一个值，否则错误。最后返回比较结果为 TRUE 的记录。

任务二十八：查询货物销售单价在平均价格之上的所有货物销售信息。

SQL 语句如下：

```
Use CPMS
SELECT *
FROM Sell
WHERE Sell_Price>(select AVG(Sell_Price) FROM Sell)
```

执行结果如图 6-27 所示。

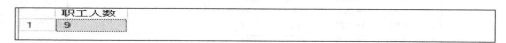

	Sell_Id	Ware_Id	Sell_Price	Sell_Date	Sell_Num	Work_Id
1	1	1001	1550	2003-02-28 00:00:00	7	9702
2	2	1002	2040	2003-03-16 00:00:00	2	9801
3	3	1003	690	2003-03-28 00:00:00	3	9802
4	4	1006	730	2003-04-03 00:00:00	4	9703
5	5	2101	970	2003-04-19 00:00:00	3	9701
6	6	2102	780	2003-04-19 00:00:00	3	9702
7	8	2204	1100	2003-07-19 00:00:00	5	9601
8	11	4203	780	2003-06-05 00:00:00	1	9821
9	12	4204	580	2003-06-08 00:00:00	3	9821

图 6-27　货物销售单价在平均价格之上的所有货物销售信息

子查询的具体操作过程如下。

（1）从 Sell 表中查询出销售价格的平均值为 539。

（2）从 Sell 表中查询销售价格大于 539 的所有货物销售信息。

2. 使用 IN 关键字的嵌套查询

简单的嵌套查询中的子查询只能返回一行数据，而在实际查询过程中，有一些子查询会返回一列值，这时就必须使用 IN 或 NOT IN 和其外部查询相联系。IN 表示属于的关系，即是否在所选数据集合之中。NOT IN 则表示不属于集合或不是集合的成员。

把查询表达式单个数据和由子查询产生的一系列的数值相比较，如果数值匹配一系列值中的一个，则返回 TRUE。

任务二十九：查询职位是副经理的职员的货物销售记录。

SQL 语句如下：

```
Use CPMS
SELECT *
FROM Sell
WHERE Work_Id in (select Work_Id FROM Worker where Position='副经理')
```

执行结果如图 6-28 所示。

	Sell_Id	Ware_Id	Sell_Price	Sell_Date	Sell_Num	Work_Id
1	4	1006	730	2003-04-03 00:00:00	4	9703
2	8	2204	1100	2003-07-19 00:00:00	5	9601
3	13	4301	800	2003-06-08 00:00:00	4	9703
4	17	5104	300	2003-07-28 00:00:00	4	9601
5	18	6101	200	2003-07-28 00:00:00	4	9703
6	21	7103	450	2003-07-18 00:00:00	5	9601
7	25	7401	120	2003-08-28 00:00:00	7	9703
8	27	7403	180	2003-08-25 00:00:00	3	9601
9	28	7501	460	2003-08-28 00:00:00	15	9601

图 6-28　职位是副经理的职员的货物销售记录

提示：子查询存在 NULL 值时，应避免使用 NOT IN。因为当子查询的结果包括了 NULL 值的列表时，系统会把 NULL 值当成一个未知数据，不会存在查询值不在列表中的记录。所以当使用 NOT IN 时，如果子查询存在 NULL 值，就用条件语句筛选掉 NULL 值。

EXISTS 关键字用来确定数据是否在查询列表中存在。EXISTS 关键字只注重子查询是否返回行，如果子查询返回一个或多个行则条件成立，否则条件不成立。和使用 IN 关键字不同的是，IN 连接的是表中的列，而 EXISTS 连接的是表和表，由于其连接的是表，所以，子查询中必须加入表与表之间的连接条件。

任务三十：使用 EXISTS 关键字查询出销售价格在 1000 元以上的货物信息。

SQL 语句如下：

```
Use CPMS
SELECT *
FROM ware
WHERE exists (select * FROM sell where sell.Ware_Id=ware.Ware_Id and Sell_Price >1000)
```

执行结果如图 6-29 所示。

	Ware_Id	Ware_Name	Spec	Unit
1	1001	CPU	Intel P4 2.4	片
2	1002	CPU	Intel P4 3.0	片
3	2204	主板	华硕 Intel845G	个

图 6-29　使用 EXISTS 关键字查询出销售价格在 1000 元以上的货物信息

EXISTS 关键字子查询中的 SELECT 子句中可使用任何列名，也可以使用任意多个列，其注重是否返回行，而不注重返回行的内容。NOT EXISTS 的作用与 EXISTS 正相反，如果子查询没有返回行，则满足 NOT EXISTS 中的 WHERE 子句。

任务三十一：查询出销售价格在 1000 元以下的货物信息。

SQL 语句如下：

```
Use CPMS
SELECT *
FROM ware
WHERE not exists
 (select * FROM sell where sell.Ware_Id=ware.Ware_Id and Sell_Price >1000)
```

执行结果如图 6-30 所示。

	Ware_Id	Ware_Name	Spec	Unit
1	1001	CPU	Intel P4 2.4	片
2	1002	CPU	Intel P4 3.0	片
3	1003	CPU	Intel C4 2.0	片
4	1006	CPU	奔腾 P4 845G	片
5	2101	主板	华硕 P4 B533	个
6	2102	主板	华硕 P4 B266	个
7	2204	主板	华硕 Intel845G	个
8	3101	软驱	三星1.44M	个
9	3103	软驱	NEC	个
10	3104	软驱	SONY 1.44M	个
11	4201	光驱	三星52X	个
12	4203	光驱	SONY48X	个
13	4204	光驱	LG16X	个
14	4301	硬盘	希捷60G	个
15	4303	硬盘	IBM40G	个
16	5101	声卡	AC97	个
17	5103	声卡	创新 PCI128	个

图 6-30　查询出销售价格在 1000 元以下的货物信息

6.4　分组汇总查询的实施

6.4.1　GROUP BY 子句汇总查询

GROUP BY 子句指定将结果集中的记录分成若干个组来输出，每个组在结果集之中显示为一条记录，有几组就有几条记录。

1. GROUP BY 子句的语法格式

```
SELECT select_list
[FROM table_source]
[WHERE search_condition]
[GROUP BY group_by_expression]
[HAVING search_condition]
```

2. 格式说明

① SQL SERVER 为每个定义的组产生一个列值，每个组只返回一行。

② 如果包括 WHERE 字句，SQL Server 只分组汇总满足 WHERE 条件的行。

③ SELECT 子句中的选项列表中出现的列应包含在聚合函数中或者包含在 GROUP BY 子句中，否则出错。

④ GROUP BY 子句的列表中最多只能有 8060 字节。

⑤ 不要在含有空值的列上使用 GROUP BY 子句，因为空值将作为一个组来处理。

⑥ 如果 GROUP BY 子句使用 ALL 关键字，WHERE 子句将不起作用。

⑦ HAVING 子句排除不满足条件的组。

任务三十二：使用 GROUP BY 子句汇总出每种货物的货物编号及销售总计。

SQL 语句如下：

```
Use CPMS
SELECT Sell_Id,SUM(Sell_Price ) as '销售总计'
FROM Sell
GROUP BY Sell_Id
```

执行结果如图 6-31 所示。

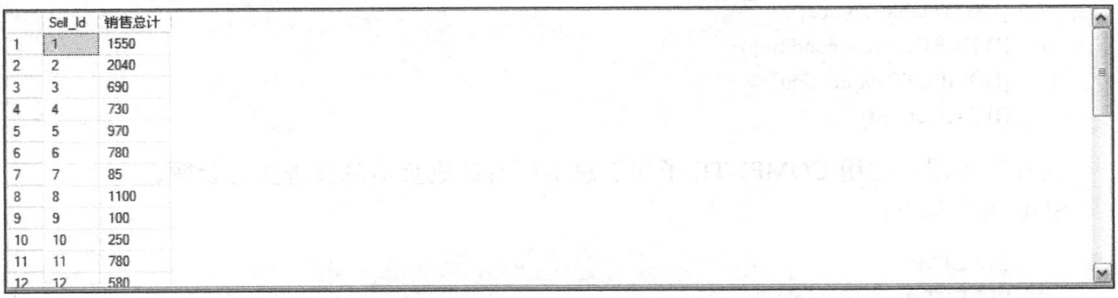

	Sell_Id	销售总计
1	1	1550
2	2	2040
3	3	690
4	4	730
5	5	970
6	6	780
7	7	85
8	8	1100
9	9	100
10	10	250
11	11	780
12	12	580

图 6-31　使用 GROUP BY 子句汇总每种货物的货物编号及销售总计

3. 带 HAVING 的 GROUP BY 子句的用法

（1）功能

HAVING 子句用于对分组汇总后的结果集中的各组进行限制，通常与 GROUP BY 子句一起使用。未使用 GROUP BY 子句时，HAVING 子句的作用与 Where 子句类似。

（2）HAVING 与 WHERE 的不同点如下

① WHERE 子句检查每条记录是否满足条件，而 HAVING 检查分组汇总之后的各组汇总数据是否满足条件。

② 在 HAVING 子句中可以使用集合函数，在 WHERE 子句中则不能。

任务三十三：使用 GROUP BY 子句汇总出销售总计在 1000 元以上的货物的编号及销售总计。

SQL 语句如下：

```
Use CPMS
SELECT Sell_Id,SUM (Sell_Price ) as '销售总计'
FROM Sell
GROUP BY Sell_Id
HAVING SUM(Sell_Price )>1000
```

执行结果如图 6-32 所示。

	Sell_Id	销售总计
1	1	1550
2	2	2040
3	8	1100

图 6-32　汇总销售总计在 1000 元以上的货物的编号及销售总计

6.4.2　COMPUTE 子句汇总查询

使用 GROUP 子句对查询出来的数据做分类求和或平均值，只能显示统计的结果，看不到具体的数据。使用 COMPUTE 和 COMPUTE BY 既能浏览数据又能看到统计的结果。COMPUTE 子句用来计算总计或进行分组小计，总计值或小计值将作为附加新行出现在检索结果中，一般用在 WHERE 子句之后。

1. COMPUTE 子句的语法格式

```
SELECT select_list
[FROM table_source]
[WHERE search_condition]
[COMPUTE expression]
[BY select_list]
```

任务三十四：使用 COMPUTE 子句汇总出所有的进货信息及进货总金额。

SQL 语句如下：

```
Use CPMS
SELECT *
FROM Restock
COMPUTE SUM(Res_price)
```

执行结果如图 6-33 所示。

从任务三十四看出，使用 COMPUTE 子句汇总出的结果由两部分组成，前一部分是未用 COMPUTE 子句时产生的结果集，而后一部分只有一行，是由 COMPUTE 子句产生的附加的汇总数据，出现在整个结果集的末尾。

	Res_Id	Ware_Id	Res_Price	Res_Number	Res_Date	Res_Person	Sup_Name
1	1	3101	70	8	2003-04-27 00:00:00	9702	华强电子公司
2	2	2101	890	5	2003-05-14 00:00:00	9801	华强电子公司
3	3	3103	70	13	2003-05-14 00:00:00	9801	华强电子公司
4	4	3104	70	2	2003-05-18 00:00:00	9801	华强电子公司
5	5	4201	200	6	2003-05-18 00:00:00	9801	华强电子公司
6	6	3101	70	8	2003-05-19 00:00:00	9801	华强电子公司
7	7	4203	699	3	2003-05-26 00:00:00	9701	华强电子公司

	sum
1	15183

图 6-33 使用 COMPUTE 子句汇总出所有的进货信息及进货总金额

2. COMPUTE BY 子句

COMPUTE BY 子句首先对 BY 后面给出的字段进行分组统计，然后计算出该字段的分组小计。

任务三十五：使用 COMPUTE BY 子句汇总出每个供货商的进货信息及进货总金额。

SQL 语句如下：

```
Use CPMS
SELECT *
FROM Restock
ORDER BY Sup_name
COMPUTE SUM(Res_price)
BY Sup_name
```

执行结果如图 6-34 所示。

6	16	1006	700	9	2003-03-26 00:00:00	9702	京华电子公司
7	17	3104	70	6	2003-06-04 00:00:00	9701	京华电子公司
8	18	6101	135	5	2003-06-05 00:00:00	9701	京华电子公司

	sum
1	7395

	Res_Id	Ware_Id	Res_Price	Res_Number	Res_Date	Res_Person	Sup_Name
1	20	7101	180	2	2003-06-05 00:00:00	9801	兰光电子公司
2	21	4303	625	3	2003-06-12 00:00:00	9801	兰光电子公司
3	22	7103	320	2	2003-06-13 00:00:00	9801	兰光电子公司
4	23	7201	490	13	2003-06-16 00:00:00	9701	兰光电子公司

	sum
1	2125

图 6-34 使用 COMPUTE BY 子句汇总出每个供货商的进货信息及进货总金额

提示：使用 COMPUTE BY 子句，必须使用 ORDER BY 子句对 COMPUTE 中 BY 指定的列进行排序。

3. COMPUTE 及 COMPUTE BY 子句使用时的注意事项

① DISTINCT 不允许同集合函数一起使用，不能包含 text、ntext、image 数据类型。

② COMPUTE 子句中的字段必须在 SELECT 后面的选择字段列表中。

③ SELECT INTO 不能与 COMPUTE 子句一起使用。

④ 若使用 COMPUTE BY，则必须指定 ORDER BY。

⑤ COMPUTE BY 后出现的字段必须与 ORDER BY 后出现的字段相同，或者是它的子集。且必须具有相同的从左到右顺序并且以相同的表达式开头，不能跳过任何表达式。

6.5 生成新表

通过在 SELECT 语句中使用 INTO 子句，可以创建一个新表并将查询结果中的记录添加到该表中。SELECT INTO 关键字的作用是，在查询的基础上创建新表。它可以创建三种类型的新表：局部临时表（以#开头）、全局临时表（以##开头）和永久表。新表的行和列来自查询结果，临时表创建在 TEMPDB 数据库基础之上。

1. SELECT INTO 关键字的语法格式

```
SELECT select_list
[INTO new_table]
[FROM table_source]
[WHERE search_condition]
```

2. 格式说明

① 用户在执行一个带有 INTO 子句的 SELECT 语句时，必须拥有在目标数据库上创建表的权限。

② SELECT…INTO 不能与 COMPUTE 子句一起使用。

3. 将查询结果保存到临时表中

临时表必须以“#”或“##”开头，与临时表相关的信息记录在临时数据库 tempdb 的 sysobjects 表中。临时表由 SQL Server 负责删除。

任务三十六：查询销售单价在 1000 元以上的货物销售信息，并将查询到的结果生成为临时表“#Temp_Price”。

SQL 语句如下：

```
Use CPMS
SELECT *
INTO #Temp_Price
FROM sell
WHERE Sell_Price>1000
```

执行结果如图 6-35 所示。

图 6-35　根据查询结果生成临时表#Temp_Price

4. 将查询结果保存到永久表中

如果要将查询结果保存到一个永久表中，则要事先将目标数据库的 Select Into/bulk Copy 选项设置为 True，否则不允许创建这个永久表。

任务三十七：创建 Wname 永久表，其包含 Work_id 和 Work_name 两个字段，创建成功后显示 Wname 表的所有信息。

SQL 语句如下：

```
Use CPMS
SELECT Work_id,Work_name
INTO Wname
FROM worker
GO
SELECT * FROM Wname
```

执行结果如图 6-36 所示。

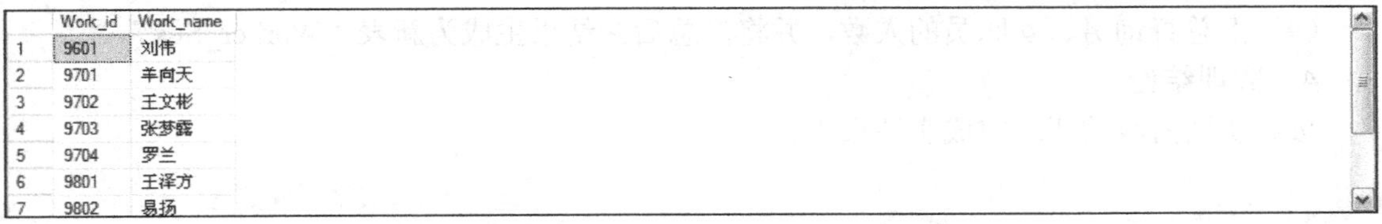

	Work_id	Work_name
1	9601	刘伟
2	9701	羊向天
3	9702	王文彬
4	9703	张梦露
5	9704	罗兰
6	9801	王泽方
7	9802	易扬

图 6-36　根据查询结果生成永久表

本 章 小 结

本章以一个实际的项目“电脑销售管理系统”为例，详细介绍了各种查询子句及关键字的用法，主要包括简单查询、复杂查询、聚合函数查询、汇总查询、多表连接查询及嵌套查询等。读者在实际的数据查询过程中，应能根据要求灵活地运用这些查询来完成各种工作任务和需求。

习　　题

1．LIKE 关键字的匹配符有哪几种？简述每种匹配符的功能。

2．在进行数据查询时 BETWEEN 关键字和 IN 关键字的区别是什么？

3．若要使查询的结果按照由大到小的顺序进行显示，应采用 SELECT 语句的什么关键字和参数？

4．连接查询包括哪几种？

实 时 训 练

1．实训名称

数据查询

2．实训目的

（1）掌握利用 SELECT 语句进行简单查询的方法。

（2）掌握利用 SELECT 语句在多个表之间进行查询，及多个条件的查询方法。

3．实训内容及步骤

（1）查询价格最高的 4 种货物的货号、货名、进货人、进货日期、进货单价。

（2）查询华强电子公司进货单价在 500～800 元之间的货物信息。

（3）能根据用户任意输入的货物名称，查询该货物的货号、货名、进货单价、进货数量、进货日期。

（4）查询进货人为“羊向天”所进货物的所有信息。

（5）能根据用户任意输入的售货人名称，查询该售货人所售货物的货号、货名、售货日期、销售总额及销售利润。

（6）查询货号、货名、规格、进货单价及销售单价。

（7）汇总查询每个进货人的进货信息及其进货的总金额。

（8）利用嵌套查询，查询出销售单价最高的货物的所有信息。

（9）汇总查询男、女职员的人数，并将汇总后的结果生成为新表“Worker_Sex”。

4. 实训结论

按照实训内容的要求完成实训报告。

第 7 章　视图及索引管理

项目讲解

“电脑销售管理系统”项目所采用的数据库名为“CPMS”，该数据库包括 7 个数据表：Users、Worker、Sell、Supplier、Ware、Stock、Restock，现要针对上述 7 个表根据实际工作需求分别创建视图和索引，并能对创建完成的视图和索引进行管理和维护。

学习任务

1. 学习目标

- 熟练掌握视图的分类、创建方法及各种操作方法；
- 熟练掌握索引的创建、管理及维护的各种操作方法。

2. 学习要点

- 查询视图的创建、修改与删除；
- 视图数据的查询、插入、修改与删除；
- 创建、更改、删除索引对象；
- 索引对象的管理及维护。

7.1　创建与管理视图

计算机数据库中的视图是一个虚拟表，其内容由数据库所实施的查询方案所定义。同真实的表一样，视图包含一系列带有名称的列和行数据。但是，视图并不在数据库中以存储的数据值形式存在。行和列数据来自于定义视图的查询所引用的表，并且在引用视图时动态生成。视图作为数据库的对象存在于 SQL Server 服务器中，它可以在服务器上被查看、执行、修改，也可以被客户端应用程序调用。视图不占物理存储空间，它只是一种逻辑对象。

1. 视图的含义

从用户角度来看，一个视图是从一个特定的角度来查看数据库中的数据。从数据库系统内部来看，视图是由一张或多张表中的数据组成的，从数据库系统外部来看，视图就同一张表一样，对表能够进行的一般操作都可以应用于视图，如查询，插入，修改，删除操作等。

确切地说，视图是一个由 SELECT 语句指定，用以检索数据库表中某些行或列数据的语句存储定义。从本质上说，视图其实就是存储在数据库中的查询的 SQL 语句。

视图一经定义便存储在数据库中，与其相对应的数据并没有像表那样又在数据库中再存储一份，通过视图看到的数据只是存放在基本表中的数据。对视图的操作与对表的操作相同，可以对其进行查询、修改（有一定的限制）、删除。

2. 视图的优点

（1）查询的简单性。视图可以简化用户对数据的理解，也可以简化他们的操作。那些在实际操作中经常被重复使用的查询可以被定义为视图，从而使得用户不必为以后的操作每次指定全部的条件。

（2）安全性。通过视图用户只能查询和修改他们所能见到的数据。数据库中的其他数据用户既看不见也取不到。数据库授权命令可以使每个用户对数据库的检索限制到特定的数据库对象上，但不能授权到数据库特定行和特定的列上。通过视图，用户可以被限制在数据的不同子集上。

视图的安全性可以防止未授权用户查看特定的行或列，使用户只能看到表中特定行的方法如下：在表中增加一个标志用户名的列并建立视图，使用户只能看到标有自己用户名的行，把视图授权给其他用户。

（3）逻辑数据独立性。视图可帮助用户屏蔽真实表结构变化带来的影响。

3. 视图的缺点

（1）性能的降低：SQL Server 必须把视图的查询转化成对基本表的查询，如果这个视图是由一个复杂的多表查询所定义，则即使是对视图的一个简单查询，SQL Server 也会把它变成一个复杂的对基本表的连接查询，会产生一定的时间开销。

（2）修改的限制：当用户试图修改视图的某些行时，SQL Server 必须把它转化为对基本表行的修改。对于简单视图来说，这是很方便的，但是，对于比较复杂的视图，可能就是不可修改的。所以，在定义数据库对象时，不能不加选择地来定义视图，应该结合具体情况，权衡视图的优点和缺点，合理地定义、使用视图。

7.1.1 创建查询视图

在数据库中创建了一个或者多个表之后，可以使用视图对象以指定的方式查询一个或者多个表中的数据。视图可以代替表，可以像对表一样进行数据的查询、插入、更新和删除操作，视图也可以用来生成通常用于计算的导出数据。大多数情况下，创建视图与删除的工作是由数据库开发人员来完成的。

任务一：在 CPMS 数据库的 Worker 表上创建一个名为 Worker_view1 的视图，视图的数据包括职位为“业务员”的所有职员信息。

1. 利用对象资源管理器创建

（1）使用 Microsoft SQL Server Management Studio 连接 SQL Server 2008 服务器。

（2）在“对象资源管理器”视图中选择“数据库”→“CPMS”数据库→“视图”，单击鼠标右键，在弹出的快捷菜单中选择“新建视图”命令，打开“添加表”对话框，如图 7-1 所示。

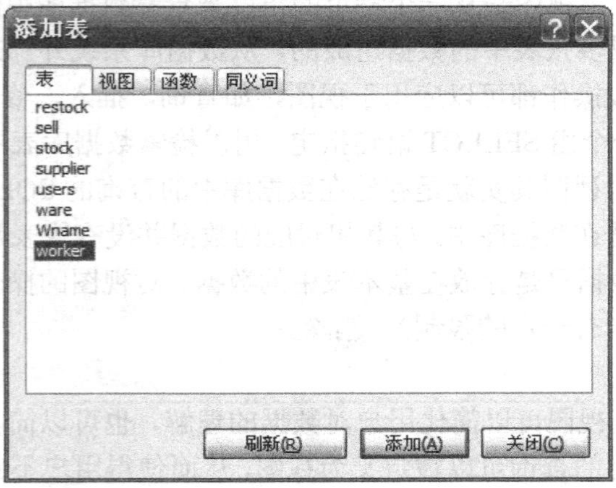

图 7-1 “添加表”对话框

（3）通过“添加表”对话框，添加视图中需要的“Worker”表，然后单击“添加”按钮即可将表添加。添加完成后单击“关闭”按钮，打开设计视图，如图 7-2 所示。

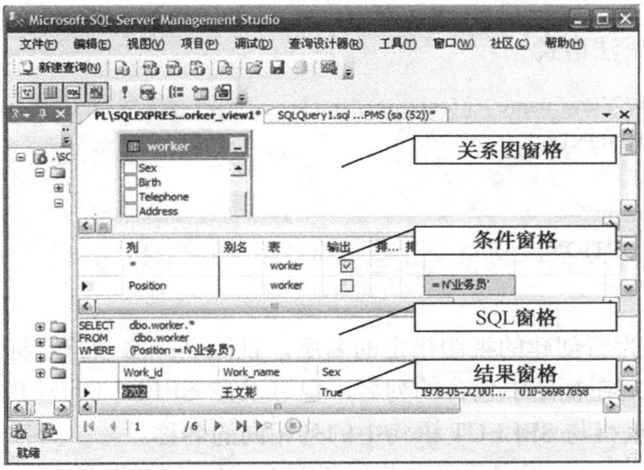

图 7-2　设计视图

- 关系图窗格：显示正在查询的表和其他表值对象。每个矩形代表一个表或表值对象，并显示可用的数据列。用矩形之间的连线来表示。若需要查询结果中显示某个列，只需将该列前面的矩形打上勾即可，本例在*列和 Position 列前面打上勾。
- 条件窗格：包含一个类似于电子表格的网格，在该网格中可以指定相应的选项，例如要显示的数据列、要选择的行、行的分组方式等。本任务题目要求职位为“业务员”，具体操作如 7-3 所示。

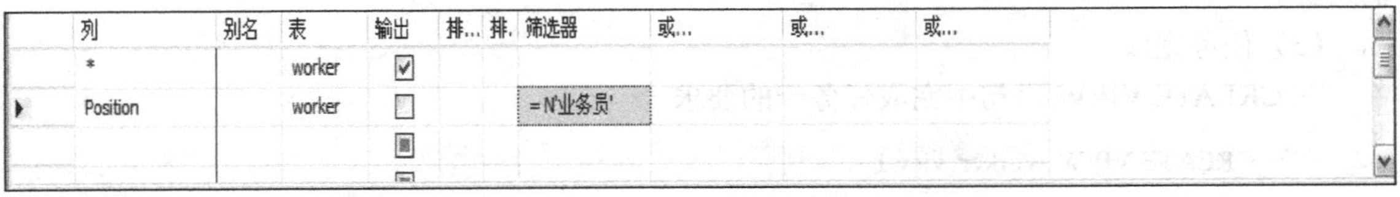

图 7-3　条件窗格

- SQL 窗格：显示查询或视图的 SQL 语句，也可以自行编辑。
- 结果窗格：显示一个网格，用来包含查询或视图检索到的数据。

（4）在关系图窗格中选择视图中需要显示的列，单击工具栏中的按钮，在“选择名称”对话框中输入创建视图的名称，单击“确定”按钮完成视图的创建，如图 7-4 所示。

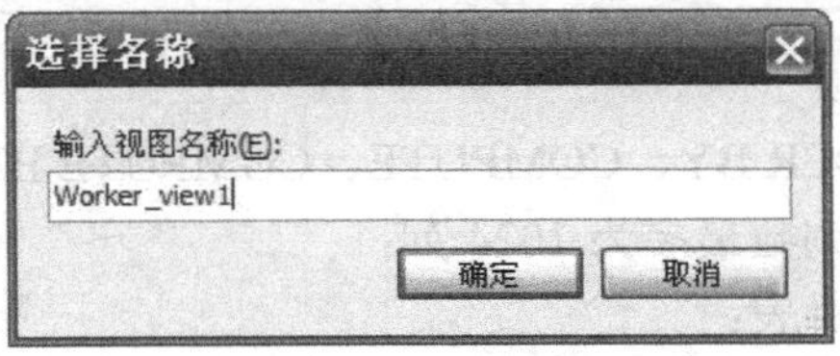

图 7-4　“选择名称”对话框

2. 利用 T-SQL 语句创建

SQL Server 在创建视图时，首先要验证被创建的视图对象名称是否已经在数据库中存在，视图的名称是否合法等。

（1）创建视图的语法格式

```
CREATE VIEW View_name   [ (column_name[ ， …n]) ]
[With ENCRYPTION]
AS
SELECT_statement
[With CHECK OPTION]
```

（2）格式说明

① View_name：为新创建的视图指定的名字，视图名称必须符合标识符规则。

② column_name：在视图中包含的列名，也可以在 SELECT 语句中指定列名。如果未指定列名，则视图列将获得与 SELECT 语句中的列相同的名称。

③ SELECT_statement：指定基表哪些列和哪些满足条件的行能添加进视图的 SELECT 语句。

④ With ENCRYPTION：对视图的定义进行加密；

⑤ With CHECK OPTION：迫使通过视图执行的所有数据修改语句必须符合视图定义中设置的条件。

CREATE VIEW 语句可以为新生成的视图的每一列指定一个列名，如果指定了列名，那么，列名的数目必须和 SELECT 子句列出的列的数目相同，每列的数据类型来自查询中基表中列数据类型的定义。如果在创建视图时，没有指定列名，那么，视图中的列名则直接来自基表中列的名称。

（3）任务完成

在 CREATE VIEW 语句中完成任务一的要求。

```
CREATE VIEW Worker_view1
AS
SELECT * FROM worker
WHERE Position='业务员'
GO
SELECT * FROM Worker_view1
```

提示：如果创建视图中查询语句中包含计算列，那么必须为计算列指定列名。

（4）创建时应注意的事项

- 语句中不能包括 ORDER BY、COMPUTE、COMPUTE BY 字句和 INTO 关键字；
- 创建时参考的基础的列数最多为 1024 列；
- 创建视图不能参考临时表；
- CREATE VIEW 和其他 T-SQL 语句不能同时出现在一个批处理语句中。

3. 视图信息的查看

任务二：查看 Worker_view1 视图的各种信息。

视图建立完成后，可以查看视图的各种信息，包括视图的名称、拥有者、创建日期及脚本等。

（1）查看视图的名称、拥有者及创建日期

```
EXEC SP_HELP Worker_view1
```

（2）查看视图的定义脚本

```
EXEC SP_HELPTEXT Worker_view1
```

7.1.2　修改视图

视图创建成功后，有时会根据实际需要修改视图的脚本，比如，基本表的结构发生了改变，开发者就必须相应地修改视图的定义；用户希望通过视图查询到更多的信息，开发者就必须修改视图的定义等。

任务三：在任务一已定义的 Worker_view1 视图的基础上，将查询的数据信息更改为职位包括“副经理”和“业务员”的所有职员信息。

1. 利用对象资源管理器修改

（1）使用 Microsoft SQL Server Management Studio 连接 SQL Server 2008 服务器。

（2）在“对象资源管理器”视图中选择“数据库”→“CPMS”数据库→“视图”→“Worker_view1”，单击鼠标右键，在弹出的快捷菜单中选择“编写视图脚本为”→“ALTER 到”→“新查询编辑器窗口”命令，打开视图脚本查询编辑器窗口。操作过程如图 7-5 所示。

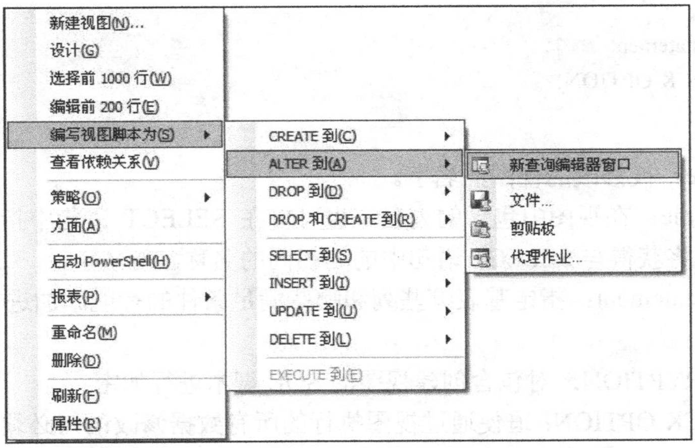

图 7-5　打开视图脚本查询编辑器窗口

（3）在视图脚本查询编辑器窗口中，修改 SELECT 语句中的 WHERE 条件，如图 7-6 所示。

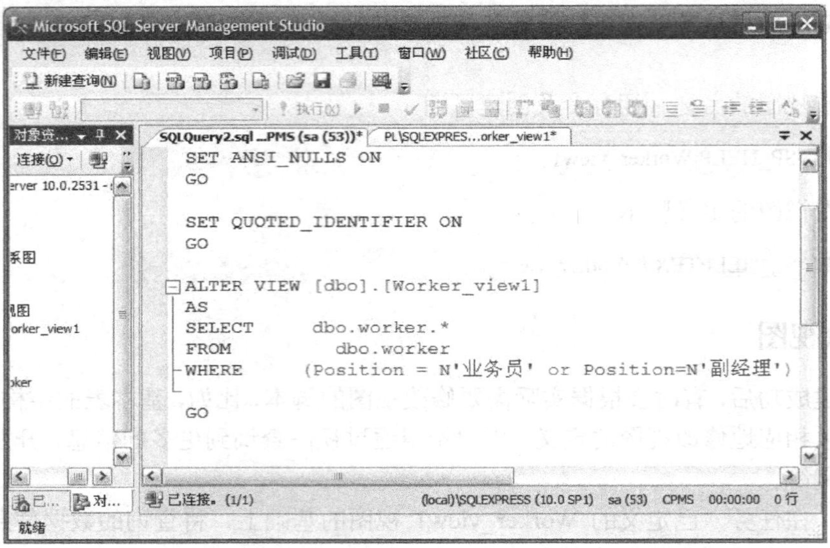

图 7-6 修改视图脚本

（4）修改完成后，单击工具栏中的“执行”按钮，以完成对视图的修改。

2. 利用 T-SQL 语句修改

（1）修改视图的语法格式

```
ALTER VIEW View_name   [ (column_name[ , …n]) ]
[With ENCRYPTION]
AS
SELECT_statement
[With CHECK OPTION]
```

（2）格式说明

① View_name：被修改的视图的名字。

② column_name：在视图中包含的列名，也可以在 SELECT 语句中指定列名。如果未指定列名，则视图列将获得与 SELECT 语句中的列相同的名称。

③ SELECT_statement：指定基表哪些列和哪些满足条件的行能添加进视图的 SELECT 语句。

④ With ENCRYPTION：对包含创建视图的 SQL 脚本进行加密。

⑤ With CHECK OPTION：迫使通过视图执行的所有数据修改语句必须符合视图定义中设置的条件。

从上面可以看出，ALTER VIEW 语句的语法和 CREATE VIEW 语句的语法非常相似。

（3）任务完成

在 ALTER VIEW 语句中完成任务三的要求。

```
ALTER VIEW Worker_view1
AS
SELECT * FROM Worker
WHERE Position=N'业务员' OR Position=N'副经理'
```

（4）注意事项

- 如果要修改视图，必须具有相应的权限，否则，就不能对视图进行修改；
- 如果创建视图时使用了 WITH ENCRYPTION 选项或 WITH CHECK OPTION 选项，在修改视图时也必须使用这些选项。

7.1.3 重命名视图

任务四：将 Worker_view1 视图改名为 Worker_view2。

1. 利用对象资源管理器重命名

（1）使用 Microsoft SQL Server Management Studio 连接 SQL Server 2008 服务器。

（2）在“对象资源管理器”视图中选择“数据库”→“CPMS”数据库→“视图”→“Worker_view1”，单击鼠标右键，在弹出的快捷菜单中选择“重命名”命令，此时“Worker_view1”视图名称被选中，直接输入“Worker_view2”即可完成对视图的重命名。

2. 利用 T-SQL 语句重命名

（1）重命名视图的语法格式

```
SP_RENAME OLD_View_name,NEW_View_name
```

（2）格式说明

① OLD_View_name：被修改的视图的原始名称。

② NEW_View_name：修改后的新视图名称。

（3）任务完成

完成任务四的要求。

```
SP_RENAME Worker_view1,worker_view2
```

7.1.4 删除视图

当不再需要视图时，可以将其删除。删除一个视图，就是删除视图的定义及其赋予的全部权限，而视图对应的基表中的数据并没有被删除。

任务五：删除 Worker_view2 视图。

1. 利用对象资源管理器删除

（1）使用 Microsoft SQL Server Management Studio 连接 SQL Server 2008 服务器。

（2）在“对象资源管理器”视图中选择“数据库”→“CPMS”数据库→“视图”→“Worker_view2”，单击鼠标右键，在弹出的快捷菜单中选择“删除”命令，弹出如图 7-7 所示的“删除对象”窗口，此时单击“确定”按钮即可删除被选中的视图对象。

2. 利用 T-SQL 语句删除

（1）删除视图的语法格式

```
DROP VIEW View_name1, View_name2
```

（2）格式说明

① View_name：被删除的视图的名字。

② 使用 DROP VIEW 语句可以一次删除多个视图。

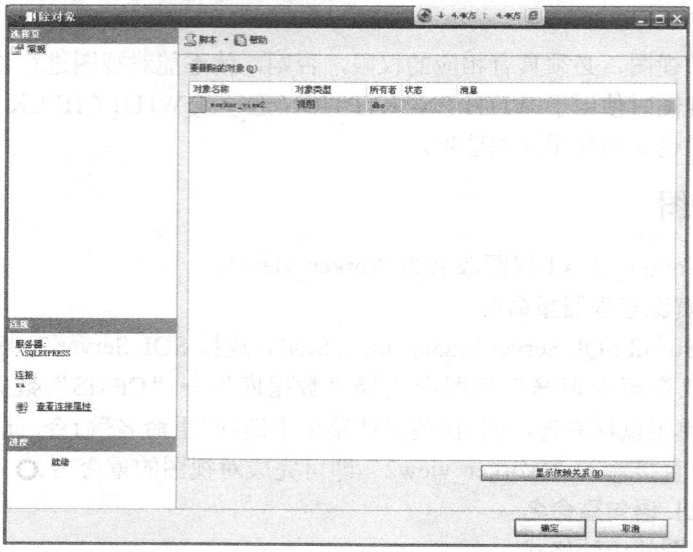

图 7-7　“删除对象”窗口

（3）任务完成

在 DROP VIEW 语句中完成任务五的要求。

```
DROP VIEW Worker_view2
```

7.1.5　查询视图数据

视图创建成功后，可以像操作表中的数据一样，对视图中的数据进行查询、插入、修改以及删除等操作。

任务六：在 CPMS 数据库的 Worker 表上创建一个名为 Worker_view1 的视图，该视图要求包括职员的所有信息。创建成功以后，从视图中查询出职位为“业务员”的职员信息。

SQL 语句如下：

```
CREATE VIEW Worker_view1
AS
SELECT * FROM WORKER
GO
SELECT * FROM Worker_view1
WHERE Position='业务员'GO
```

执行结果如图 7-8 所示。

	Work_id	Work_name	Sex	Birth	Telephone	Address	Position
1	9702	王文彬	1	1978-05-22 00:00:00	010-56987858	紫阳路47号	业务员
2	9704	罗兰	1	1984-04-05 00:00:00	010-23541123	紫阳路8号	业务员
3	9801	王泽方	0	1982-02-03 00:00:00	010-22365478	三环路98号	业务员
4	9802	易扬	0	1985-01-14 00:00:00	010-89654123	紫禁城98号	业务员
5	9803	兰利	0	1984-01-01 00:00:00	010-156984555	紫禁城97号	业务员
6	9821	张平	0	1986-05-04 00:00:00	010-158322331	紫禁城54号	业务员

图 7-8　查询视图数据

提示：视图数据操作的语法形式和表中数据的查询、插入、修改及删除操作几乎完全相同。

7.1.6　插入视图数据

任务七：向视图 Worker_view1 插入一行数据，信息为“9901”、“王方平”、“男”、“1980-03-02”、“010-22665458”、“紫禁城 45 号”、“业务员”。

SQL 语句如下：

```
INSERT INTO Worker_view1
(Work_id,Work_name,Sex,Birth,Telephone,Address,Position)
VALUES('9901','王方平',0,'1980-03-02','010-22665458','紫禁城 45 号','业务员')
GO
```

执行结果如图 7-9 所示。

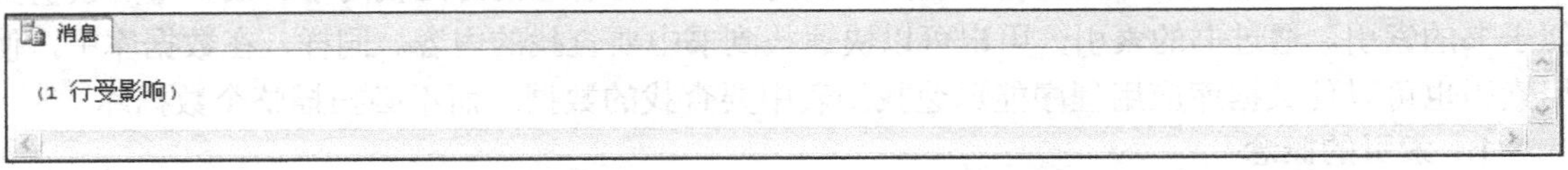

图 7-9　插入视图数据

7.1.7　更新视图数据

任务八：将视图 Worker_view1 中“王方平”的家庭住址改为“紫阳路 45 号”。

SQL 语句如下：

```
UPDATE Worker_view1
SET Address='紫阳路 45 号'
WHERE Work_name='王方平'
GO
```

7.1.8　删除视图数据

任务九：将视图 Worker_view1 中“王方平”的职员信息删除。

SQL 语句如下：

```
DELETE Worker_view1
WHERE Work_name='王方平'
GO
```

修改视图数据的限制如下。

- 无论是视图的创建、修改、删除还是视图数据的查询、插入、更新、删除都必须由具有权限的用户进行操作；
- 对由多个表连接成的视图修改数据时，不能同时影响一个以上的基础表，也不允许删除视图中的数据；
- 对视图上的某些列不能进行修改，这些列是计算值、内置函数和行集合函数；

- 对具有 NOT NULL 的列进行修改时可能会出错。在通过视图修改或插入数据时，必须保证未显示的具有 NOT NULL 属性的列有值，可以是默认、IDENTITY 等，否则不能向视图中插入数据行；
- 如果某些列因为规则或者约束的限制而不能接受从视图插入数据，则插入数据可能会失败；
- 删除基础表并不会删除视图，因此建议采用与表明显不同的名字命名视图。

7.2 创建与管理索引

表创建成功后，就可以开始处理表中的数据了，对于网络型数据库来说，其表中的数据量会比较庞大，如果要找到需要的记录，SQL Server 会花费相当长的时间来对记录进行定位。这时，查询数据的性能就成为折磨人的问题，用户会因为数据查询过程的缓慢而感到困扰。

在这种情况下，数据库就像一个巨大的没有制订索引的书柜，要在其中找到要查找的内容是相当困难的。如果有某种交叉引用工具，找到所需要的信息就会比较简单。数据库的索引类似于书的索引。通过书的索引，用户可以快速找到书中要查找的内容。同样，在数据库中，使用索引也可以使数据库应用程序能迅速找到表中要查找的数据，而不必扫描整个数据库。

1. 索引的概念

索引是一个单独的、物理的数据库结构，它是某个表中一列或若干列值的集合和相应的指向表中物理标识这些值的数据页的逻辑指针清单。

在前面我们学习了表对象，表本质上是一个存储库，主要是用来保存数据以及同数据有关的信息。然而，表的定义并不能保证其中的数据能够被快速获取。因此，需要某种类型的交叉引用，在交叉引用中记录在表中包含了哪些列，这样才可能快速找到要查询的完整信息记录。

例如，如果将一本书看成一个表，那么用于在这本书中快速查找信息的交叉引用，就是这本书的索引。可以在这本书的索引中查找一段信息，即键 （key)。当在索引中找到这一信息的列表时，会发现它同页码相关联，页码也可以看成是指针（pointer)，它指示在哪里可以找到要查找的数据。这就是在 SQL Server 的数据库中索引要做的工作。

使用索引可快速访问数据库表中的特定信息。索引提供指向存储在表的指定列中的数据值的指针，然后根据用户指定的排序顺序对这些指针排序。对创建了索引的表进行的查询几乎是立即响应的，而对未创建索引的表进行的查询，就可以需要较长时间的等待，SQL Server 需要一行一行地去查询，这种扫描所耗费的时间直接和表中的数据量成正比。对于一个具有成千上万行的大型表来说，表的搜索功能可能要花费数分钟或数小时的时间。

2. 索引的优、缺点

（1）优点

- 加速数据检索：索引是一种物理结构，它能够提供以一列或多列的值为关键字迅速查找/存取表中行数据的能力。索引的存在与否对检索、存取表的 SQL Server 用户来说是完全透明的；
- 加快表与表之间的连接：在建立表的连接时需要进行数据检索，建立索引后，其数据检索速度会加快，从而也就加快了表与表之间的连接；
- 在使用 ORDER BY 和 GROUP BY 等子句进行数据检索时，可以减少分组和排序的时间；

- 有利于 SQL Server 对查询进行优化。

在执行查询时，SQL Server 都会对查询进行优化。但是，优化依赖于索引的作用，它决定到底选择哪些索引可以使该查询执行得最快。

（2）缺点

- 创建索引要花费时间和占用存储空间：创建索引需要占用存储空间，同时在建立索引时，会花费时间将数据进行复制以便建立聚集索引，索引建立后，再将旧的未加索引的表数据删除；
- 建立索引加快了数据检索速度，却减慢了数据修改速度：因为每当执行一次数据的插入、删除和更新操作，就要对索引进行维护，而且修改的数据越多，涉及维护索引的开销也就越大。所以，对建立了索引的表执行修改等操作，要比未建立索引的表执行修改操作所花的时间要长。因此，创建索引虽然可以加快数据查询的速度，但是会减慢数据修改的速度。

7.2.1 索引的类型

索引的类型是指在 SQL Server 中存储索引和数据的物理行的方式。SQL Server 主要有两种类型的索引，即聚集索引（Clustered Index）、非聚集索引（Nonclustered Index）。

1. 聚集索引（Clustered Index）

聚集索引定义了数据在表中存储的物理顺序。如果在聚集索引中定义了不止一个列，数据将按照在这些列上所指定的顺序来存储，先按第一列指定的顺序，再按第二列指定的顺序，以此类推。一个表只能定义一个聚集索引。它不可能采用两种不同的物理顺序来存储数据。

例如，在图书馆中，存放着很多书，这些书可以按照作者顺序存放、按照书名顺序存放，也可以按照书的出版社排序存放。现在图书馆中的这些是杂乱存放的，假设在书名列上建立了聚集索引，那么这些书就必须按照书名的顺序重新排放。当图书馆购进一本新书时，管理员会尝试按书名的字母顺序找到一个位置，并将这本书插入到该位置中。这时书架上所有的书都会被移动。如果此时没有足够的空间供图书移动，那么在书架最后位置上的书就会被移动到下一个书架上，依此类推。直到书架上有足够的位置供新书加入。尽管这种移动看上去非常简单，但这的确就是 SQL Server 所做的事情。

在数据被插入时，SQL Server 会将输入的数据，连同索引键值，一同插入到合适位置对应的行中。然后会移动数据，以便保持顺序。但是不要将聚集索引放置到一个会进行大量更新的列上，因为这意味着 SQL Server 会不得不经常改变数据的物理位置，这样会导致过多的处理开销。

由于在聚集索引中包含了表数据本身，与通过非聚集索引提取数据相比，使用聚集索引提取数据时，SQL Server 需要进行的 I/O 操作更少。因此，如果在表中只有一个索引，那么应该确保它是聚集索引。

综合上所述，创建聚集索引时应注意以下几点。

（1）每张表只能有一个聚集索引。

（2）由于聚集索引改变表的物理顺序，所以应先创建聚集索引，然后再创建非聚集索引。

（3）创建索引所需的空间来自用户数据库，而不是 TEMPDB 数据库。

（4）表创建主键后，SQL Server 自动创建聚集索引。

2. 非聚集索引（Nonclustered Index）

与聚集索引不同，非聚集索引并不存储表数据本身。相反，非聚集索引只存储指向表数据的指针，该指针作为索引键的一部分，因此，在一个表中同时可以存在多个非聚集索引。

因为非聚集索引以与基表分开的结构保存（实际上，是以带有聚集索引的表的形式保存，只不过被隐藏起来而无法看见），所以可以在与基表不同的文件组中创建非聚集索引。如果文件组被保存在不同的磁盘上，在查询和提取数据时可以得到性能上的提升，这是因为 SQL Server 可以进行并行的 I/O 操作，从索引和基表中同时提取数据。

在从拥有非聚集索引的表中提取信息时，SQL Server 会在索引中找到相关的行。如果要查询的信息不是索引中所记录信息的一部分，SQL Server 会再使用索引指针中的信息，以提取数据中的相关行。正如你看到的，这至少需要两个 I/O 操作，也可能更多，这依赖于对索引的优化。

在创建非聚集索引时，用来创建索引的信息与表分开放置在不同的位置，因而可以在需要时将其存储在不同的物理磁盘上。

注意索引越多，在往带有索引的行中插入或更新数据时，SQL Server 进行索引修改操作所花费的时间就越多。

综合上所述，创建非聚集索引时应注意以下几点。

（1）创建非聚集索引实际上是创建了一个表的逻辑顺序的对象。

（2）索引包含指向数据页上的行的指针。

（3）一张表可创建多达 249 个非聚集索引。

（4）创建索引时，缺省为非聚集索引。

7.2.2 创建索引

为了加快对数据库中数据的检索速度，数据库中的大多数表都需要创建一个或者多个索引。

任务十：为 CPMS 数据库的 Worker 表创建一个名为 Work_name_index 的非聚集索引，索引关键字为 Work_name，升序，填充因子为 50%。

1. 利用对象资源管理器创建索引

（1）使用 Microsoft SQL Server Management Studio 连接 SQL Server 2008 服务器。

（2）在“对象资源管理器”视图中选择“数据库”→“CPMS”数据库→“Worker”表，单击鼠标右键，在弹出的快捷菜单中选择“设计”命令，打开表属性设置窗口，如图 7-10 所示。

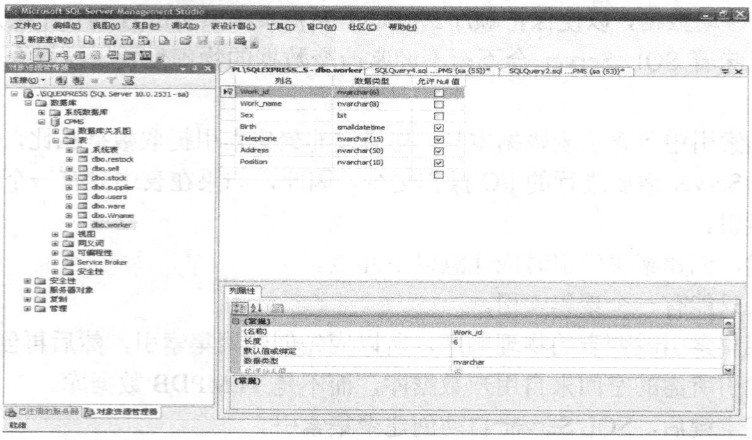

图 7-10　表属性设置窗口

（3）在表属性设置窗口中选择需要设置为主键/索引的列，单击鼠标右键，根据设置要求选择“索引/键”命令，并在弹出的“索引/键”对话框中单击“添加”按钮，以创建一个新的索引。

（4）在新索引窗口中设置列为“Work_name”，标识名称为“work_name_index”，填充因子为“50”，如图 7-11 所示。

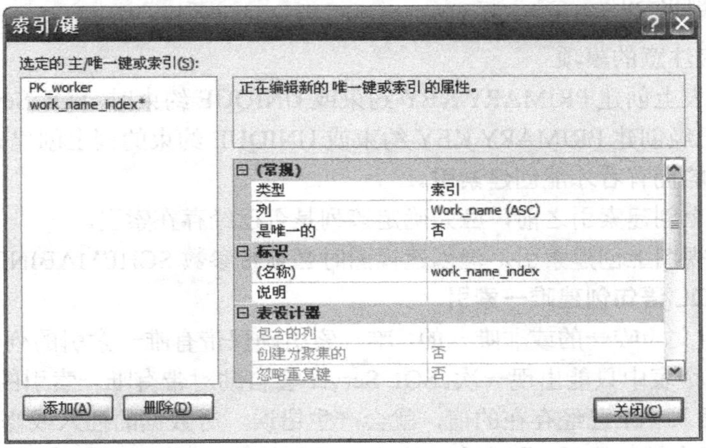

图 7-11 “索引/键”对话框

（5）设置完成以后，单击“关闭”按钮，然后单击工具栏中的按钮，完成索引的创建过程。

2. 利用 T-SQL 语句创建索引

（1）创建视图的语法格式

```
CREATE [UNIQUE] [CLUSTERED|NONCLUSTERED] INDEX index_name
ON table_name（column_name [ASC|DESC]）
[WITH
[PAD_INDEX]
[[,] FILLFACTOR=fillfactor]
[[,] DROP_EXISTING]
]
```

（2）格式说明

① UNIQUE：指定创建的索引是唯一索引。

② CLUSTERED|NONCLUSTERED：指定被创建索引的类型。使用 CLUSTERED 创建的是聚集索引；使用 NONCLUSTERED 创建的是非聚集索引。这两个关键字中只能选择其中的一个。

③ index_name：为新创建的索引指定的名称。

④ column_name：索引中包含的列的名字。

⑤ ASC|DESC：确定某个具体的索引列是升序还是降序排列。默认设置为 ASC 升序。

⑥ PAD_INDEX 和 FILLFACTOR：填充因子，它指定 SQL Server 创建索引的过程中，各索引页的填满程度。

⑦ DROP_EXISTING：删除先前存在的、与创建索引同名的聚集索引或非聚集索引。

（3）任务完成

在 CREATE INDEX 语句中完成任务十的要求。

```
CREATE NONCLUSTERED INDEX Work_name_index
ON Worker(Work_name ASC)
WITH
FILLFACTOR=50
```

（4）创建时应注意的事项

① 当在一个表上创建 PRIMARY KEY 约束或 UNIQUE 约束时，SQL Server 自动创建唯一性索引。不能在已经创建 PRIMARY KEY 约束或 UNIQUE 约束的列上创建索引。

② 必须是表的拥有者才能创建索引。

③ 在一个列上创建索引之前，应先确定该列是否已经存在索引。

④ 也可以在视图上创建索引，但创建视图时必须带参数 SCHEMABINDING。

3. 利用 T-SQL 语句创建唯一索引

索引可以被定义为唯一的或非唯一的。唯一索引确保带有唯一索引的列中所保存的值，包括 NULL 值，在整个表中只能出现一次。SQL Server 会自动对带有唯一索引的列强制其唯一性。如果试图在表中插入一个已经存在的值，就会产生错误，对数据的插入或修改就会失败。

非唯一索引很有效。然而，因为它允许出现重复的值，所以在提取数据的时候，非唯一索引会比唯一索引带来更大的开销。SQL Server 需要检查是否返回了多个项，并同 SQL Server 所知道的唯一索引进行比较，以便在找到第一个行之后停止搜索。

唯一索引的特征如下。

（1）不允许一个表中的两行具有相同的索引值。

（2）可用于实施实体完整性。

（3）在创建主键约束和唯一约束时自动创建唯一索引。

任务十一：为 CPMS 数据库的 Worker 表创建一个名为 Work_id_index 的唯一索引，索引关键字为 Work_id，升序，填充因子为 50%。

SQL 语句如下。

```
CREATE UNIQUE INDEX Work_id_index
ON Worker(Work_id ASC)
WITH
FILLFACTOR=50
```

4. 利用 T-SQL 语句创建复合索引

有些索引列只有一列，而有些索引列由两列或更多列组成。这种由两列或更多列组成的索引被称为“复合索引”。

复合索引的特征如下。

（1）把两列或更多列指定为索引列。

（2）将复合列作为一个整体进行搜索。

（3）创建复合索引中的列序不一定与表定义列序相同。

任务十二：为 CPMS 数据库的 Sell 表创建一个名为 Ware_Work_index 的非聚集复合索引，索引关键字为 Work_id 和 Ware_id，升序，填充因子为 50%。

SQL 语句如下：

```
CREATE NONCLUSTERED INDEX Ware_Work_index
ON Sell(Ware_id ASC,Work_id ASC)
WITH
FILLFACTOR=50
```

创建复合索引应注意以下几点。

（1）查询的 WHERE 子句必须引用复合索引中的第一列，以便让查询优化程序使用该复合索引。

（2）被查询表中需要频繁访问的列应考虑创建复合索引以提高查询性能。

（3）在一个复合索引中索引列最多可组合 16 列。

（4）列的顺序很重要，应首先定义最具唯一性的列。

（5）使用复合索引能增加查询性能，并减少表上创建索引的数量。

7.2.3 管理及维护索引

1. 查看索引

索引创建成功后，可以利用系统存储过程查看表的索引信息。

任务十三：查看 CPMS 数据库中表 Sell 的索引信息。

```
SP_HELPINDEX Sell
```

2. 重命名索引

任务十四：将表 Sell 的索引 Ware_Work_index 重新命名为 Ware_Work_index1。

（1）重命名索引的语法格式

```
SP_RENAME 'table_name.OLD_Index_name ', 'table_name.NEW_Index_name '
```

（2）任务完成

```
SP_RENAME 'Sell.Ware_Work_index','Sell.Ware_Work_index1'
```

> **提示**：重命名索引时，索引名称要以“表名.索引名”的形式给出。

3. 删除索引

任务十五：删除名称为 Ware_Work_index1 的索引。

（1）删除索引的语法格式

```
DROP INDEX table.index [，…n]
```

（2）任务完成

```
DROP INDEX Sell.Ware_Work_index1
```

4. 索引的维护

为了保持索引的性能，在索引创建之后，还需要对索引进行定期的维护。

（1）DBCC SHOWCONTIG 语句

DBCC SHOWCONTIG 显示指定的表的数据和索引的碎片信息。其确定表是否高度碎片化。在对表进行数据修改（INSERT、UPDATE 和 DELETE 语句）的过程中会出现表碎片现象。由于这些修改通常并不在表的行中进行平均分布，所以每页的填满状态会随时间而改变。对于扫描部分或全部表的查询，这些表碎片会导致额外的页读取，这将防碍数据的并行扫描。

任务十六：对 Worker 表中的索引进行扫描，用于显示数据和索引的碎片信息。

（1）语法格式

```
DBCC SHOWCONTIG ({ table_name | table_id | view_name | view_id }
[ , index_name | index_id ])
]
[ WITH { ALL_INDEXES
| FAST [ , ALL_INDEXES ]
| TABLERESULTS [ , { ALL_INDEXES } ]
[ , { FAST | ALL_LEVELS } ]
}]
```

（2）格式说明

① table_name | table_id | view_name | view_id：指要对其碎片信息进行检查的表或视图。如果未指定，则对当前数据库中的所有表和索引视图进行检查。若要获得表或视图 ID，则需要使用 OBJECT_ID 函数。

② index_name | index_id：指要对其碎片信息进行检查的索引。如果未指定，则该语句对指定表或视图的基索引进行处理。若要获得索引 ID，请使用 sysindexes。

③ WITH：指定由 DBCC 语句所返回的信息类型选项。

④ FAST：指定是否要对索引执行快速扫描和输出最少信息。快速扫描不读取索引的页或数据级页。

⑤ TABLERESULTS：将结果显示为带有附加信息的行集。

⑥ ALL_INDEXES：显示指定表和视图的所有索引的结果（即使指定特定的索引）。

⑦ ALL_LEVELS：只能与 TABLERESULTS 选项一起使用。不能与 FAST 选项一起使用。指定是否为所处理的每个索引的每个级别产生输出。如果未指定，将只对索引页级或表数据级进行处理。

（3）任务完成

```
DBCC SHOWCONTIG(Worker)
```

执行结果如图 7-12 所示。

```
消息
DBCC SHOWCONTIG 正在扫描 'worker' 表...
表: 'worker' (69575286); 索引 ID: 1, 数据库 ID: 5
已执行 TABLE 级别的扫描。
- 扫描页数.....................................: 1
- 扫描区数...................................: 1
- 区切换次数...................................: 0
- 每个区的平均页数.............................: 1.0
- 扫描密度 [最佳计数:实际计数].......: 100.00% [1:1]
- 逻辑扫描碎片 ..................: 0.00%
- 区扫描碎片 ..................: 0.00%
- 每页的平均可用字节数.....................: 7360.0
- 平均页密度(满).....................: 9.07%
DBCC 执行完毕。如果 DBCC 输出了错误信息，请与系统管理员联系。
```

图 7-12　DBCC SHOWCONTIG 运行结果

（2）DBCC DBREINDEX 语句

DBCC DBREINDEX 语句用于重建指定数据库中表的一个或多个索引。DBCC DBREINDEX 可以使用一条语句重建表的所有索引，这比对多个 DROP INDEX 和 CREATE INDEX 语句进行编码容易。由于该工作是通过一条语句完成的，所以 DBCC DBREINDEX 自动为原子性，而单个 DROP INDEX 和 CREATE INDEX 语句要成为原子性则必须放在事务中。另外，与使用单个 DROP INDEX 和 CREATE INDEX 语句相比，DBCC DBREINDEX 可以从 DBCC DBREINDEX 的优化性能中更多地获益。

任务十七：重建 Worker 表的索引。

（1）语法格式

```
DBCC DBREINDEX
([ 'database.owner.table_name'
[ , index_name
[ , fillfactor ]] ] )[ WITH NO_INFOMSGS ]
```

（2）格式说明

① database.owner.table_name：是要重建其指定的索引的表名。数据库、所有者和表名必须符合标识符的规则。如果提供 database 或 owner 部分，则必须使用单引号(')将整个 database.owner.table_name 括起来。如果只指定 table_name，则不需要单引号。

② index_name：是要重建的索引名。索引名必须符合标识符的规则。

③ fillfactor：是创建索引时每个索引页上要用于存储数据的空间百分比。fillfactor 替换起始填充因子以作为索引或任何其他重建的非聚集索引（因为已重建聚集索引）的新默认值。如果 fillfactor 为 0，DBCC DBREINDEX 在创建索引时将使用指定的起始 fillfactor。

④ WITH NO_INFOMSGS：禁止显示所有信息性消息（具有从 0 到 10 的严重级别）。

（3）任务完成

```
DBCC DBREINDEX (Worker)
```

本 章 小 结

本章以一个实际的项目“电脑销售管理系统”为例，详细介绍了 SQL Server 2008 中视图及索引的创建、管理及维护的原理及操作过程。读者在实际的数据库开发过程中应能灵活运用这些操作过程及语句代码，以提高自己的数据库对象的操作技能。

习　　题

1．什么是视图？简述使用视图的优缺点。

2．将创建视图的基表从数据库中删除掉，视图也会一并删除吗？

3．修改视图中的数据会受到哪些限制？

4．什么是索引？索引分为哪两种？各有什么特点？

5．哪些列上适合创建索引？哪些列上不适合创建索引？

6．创建 PRIMARY KEY 约束或 UNIQUE 约束时，SQL Server 创建索引了吗？与创建标准索引相比哪个更好？

实 时 训 练

1. 实训名称

视图和索引的创建和管理。

2. 实训目的

（1）理解视图和索引的概念。

（2）掌握创建视图、测试、加密视图的方法。

（3）掌握更改视图的方法。

（4）掌握创建、修改、删除索引的方法。

（5）掌握用视图管理数据库的方法。

3. 实训内容及步骤

（1）创建一个名为 Worker_query_view1 的视图，从数据库 CPMS 的 Worker 表中查询出性别为“男”的所有职员的资料。

（2）创建一个从视图 Worker_query_view1 中查询出职位为“业务员”的职员的视图。

（3）查看 Worker_query_view1 视图的创建信息。

（4）将视图 Worker_query_view1 更名为 Worker_view。

（5）创建一个名为 Sell_view1 的视图，要求能显示销售货号的货物编号、销售日期、销售单价及销售数量。

（6）用 T-SQL 语句为表 Restock 创建一个索引名为 Res_Ware_index 的非聚集复合索引，索引关键字为 Res_id 和 Ware_id，升序，填充因子为 80%。

（7）将 Restock 表的索引文件 Res_Ware_index 更名为 Res_Ware_index1。

（8）将 Restock 表的索引文件 Res_Ware_index1 删除。

4. 实训结论

按照实训内容的要求完成实训报告。

第 8 章　存储过程管理

🗀项目讲解

数据库管理者为了保证数据的安全性，很多时候不会把表名及表结构直接给开发者。当开发者需要操作数据库时，数据库管理者会给出能完成特定功能的存储过程来实现开发者的操作需求。同时，存储过程类似于其他编程语言里面的函数，可以把对数据库的一系列操作封装起来，实现一个特定的功能。在“电脑销售管理系统”项目中，我们可以把所有对数据库的操作都封装成存储过程，在保证数据安全性的同时，提高开发效率。

🕮学习任务

1. 学习目标

- 理解存储过程的概念；
- 了解存储过程的优点；
- 掌握常见的系统存储过程；
- 掌握创建和使用存储过程的方法。

2. 学习要点

- 系统存储过程；
- 不带参数与带参数存储过程；
- 执行系统与自定义存储过程。

8.1 存储过程的基本概念

8.1.1 存储过程的定义

存储过程是一系列预先编辑好的、能实现特定数据操作功能的 SQL 代码集，它与特定的数据库相关联，存储在 SQL Server 服务器上。用户可以像使用函数一样重复调用这些存储过程，用于实现它所定义的操作。

存储过程中可以包含逻辑控制语句和数据操纵语句，它可以接受输入参数、输出参数、返回单个或多个结果集。

由于存储过程在创建时即在数据库服务器上进行了编译并存储在数据库中，所以存储过程的执行速度要比单个 SQL 语句更快。由于调用存储过程只需要提供存储过程名和必要的参数信息，所以在一定程度上也可以减少网络流量，降低网络负担，同时保证数据库的安全性。

存储过程分为三类：系统存储过程、用户定义的存储过程和扩展存储过程。

（1）系统存储过程

系统存储过程是指安装 SQL Server 时由系统创建的存储过程。系统存储过程存储在 master 数据库中，其前缀为 sp_。系统存储过程主要用于从系统表中获取信息，也为系统管理员和有权限的用户提供更新系统表的途径。它们大部分可以在用户数据库中使用。

（2）扩展存储过程

扩展存储过程是对动态链接库（DLL）函数的调用，其前缀为 xp_。它允许用户使用 DLL 访问 SQL Server，用户可以使用编程语言（诸如 C 或 C++等）创建自己的扩展存储过程。

（3）用户定义的存储过程

用户定义的存储过程即用户为完成某一特定功能而编写的存储过程。

8.1.2　存储过程的优点

存储过程是一种封装重复任务操作的方法，它支持用户提供的参数，可以返回、修改值，允许用户使用相同的代码，完成相同的数据库操作。它提供了一种集中且一致的实现数据完整性的逻辑方法。存储过程用于实现频繁使用的查询、业务规则和被其他过程使用的公共例行程序。存储过程具有以下优点。

（1）存储过程提供了处理复杂任务的能力

存储过程提供了许多标准 SQL 语言所没有的高级特性，它通过传递参数和执行逻辑表达式，能够使用十分简单的 SQL 语句处理复杂任务。

（2）增强代码的重用性和共享性

每一个存储过程都是为了实现一个特定的功能而编写的模块，模块可以在系统中重复地调用，也可以被多个有访问权限的用户访问。所以，存储过程可以增强代码的重用性和共享性，加快应用系统的开发速度，减少工作量，提高开发的质量和效率。

（3）减少网络数据流量

存储过程是与数据库一起存放在服务器中并在服务器上运行的。应用系统调用存储过程时，只有触发执行存储过程的命令和执行结束返回的结果在网络中传输。客户端不需要将数据库中的数据通过网络传输到本地进行计算，再将计算结果通过网络传输到服务器。所以，使用存储过程可以减少网络数据流量。

（4）加快系统运行速度

第一次执行后的存储过程会在缓冲区中创建查询树，第二次执行时就不用进行预编译，从而加快了系统运行速度。另外，由于存储过程是在服务器上运行的，分担了客户端的数据处理工作，也加快了应用系统的处理速度。

（5）加强系统安全性

SQL Server 可以不授予用户某些表、视图的访问权限，但授予用户执行存储过程的权限，通过存储过程来对这些表或视图进行访问操作。这样，既可以保证用户能够操作数据库中的数据，又可以保证用户不能直接访问与存储过程相关的表，从而保证表中数据的安全性。

8.1.3　系统存储过程

系统存储过程就是系统创建的存储过程，目的在于能够方便地从系统表中查询信息或完成与更新数据库表相关的管理任务或其他的系统管理任务。系统存储过程主要存储在 master 数据库中，并以“sp_”为前缀，并且系统存储过程主要是从系统表中获取信息，从而为系统管理员管理 SQL Server 提供支持。通过调用系统存储过程，SQL Server 中的许多管理性或信息性的活动（如了解数据库对象、数据库信息）都可以被顺利、有效地完成。尽管这些存储过程被放在 master 数据库中，但仍然可以在其他数据库中对其进行调用，在调用时不必在存储过程名前加上数据库名，而且当创建一个新数据库时，一些系统存储过程会在新数据库中被自动创建。

常用的系统存储过程如表 8-1 所示。

表 8-1　常用的系统存储过程

系统存储过程	说　明
sp_databases	列出服务器上的所有数据库
sp_tables	返回可以在当前环境中查询的对象列表
sp_columns	返回当前环境中可以查询的指定表或视图的列信息
sp_helpindex	报告有关表或视图上的索引的信息
sp_helpconstraint	返回某个表的约束
sp_stored_procedures	返回当前环境中的存储过程列表
sp_helptext	显示用于在多行中创建对象的定义
sp_helpdb	报告有关指定数据库或所有数据库的信息
sp_defaultdb	更改 Microsoft SQL Server 登录名的默认数据库
sp_renamedb	更改数据库名称
sp_rename	在当前数据库中更改用户创建的对象的名称，此对象可以是表、索引、列

常用的系统存储过程的用法示例：

```
EXEC sp_databases --查看数据库信息
EXEC sp_tables --查看表信息
USE cpms --设置活动数据库
EXEC sp_helpindex stock --查看表 stock 的索引
EXEC sp_helpconstraint stock --查看表 stock 的约束
EXEC sp_stored_procedures --查看当前数据库的存储过程列表
EXEC sp_helptext 'sp_helptext' --查看系统存储过程 sp_helptext 的定义
```

在系统存储过程中还有一些常规扩展存储过程，其中有一个常用的存储过程：xp_cmdshell，它可以完成 DOS 命令下的一些操作，如创建、删除文件夹，列出文件列表等操作。我们在用 CREATE DATABASE 创建数据库时要指定数据库文件存放的目录，如果指定的目录不存在，在执行时则会报错。此时我们就可以直接在查询文本窗口中使用扩展存储过程 xp_cmdshell 创建一个目录，而不必回到 Window 窗口中去创建。

语法：

```
xp_cmdshell { 'command_string' } [, no_output]
```

其中，command_string 为命令字符串，no_output 为可选参数，设置执行命令后是否输出返回信息。

示例：

```
--xp_cmdshell
USE master
GO
EXEC xp_cmdshell 'md d:\Back',NO_OUTPUT    --执行扩展存储过程
/*如果数据库已经存在，则删除*/
```

```
IF EXISTS(SELECT * FROM sysdatabases WHERE NAME='CPMS')
DROP DATABASE CPMS
GO
/*创建数据库*/
CREATE DATABASE CPMS
ON(
NAME='CPMS',
FILENAME='d:\Back\CPMS.mdf'
)
LOG ON(
NAME='CPMS_log',
FILENAME='d:\Back\CPMS.ldf'
)
GO
EXEC xp_cmdshell 'dir d:\Back\'   --执行扩展存储过程
```

输出结果如图 8-1 所示。

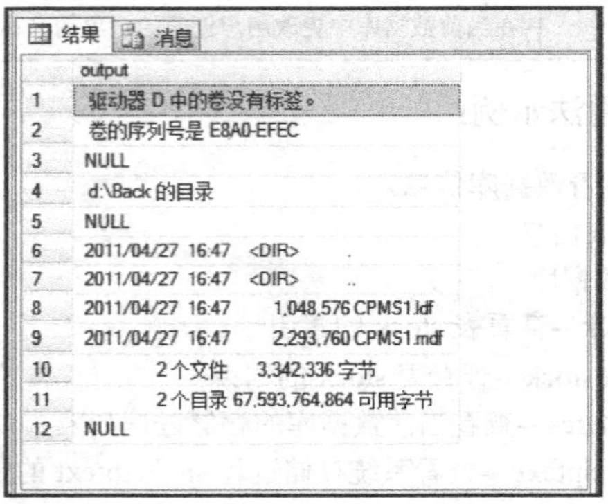

图 8-1　xp_cmdshell 的执行结果

8.2　存储过程的创建

在 SQL Server 2008 中创建存储过程有两种方法：一种方法是在 SQL Server Management Studio 中创建，另一种方法是在 SQL 查询窗口中编写创建存储过程的代码。

任务一：在 SQL Server Management Studio 中创建存储过程。

（1）使用 SQL Server Management Studio 连接 SQL Server 2008 服务器。

（2）在“对象资源管理器”视图中选择“数据库”选项，然后选择“CPMS”数据库，接着选择“可编程性”选项，最后在“存储过程”选项上单击鼠标右键，在弹出的快捷菜单中选择“新建存储过程”命令，如图 8-2 所示。

（3）在右边的查询窗口中编辑存储过程代码即可完成存储过程的创建。

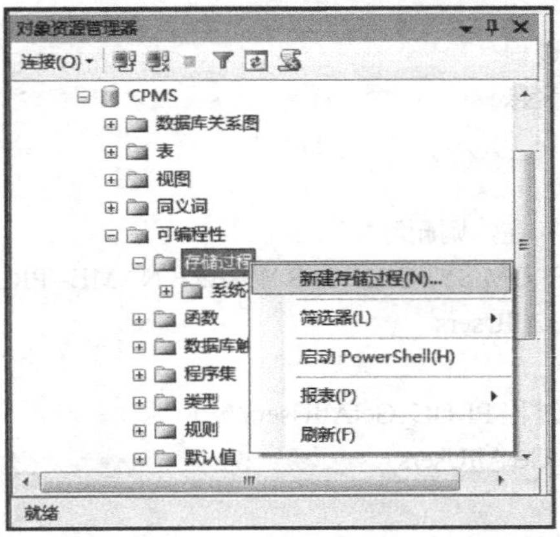

图 8-2　选择“新建存储过程”命令

任务二：使用 T-SQL 语句创建存储过程。

1. 创建存储过程的 T-SQL 语法

创建存储过程的 T-SQL 语法形式如下。

```
CREATE  {PROC|PROCEDURE}  存储过程名
[{@参数 1 数据类型} [=默认值] [OUTPUT],
……,
{@参数 n 数据类型} [=默认值] [OUTPUT]
]
[WITH { RECOMPILE|ENCRYPTION| RECOMPILE,ENCRYPTION }]
AS
SQL 语句
```

在以上语法形式中，存储过程名和 SQL 语句是必须要的参数。OUTPUT 指定该参数是否是输出参数。WITH RECOMPILE 为重编译选项，ENCRYPTION 为加密选项。

2. 创建步骤

一般来说，创建一个存储过程应按照以下步骤进行。

（1）编写 SQL 语句。

（2）测试 SQL 语句是否正确，并能实现功能要求。

（3）若得到的结果数据符合预期要求，则按照存储过程的语法，创建该存储过程。

（4）执行该存储过程，验证其正确性。

> **注意：**每个存储过程应该完成一项单独的工作。为了防止别人查看到自己所编写的存储过程的脚本，创建存储过程时可以使用参数 WITH ENCRYPTION。一般存储过程都是在服务器上创建和测试，在客户端上使用时，还应进行测试。

8.2.1　创建不带参数的存储过程

和 Java 语言中的方法相同，存储过程可以不带参数，也可以带参数。这里先看不带参数的存储过程怎样实现。

示例：获取所有用户信息。

```
--创建不带参数的存储过程
--查询所有用户的详细信息
USE CPMS
GO
/*如果该存储过程已经存在，则删除*/
IF EXISTS(SELECT * FROM SYSOBJECTS WHERE NAME='PROC_GetAllUsers')
DROP PROC PROC_GetAllUsers
GO
/*创建不带参数的存储过程 PROC_GetAllUsers */
CREATE PROC PROC_GetAllUsers
AS
     SELECT * FROM Users
GO

EXEC PROC_GetAllUsers      --执行不带参数的存储过程
EXECUTE PROC_GetAllUsers   --执行不带参数的存储过程
```

示例运行结果如图 8-3 所示。

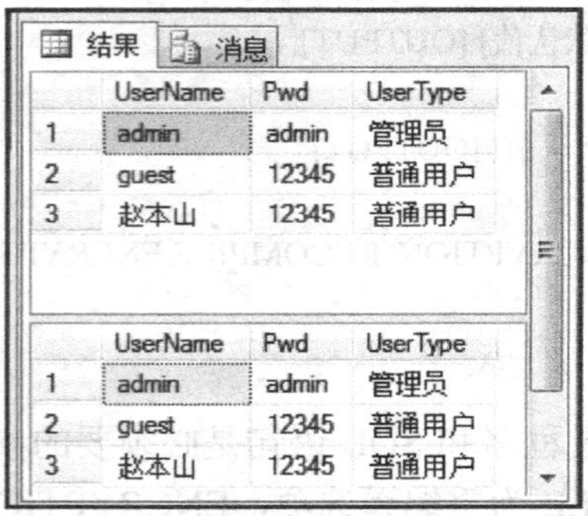

图 8-3 运行结果

8.2.2 创建带输入参数的存储过程

在实际项目中，存储过程也和方法一样，并不是所有的存储过程都不需要参数，很多情况下也需要用户输入相应的参数来帮助存储过程完成其功能。

在 Java 中，调用带参数的方法时，需要传递实际参数值给形式参数。例如，调用比较两个整数大小的方法 int compare（int first，int second），比较 10 和 20 的大小，则调用形式为 temp=compare（10,20），方法 compare 的返回值赋给变量 temp。存储过程中的参数与此类似。

输入参数是指由调用程序向存储过程传递的参数。它们在创建存储过程的语句中被定义，其参数值在执行该存储过程时由调用该存储过程的语句给出。具体语法如下：

@参数名 参数类型 [=默认值]

说明：参数名必须以@作为前缀。参数类型可以是系统提供的数据类型，也可以是用户自定义的数据类型。

示例：根据用户名，获取用户信息。

```
--创建带输入参数的存储过程
--根据用户名，获取用户的详细信息
USE CPMS
GO
/*如果该存储过程已经存在，则删除*/
IF EXISTS(SELECT * FROM SYSOBJECTS WHERE NAME='PROC_GetUserByUserName')
DROP PROC PROC_GetUserByUserName
GO

/*创建带输入参数的存储过程 PROC_GetUserByUserName */
CREATE PROC PROC_GetUserByUserName
@UserName NVARCHAR(20)
AS
     SELECT * FROM Users WHERE UserName=@UserName
GO

EXECUTE PROC_GetUserByUserName 'admin' --执行带输入参数的存储过程
```

运行结果如图 8-4 所示。

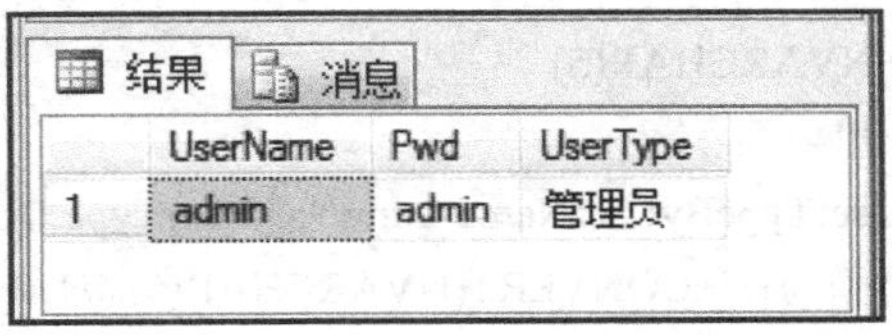

图 8-4　运行结果

> **注意**：参数有默认值的存储过程，调用该存储过程时，可以不给该参数传值，也可以给该参数传值。

8.2.3　创建带输出参数的存储过程

存储过程是不能直接返回任何数据的，除了数据集。

但如果希望调用存储过程后，返回一个或者多个值，就需要用到输出参数。

通过在创建存储过程的语句中定义输出参数，可以创建带输出参数的存储过程。执行该存储过程，可以返回一个或多个值。具体语法如下：

```
@参数名　参数类型 [=默认值]　OUTPUT
```

说明：参数名必须以@作为前缀。参数类型可以是系统提供的数据类型，也可以是用户自定义的数据类型。OUTPUT 指明参数是一个输出参数。这是一个保留字，输出参数必须位于所有输入参数之后。返回值是当存储过程执行完成时参数的当前值。为了保存这个返回值，在调用该存储过程时 SQL 调用脚本必须使用 OUTPUT 关键字。

示例：根据用户名查找用户类型。

```
--创建带输出参数的存储过程
```

```
--根据用户名查找用户类型
USE CPMS
GO
/*如果存储过程已经存在，则删除*/
IF EXISTS(SELECT * FROM SYSOBJECTS WHERE NAME='PROC_GetUserTypeByUserName')
DROP PROC PROC_GetUserTypeByUserName
GO

/*创建带输出参数的存储过程 PROC_GetUserTypeByUserName*/
CREATE PROC PROC_GetUserTypeByUserName
@UserName NVARCHAR(20),
@UserType NVARCHAR(5) OUTPUT
AS
    PRINT '用户类型初始值为：'+CONVERT(NVARCHAR(5),@UserType)
    SELECT @UserType=UserType FROM Users WHERE UserName=@UserName
GO

--调用该存储过程
DECLARE @UserType NVARCHAR(5)
SET @UserType='初始值'
EXECUTE PROC_GetUserTypeByUserName 'admin',@UserType OUTPUT
PRINT 'admin 的用户类型为：'+CONVERT(NVARCHAR(5),@UserType)
```

运行结果如图 8-5 所示。

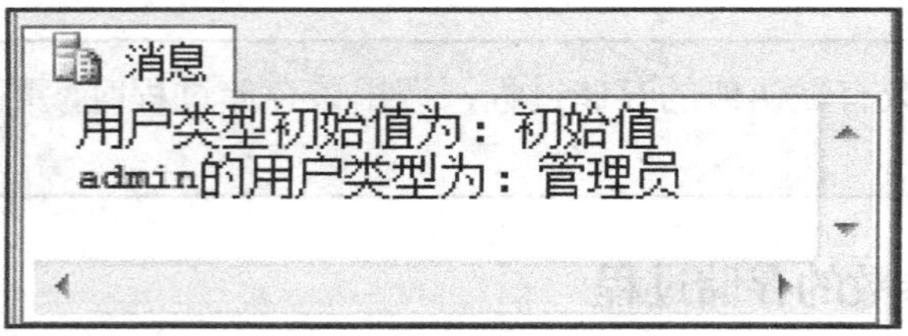

图 8-5　运行结果

注意：在调用带输出参数的存储过程时，应注意以下几点。

- 输出参数必须使用变量；
- 如果要获得输出参数的值，那么在调用时，也必须说明该参数为输出参数；
- 输出参数同时也是输入参数，调用时，也可以给参数赋值。

8.3 管理存储过程

8.3.1 执行存储过程

在 SQL Server 2008 中执行存储过程有两种方法：一种方法是在 SQL Server Management Studio 中执行，另一种方法是在 SQL 查询窗口中编写执行存储过程的代码。

任务三：在 SQL Server Management Studio 中执行存储过程。

（1）使用 SQL Server Management Studio 连接 SQL Server 2008 服务器。

（2）在“对象资源管理器”视图中选择“数据库”选项，然后选择“CPMS”数据库，接着选择“可编程性”选项，最后在“存储过程”选项上单击鼠标右键，在弹出的快捷菜单中选择“执行存储过程”命令，如图 8-6 所示。

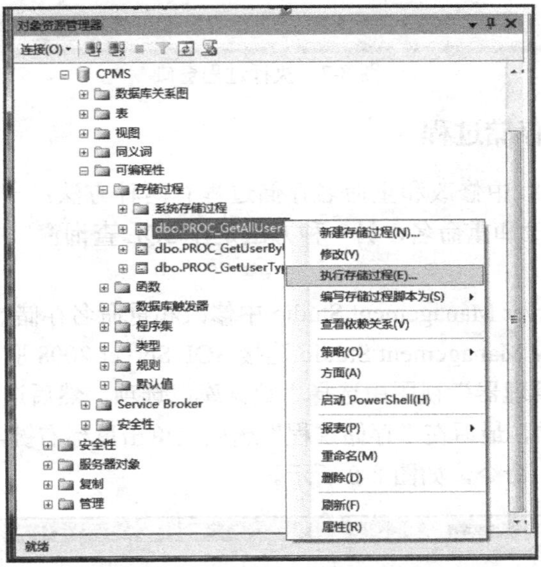

图 8-6 选择“执行存储过程”命令

（3）在弹出的执行过程窗口中输入必要参数，如果没有参数，则不必输入，然后单击“确定”按钮，执行存储过程，如图 8-7 所示。

任务四：使用 T-SQL 语句执行存储过程。

执行存储过程的 T-SQL 语法如下。

（1）执行不带参数的存储过程

```
EXEC|EXECUTE 存储过程名
```

（2）执行带输入参数的存储过程

```
EXEC|EXECUTE 存储过程名 [参数 1,参数 2…,参数 n]
```

（3）执行带输出参数的存储过程

```
EXEC|EXECUTE 存储过程名 [参数 1,参数 2…,参数 n],[输出参数]
```

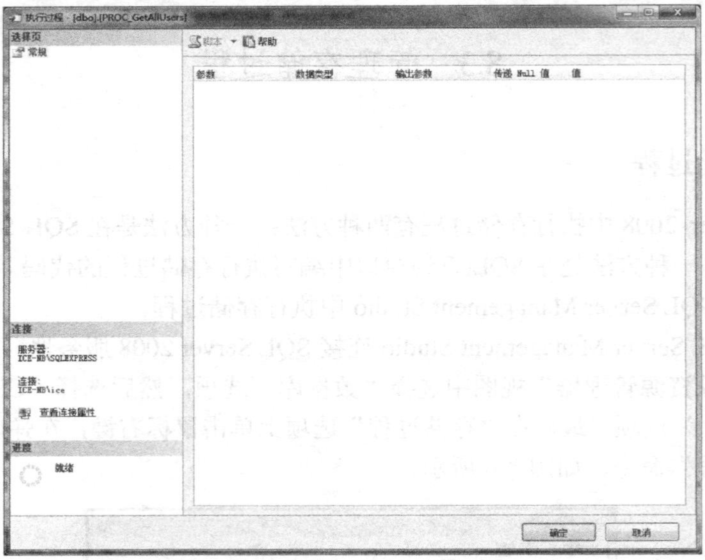

图 8-7　执行过程窗口

8.3.2　修改和重命名存储过程

在 SQL Server 2008 中修改和重命名存储过程有两种方法：一种方法是在 SQL Server Management Studio 中修改和重命名，另一种方法是在 SQL 查询窗口中编写修改和重命名存储过程的代码。

任务五：在 SQL Server Management Studio 中修改和重命名存储过程。

（1）使用 SQL Server Management Studio 连接 SQL Server 2008 服务器。

（2）在“对象资源管理器”视图中选择“数据库”选项，然后选择“CPMS”数据库，接着选择“可编程性”选项，最后在“存储过程”选项上单击鼠标右键，在弹出的快捷菜单中选择“修改”或“重命名”命令，如图 8-8 所示。

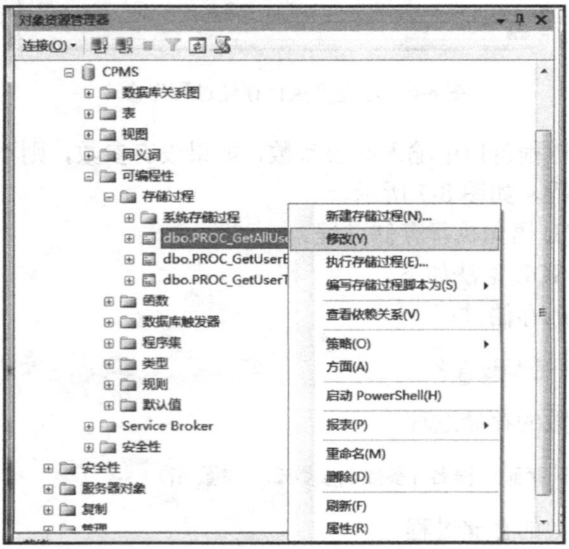

图 8-8　选择“修改”或“重命名”命令

（3）在右边的查询窗口中编辑存储过程代码即可完成修改存储过程的任务。

任务六：使用 T-SQL 语句修改和重命名存储过程。

T-SQL 中提供了 ALTER PROCEDURE 语句来更改已经创建的存储过程，它不会更改权限，也不影响相关的存储过程或触发器。它的语法格式如下。

```
ALTER {PROC|PROCEDURE} 存储过程名
[{@参数 1 数据类型} [=默认值] [OUTPUT],
……,
{@参数 n 数据类型} [=默认值] [OUTPUT]
]
[WITH { RECOMPILE|ENCRYPTION| RECOMPILE,ENCRYPTION }]
AS
SQL 语句
```

其中的参数与创建存储过程的语法相同，请参看该语句的说明。

8.3.3 删除存储过程

在 SQL Server 2008 中删除存储过程有两种方法：一种方法是在 SQL Server Management Studio 中删除，另一种方法是在 SQL 查询窗口中编写删除存储过程的代码。

任务七：在 SQL Server Management Studio 中删除存储过程。

（1）使用 SQL Server Management Studio 连接 SQL Server 2008 服务器。

（2）在“对象资源管理器”视图中选择“数据库”选项，然后选择“CPMS”数据库，接着选择“可编程性”选项，最后在“存储过程”选项上单击鼠标右键，在弹出的快捷菜单中选择“删除”命令，如图 8-9 所示。

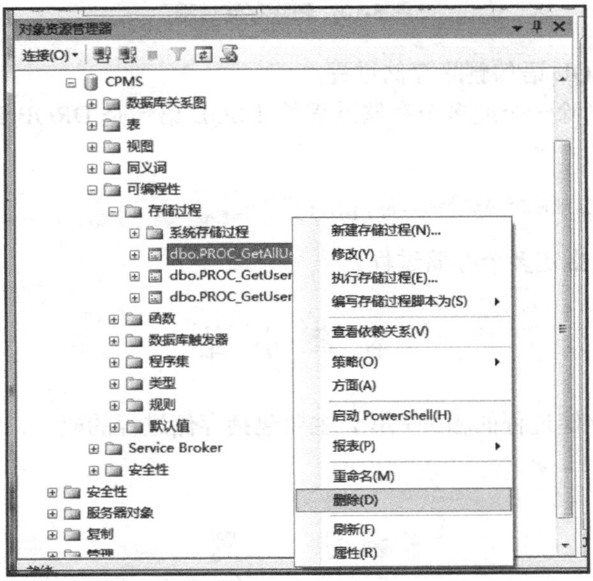

图 8-9 删除存储过程

（3）在弹出的“删除对象”对话框中单击“确定”按钮，确认删除存储过程，如图 8-10 所示。

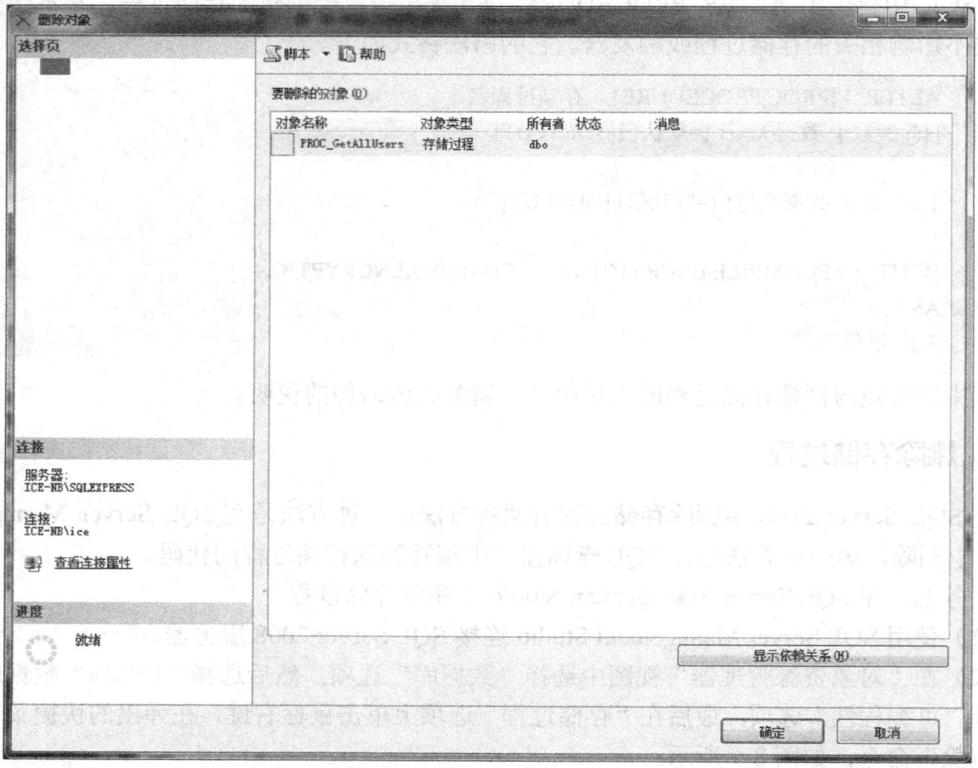

图 8-10　删除存储过程

任务八：使用 T-SQL 语句删除存储过程。

从当前数据库中删除一个或多个存储过程的 T-SQL 语句是 DROP PROCEDURE。具体语法如下。

```
DROP PROCEDURE {存储过程名称} [,… n]
```

其中，n 表示可以指定多个存储过程。

本 章 小 结

本章介绍了管理存储过程的相关知识，主要包括存储过程的概念，优点及分类，创建和管理存储过程等。

习　　题

1．系统存储过程以（　　）为前缀。

A．@@　　B．@　　C．sp_　　D. up_

2．系统存储过程主要存储在（　　）数据库中。

A．tempdb　　B．master　　C．model　　D．msdb

3．定义存储过程中的输出参数时，要在参数后使用（　　）关键字。

A．DEFAULT　　B．OUTPUT

C．INPUT　　D．WITH

4．在调用存储过程时，输入参数和输出参数的写法一样。这种说法对吗？（　　）

A．对　　B．错

5．系统存储过程 sp_helptext 的作用是（　　）

A．查看帮助

B．查看权限

C．查看创建对象的定义

6．什么是存储过程？存储过程分为哪几类？使用存储过程有什么好处？

7．修改存储过程有哪几种方法？

8．创建显示所有库存信息（stock 表）的存储过程。

实 时 训 练

1．实训名称

存储过程的使用。

2．实训目的

（1）熟练掌握常用系统过程的使用方法。

（2）掌握创建各类存储过程的方法。

（3）掌握调用、删除、修改存储过程的方法。

3．实训内容及步骤

（1）使用常用系统存储过程。

要求：在 D:\下创建一个文件夹 MyDB，在 MyDB 中创建一个数据库 CPMS，在数据库 CPMS 中创建表 User（创建相应的索引）

分析：首先创建文件夹，使用 xp_cmdshell 扩展存储过程，然后使用 SQL 语句创建数据库、表，创建完毕后使用系统存储过程 sp_helpINDEX 查看表的索引。

（2）使用存储过程向 User 表中插入数据。

要求：在上面的任务中，已经创建了数据库 CPMS 和表 User，现在向表 User 中插入数据。

分析：首先创建一个存储过程，功能是向表 User 中插入数据，然后通过调用存储过程实现插入数据的操作。

思考一：系统存储过程与用户定义的存储过程有什么区别？

（3）创建带默认值的存储过程。

要求：编写一个带默认值的存储过程。如果输入用户名，存在则显示用户的详细信息，不存在则显示“xxx 用户不存在”；如果没有输入参数，则显示所有用户的详细信息。

分析：

- 设定参数默认值为“*”，在存储过程中判断是否是“*”，如果是则显示所有用户的信息。
- 判断查询的记录数是否为 0，如果是则输出“xxx 用户不存在”，否则输出用户信息。

思考二：默认参数怎样设定？

4. 实训结论

按照实训内容的要求完成实训报告。

第 9 章　触发器和游标的管理

项目讲解

在“电脑销售管理系统”项目中，对数据库表进行约束设置时，存在这样一种约束，即对某张表进行增、删、改操作时，希望能同时更改其他某张表的信息。这个操作类似于约束且是自动执行的。另外，对表进行查询时，往往不需要对整张表进行处理，而只需要处理部分数据，这部分数据是我们对整张表记录进行处理后的结果。

学习任务

1. 学习目标

- 掌握触发器的概念及工作原理；
- 掌握 AFTER 与 INSTEAD OF 触发器的创建及其差异；
- 掌握游标的基本操作及应用。

2. 学习要点

- AFTER 触发器（INSERT 触发器、DELETE 触发器、UPDATE 触发器）的使用；
- INSTEAD OF 触发器的使用；
- 游标的创建和执行流程。

9.1　触发器

在电脑销售管理系统中，当销售一件商品后，我们应在 Sell 表（销售表）中插入一条记录，同时我们希望 Stock 表（库存表）中该商品的 Sale_Num（卖出数量）字段与 Stock_Num（库存数量）字段的值立即自动发生相应改变，这时仅利用我们前面学过的知识是无法做到的。要解决这个问题，就需要学习触发器的知识。

9.1.1　触发器的基本概念

1. 触发器

触发器(Trigger)是一种实施复杂数据完整性的特殊存储过程，在对表或视图执行 INSERT、UPDATE 或 DELETE 语句时自动触发执行，以防止对数据进行不正确、未授权或不一致的修改。触发器是与表紧密联系在一起的，是在特定表上进行定义的，这个特定表也被称为触发器表。触发器和一般的存储过程又有一些不同，它不可以像调用存储过程一样由用户直接调用执行。同时，它还具有事务处理的特性，当上面三种执行语句失败时，触发器会取消已经执行的操作，保证数据的完整性，即事务回滚。

2. 触发器的分类

在 SQL Server 2008 中，触发器可以分为 DML 触发器和 DDL 触发器两大类。其中，DDL 触发器会为响应多种数据定义语句（DDL）而激发，这些语句主要是以 CREATE、ALTER 和 DROP 开头的语句。另一大类则是 DML 触发器。DML 触发器可以分为以下两小类。

（1）AFTER 触发器

包括 INSERT 触发器、UPDATE 触发器、DELETE 触发器。

（2）INSTEAD OF 触发器

AFTER 触发器和 INSTEAD OF 触发器不同的是，AFTER 触发器要求只有执行某一操作（INSERT、UPDATE、DELETE）之后触发器才被触发，且只能在表上定义；而 INSTEAD OF 触发器并不执行其所定义的操作（INSERT、UPDATE、DELETE）而仅是执行触发器本身的内容。用户既可以在表上定义 INSTEAD OF 触发器，也可以在视图上定义 INSTEAD OF 触发器。

3. 触发器的工作原理

根据对触发器表操作类型的不同，SQL Server 为执行的触发器创建一个或两个专用的临时表：inserted 表或者 deleted 表。注意，inserted 表和 deleted 表的结构总是与被触发器作用的表的结构相同，而且只能由创建它们的触发器引用。它们是临时的逻辑表，由系统来维护，具有只读属性，不允许用户直接对它们进行修改。它们存放于内存中，而并不存放在数据库中。触发器工作完成后，与该触发器相关的这两个表也会被删除。

（1）INSERT 触发器的工作原理

当将一个记录插入到表中时，INSERT 触发器自动触发执行，相应的插入触发器创建一个 inserted 表，新的记录被增加到该触发器表和 inserted 表中。如上所述，inserted 表是个逻辑表，保存了所插入记录的副本，它允许用户参考初始的 INSERT 语句中的数据，触发器可以检查 inserted 表，以确定该触发器里的操作是否应该执行和如何执行。

（2）DELETE 触发器的工作原理

当从表中删除一条记录时，DELETE 触发器自动触发执行，相应的删除触发器创建一个 deleted 表。deleted 表是个逻辑表，用于保存已经从表中删除的记录，该 deleted 表允许用户参考原来的 DELETE 语句删除的已经记录在日志中的数据。应该注意，当被删除的记录放在 deleted 表中时，该记录就不会存在于数据库表中了。因此，deleted 表和数据库表之间没有共同的记录。

（3）UPDATE 触发器的工作原理

修改一条记录就等于删除一条旧记录，插入一条新记录。进行数据更新也可以看成由删除一条旧记录的 DELETE 语句和插入一条新记录的 INSERT 语句组成。当在某一个触发器表的上面修改一条记录时，UPDATE 触发器自动触发执行，相应的更新触发器创建一个 deleted 表和 inserted 表，表中原来的记录移动到 deleted 表中，修改过的记录插入到 inserted 表中。触发器可以检查 inserted 表和 deleted 表以及被修改的表，以确定是否修改了数据行和应该如何执行触发器的操作。

（4）INSTEAD OF 触发器的工作原理

上面 3 种类型的触发器都是在对表进行操作（INSERT、UPDATE、DELETE）之后触发的。而 INSTEAD OF 触发器并不执行其所定义的操作（INSERT、UPDATE、DELETE）而仅是执行触发器本身的内容，即利用触发器中定义的 SQL 语句来替代相应的操作。

9.1.2　创建触发器

在 SQL Server 2008 中创建触发器有两种方法：一种方法是在 SQL Server Management Studio 中创建，另一种方法是在 SQL 查询窗口中编写创建触发器的代码。本节重点讲解第二种方法。

任务一：在 SQL Server Management Studio 中创建触发器。

（1）使用 SQL Server Management Studio 连接 SQL Server 2008 服务器。

（2）在“对象资源管理器”视图中选择“数据库”选项，然后选择“CPMS”数据库，打开要创建触发器的表 dbo.sell，在“触发器”选项上单击鼠标右键，在弹出的快捷菜单中选择“新建触发器”命令，如图 9-1 所示。

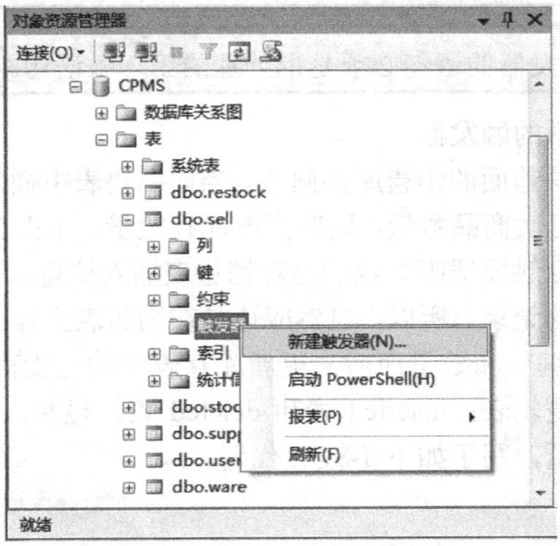

图 9-1　选择“新建触发器”命令

（3）在右边的查询窗口中编辑触发器代码即可完成触发器的创建。

任务二：在查询窗口中使用 T-SQL 语句创建触发器。

1. 创建 AFTER 触发

创建 AFTER 触发器的 T-SQL 语法如下。

```
CREATE   TRIGGER   trigger_name
ON table_name
[WITH ENCRYPTION]
FOR {[DELETE][,][INSERT][,][UPDATE]}
AS
sql_statement
GO
```

在以上语法形式中，基中一些参数和命令的含义如下。

① trigger_name：要创建的触发器名称。触发器名称必须符合标识符规则，并且必须在数据库中唯一。

② table_name：指定所创建的触发器与之相关联的表名。必须是一个现存的表。

③ WITH ENCRYPTION：加密创建触发器的文本。

④ FOR {[DELETE][,][INSERT][,][UPDATE]}：指定所创建的触发器将在发生哪些事件时被触发，即指定创建触发器的类型。INSERT 表示创建插入触发器；DELETE 表示创建删除触发器；UPDATE 表示创建更新触发器。必须至少指定一个选项。在触发器定义中允许使用以任意顺序组合的这些关键字。如果指定的选项多于一个，则以逗号分隔这些选项。

⑤ sql_statement：指定触发器执行的 SQL 语句。

提示：触发器只能在当前数据库中创建，并且一个触发器只能作用在一个表上。在同一个 CREATE TRIGGER 语句中，可以为多种用户操作（如 INSERT 和 UPDATE）定义相同的触发器。

注意：创建触发器的语句必须是批处理的第一条语句。

（1）创建 INSERT 类型的触发器

现在利用触发器来解决前面的销售库存问题。当向销售表中插入一条记录时，应该自动更新库存表的信息，即更改已卖商品数量，同时更改库存数量。下面分析一下如何解决问题，首先我们应该在哪张表上建立触发器呢？我们是对销售表插入信息，由该插入动作引发的触发器来更新对应的库存信息表的记录。所以，显然应该是在销售表上建立 INSERT 触发器。那么如何获取销售记录中的商品编号和数量而后去更新库存表中的已卖商品数量和库存数量呢？我们前面讲过两张很重要的逻辑表：inserted 表和 deleted 表。显然，我们需要的信息在 inserted 表中存放着。于是根据分析，写了如下 T-SQL 代码。

```
USE CPMS
GO
/*如果存在同名的触发器则删除*/
IF EXISTS(SELECT name FROM sysobjects WHERE name='Tri_Sell_Insert')
DROP TRIGGER Tri_Sell_Insert
GO
/*在销售表上创建 INSERT 触发器*/
CREATE TRIGGER Tri_Sell_Insert
ON Sell
FOR INSERT
AS
/*定义变量用来临时存放销售的商品编号、数量*/
DECLARE @Ware_Id int,@Sell_Num int
/*从 inserted 逻辑表中获取销售记录信息并赋值*/
SELECT @Ware_Id=Ware_Id,@Sell_Num=Sell_Num
FROM inserted
/*更新对应的库存表*/
UPDATE stock
set Stock_Num=Stock_Num-@Sell_Num,Sale_Num=Sale_Num+@Sell_Num
WHERE Ware_Id=@Ware_Id
/*显示相应的结果信息*/
PRINT '商品销售成功'+'销售数量为：'+CONVERT(varchar(20),@Sell_Num)
GO
/*测试触发器*/
SET NOCOUNT ON--不显示 T-SQL 语句影响记录的行数
INSERT INTO sell values (10,'1001',1111,getdate(),2,9702)
```

```
--查看结果
select Sell_Id,Ware_Id,Sell_Num from sell
select Stock_Id,Ware_Id,Sale_Num,Stock_Num    from stock
go
```

该代码运行结果如图 9-2 和图 9-3 所示，当向销售表中插入一条记录时，将触发该表上的 INSERT 触发器，自动修改库存表中对应的已卖商品数量和库存数量，并打印销售数量信息。

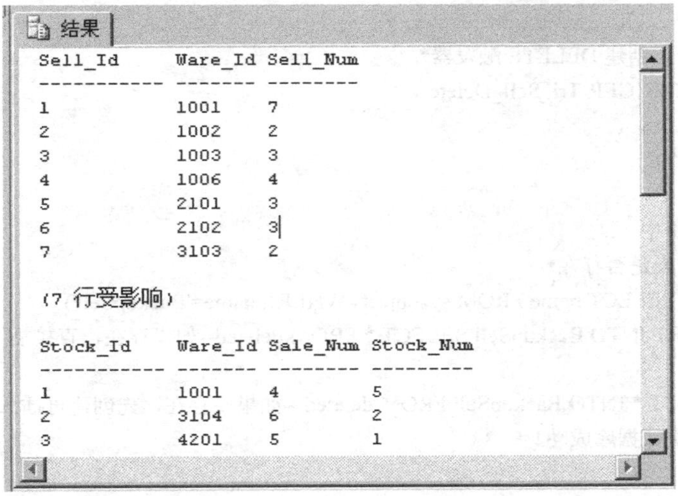

图 9-2　INSERT 触发器运行结果（1）

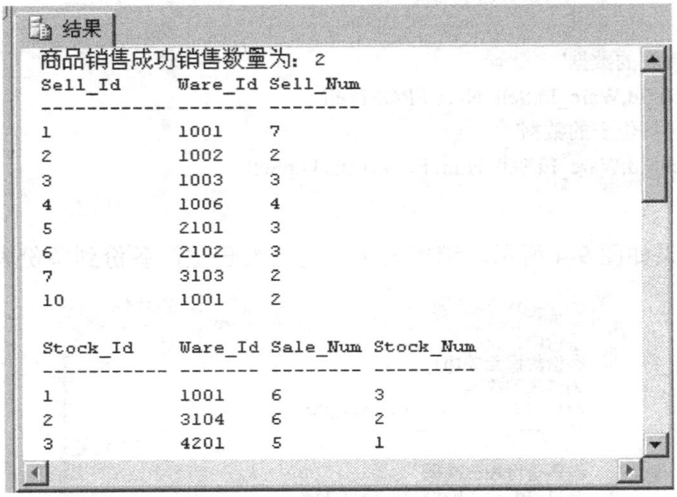

图 9-3　INSERT 触发器运行结果（2）

（2）创建 DELETE 类型的触发器

现在利用 DELETE 类型的触发器来做这样的功能。假定销售表的记录由于时间关系，会变得非常大，因此需要定期删除销售表的记录，但是这些删除的记录可能会被客户查询。因此需要当删除记录时，能够自动地将删除的记录备份到备份表中，以备用户以后查询。与编写

INSERT 类型的触发器一样，应当在销售表上创建一个 DELETE 触发器，而被删除的数据可以从 deleted 表中获取。根据分析，写了如下 T-SQL 代码。

```
USE CPMS
GO
/*如果存在同名的触发器则删除*/
IF EXISTS(SELECT name FROM sysobjects WHERE name='Tri_Sell_Delete')
DROP TRIGGER Tri_Sell_Delete
GO
/*在销售表上创建 DELETE 触发器*/
CREATE TRIGGER Tri_Sell_Delete
ON Sell
FOR DELETE
AS
PRINT '备份中......'
/*检查备份表是否存在*/
IF EXISTS(SELECT name FROM sysobjects WHERE name='BackupSell')
    INSERT INTO BackupSell SELECT * FROM deleted--如果存在，直接插入
ELSE
    SELECT * INTO BackupSell FROM deleted --如果不存在，先创建再插入
PRINT '备份数据库成功！'
GO
/*测试触发器*/
SET NOCOUNT ON--不显示 T-SQL 语句影响记录的行数
DELETE FROM sell
--查看结果
PRINT '销售表的数据'
SELECT Sell_Id,Ware_Id,Sell_Num FROM sell
PRINT '销售备份表的数据'
SELECT Sell_Id,Ware_Id,Sell_Num FROM BackupSell
GO
```

示例输出的结果如图 9-4 所示，销售表中的记录被删空，备份到备份表中。

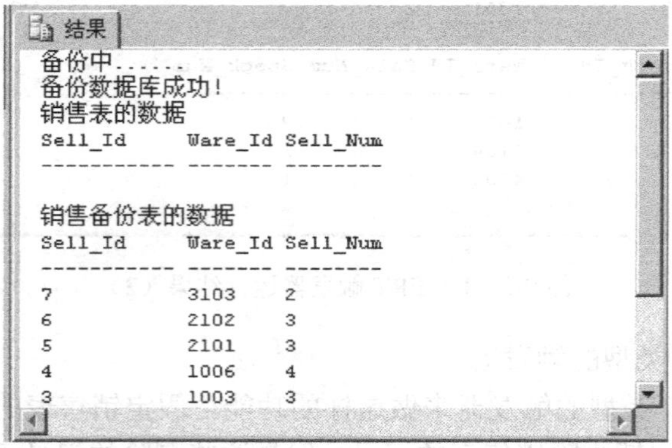

图 9-4　DELETE 触发器运行结果

（3）创建 UPDATE 类型的触发器

使用 UPDATE 触发器的目的主要是获取更新的数值，判断该数值是否满足一些特殊的约束。

这里还是以销售表为例，在对库存表进行更新时，需要检查销售的商品数量是否小于等于库存数量。如果不满足条件，那么就应该取消订单交易，即销售不成功，并给出错误提示。分析这个题目的要求，当修改库存表中的库存信息时，需要获取商品的销售数量。按照以前介绍的内容，更新前的商品库存数量会放到 deleted 逻辑表中，而更新后的商品库存数量则放到 inserted 逻辑表中。我们可以用更新后的商品库存量减去更新前的商品库存量，得到用户的交易数量。把这个数量和当前的商品库存数量对比就可以知道销售数量是否超过了库存量。根据这个思路，写了如下 T-SQL 代码。

```
USE CPMS
GO
/*如果存在同名的触发器则删除*/
IF EXISTS(SELECT name FROM sysobjects WHERE name='Tri_Sell_Update')
DROP TRIGGER Tri_Sell_Update
GO
/*在库存表上创建 UPDATE 触发器*/
CREATE TRIGGER Tri_Sell_Update
ON stock
FOR UPDATE
AS
    /*定义临时变量，用来存放更新前后的库存量*/
    DECLARE @BeforeStock int,@AfterStock int,@DiffStock int
    /*从 deleted 表中获取更新前的库存量*/
    SELECT @BeforeStock=Stock_Num FROM deleted
    /*从 inserted 表中获取更新后的库存量*/
    SELECT @AfterStock=Stock_Num FROM inserted
    SET @DiffStock=@BeforeStock-@AfterStock --交易数量
    /*判断更新前值是否大于更新后值，确定是否对库存进行减操作*/
    IF(@DiffStock>0)
    BEGIN
        IF(@DiffStock>@BeforeStock)
        BEGIN
            /*给出错误提示*/
            RAISERROR('交易数量大于库存量，交易失败！',16,1)
            ROLLBACK TRANSACTION
        END
    END
GO
/*测试触发器*/
SET NOCOUNT ON--不显示 T-SQL 语句影响记录的行数
/*让交易数量大于库存量*/
UPDATE stock SET Stock_Num=Stock_Num-10 WHERE Ware_Id=1001
GO
/*查看库存信息的内容*/
```

```
SELECT Stock_Id,Ware_Id,Sale_Num,Stock_Num   FROM stock
GO
```

示例输出的结果如图 9-5 所示，提示交易错误信息，并且事务回滚。

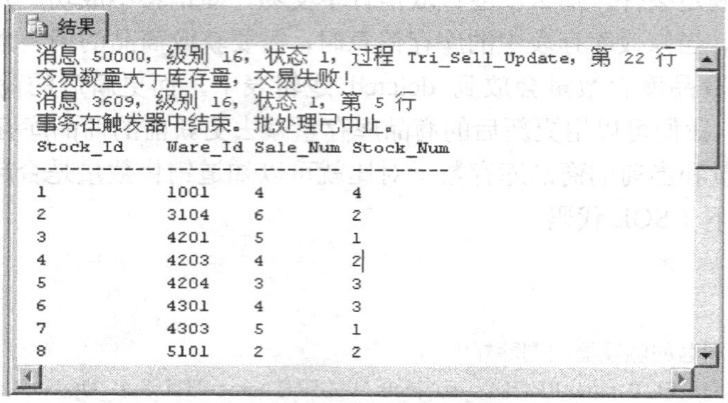

图 9-5　UPDATE 触发器运行结果

到现在为止，我们已经创建了 AFTER 触发器的三种形式：INSERT、DELETE 和 UPDATE。这里面用到了两张特别重要的逻辑表：inserted 和 deleted 表。

利用触发器可以实现比较复杂的高级约束。

2. 创建 INSTEAD OF 触发器

创建 INSTEAD OF 触发器的 T-SQL 语法如下。

```
CREATE   TRIGGER   trigger_name
ON table_name
[WITH ENCRYPTION]
INSTEAD OF {[DELETE][,][INSERT][,][UPDATE]}
AS
sql_statement
GO
```

在以上语法形式中，各项的语义与 AFTER 触发器中相同。

这里利用 INSTEAD OF 触发器的特性来做例子。

考虑刚才的例子。假设系统中，某个货物需要从货物表中删除，同时也要将该货物从库存表中删除。由于货物表和库存表之间有主外键关系，所以删除货物信息时，首先要在库存表中删除该货物的所有库存记录，然后才能在货物表中删除该货物。如果在货物表中删除该货物时，能自动先从库存表中删除该货物的所有库存信息，那就更方便了。如何做到呢？我们可以利用 INSTEAD OF 触发器来实现这个功能。T-SQL 语句如下。

```
USE CPMS
GO
/*如果存在同名的触发器则删除*/
IF EXISTS(SELECT name FROM sysobjects WHERE name='Tri_Ware_Delete')
DROP TRIGGER Tri_Ware_Delete
GO
/*在货物表上创建 INSTEAD OF 类型的 DELETE 触发器*/
```

```
CREATE TRIGGER Tri_Ware_Delete
ON Ware
INSTEAD OF DELETE
AS
/*定义变量，用来临时存放删除的货物 ID*/
DECLARE @Ware_Id int
/*从 deleted 表中获取货物 ID 并赋值*/
SELECT @Ware_Id=Ware_Id FROM deleted
/*先删除库存表中该货物的信息*/
DELETE FROM stock WHERE Ware_Id=@Ware_Id
/*再删除货物表中该货物的信息*/
DELETE FROM Ware WHERE Ware_Id=@Ware_Id
PRINT '货物 ID 为：'+convert(varchar(5),@Ware_Id)+'删除成功'
GO
/*测试触发器*/
DELETE FROM ware WHERE Ware_Id=1001
PRINT '货物表内容为：'
SELECT * FROM ware
GO
```

执行结果如图 9-6 所示。

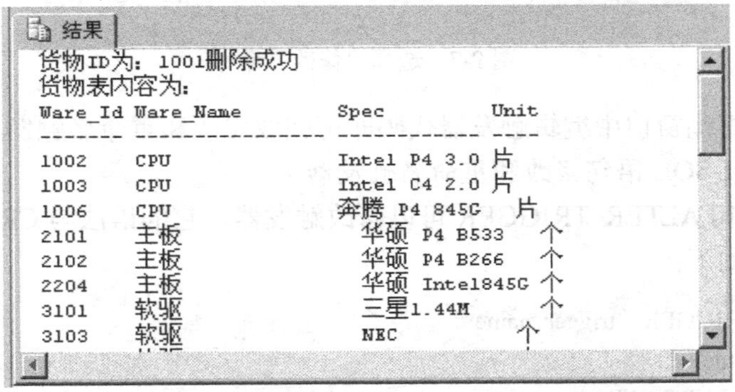

图 9-6　INSTEAD OF 触发器运行结果

由图 9-6 可以看出，使用 INSTEAD OF 触发器后，可以直接删除主表中的数据，并且自动地删除从表中的数据，达到级联更新的效果。

9.1.3　修改和重命名触发器

在实际应用中，可能需要对触发器的定义或功能进行修改。用户既可以修改触发器的定义，也可以重定义已有的触发器，同时还可以重命名已有的触发器。一个用户只能重命名自己拥有的触发器，而数据库的所有者可以重命名该数据库任意用户的触发器。我们可以通过以下两种方式实现。

任务三：在 SQL Server Management Studio 中修改和重命名触发器

（1）使用 SQL Server Management Studio 连接 SQL Server 2008 服务器。

（2）在“对象资源管理器”视图中选择“数据库”选项，然后选择“CPMS”数据库，打开要修改触发器的表 dbo.sell，在“触发器”选项上单击鼠标右键，在弹出的快捷菜单中选择“修改”命令，如图 9-7 所示。

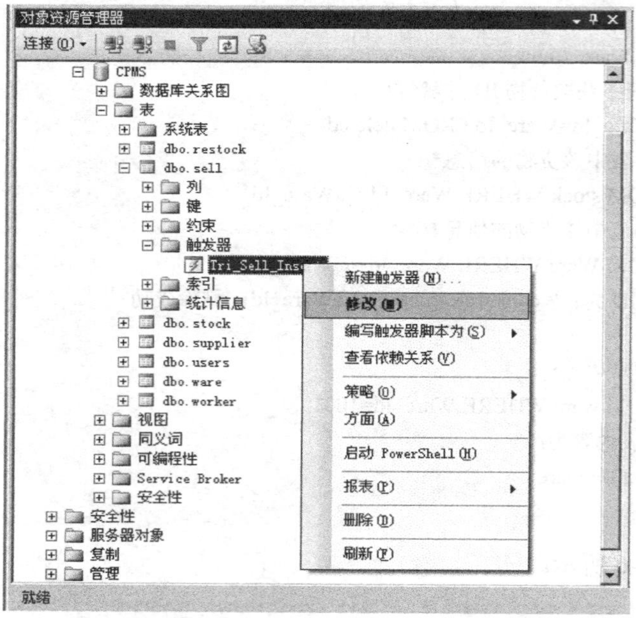

图 9-7　选择“修改”命令

（3）在右边的查询窗口中编辑触发器代码即可完成修改和重命名触发器的任务。

任务四：使用 T-SQL 语句修改和重命名触发器

使用 T-SQL 语句 ALTER TRIGGER 可以修改触发器，它的语法与 CREATE TRIGGER 类似。具体语法形式如下：

```
ALTER   TRIGGER   trigger_name
ON table_name
[WITH ENCRYPTION]
FOR {[DELETE][,][INSERT][,][UPDATE]}
AS
sql_statement
GO
```

在以上语法形式中，其中一些参数和命令的含义如下。

① trigger_name：要修改的触发器名称。

② table_name：指定触发器在其上执行的表或视图的名字。

③ WITH ENCRYPTION：加密创建触发器的定义文本。

④ FOR {[DELETE][,][INSERT][,][UPDATE]}：指定所更改的触发器将在发生哪些事件时被触发，类似于创建触发器的语法解释。

⑤ sql_statement：指定触发器执行的 SQL 语句。

修改触发器相当于触发器重定义，这里不再举例，大家可以参考创建触发器的代码。

9.1.4　删除触发器

在实际应用中，可能需要删除多余的触发器。我们可以通过以下两种方式来实现。

任务五：在 SQL Server Management Studio 中删除触发器

（1）使用 SQL Server Management Studio 连接 SQL Server 2008 服务器。

（2）在“对象资源管理器”视图中选择“数据库”选项，然后选择“CPMS”数据库，打开要修改触发器的表 dbo.sell，在“触发器”选项上单击鼠标右键，在弹出的快捷菜单中选择“删除”命令，如图 9-8 所示。

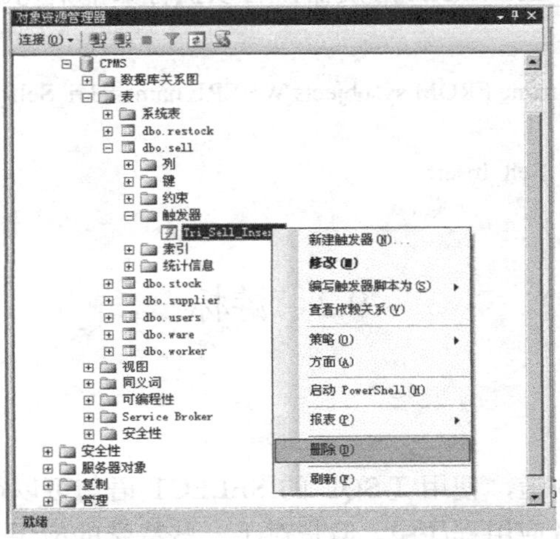

图 9-8　选择“删除”命令

（3）在弹出的“删除对象”窗口中，单击“确定”按钮即可完成删除触发器的操作，如图 9-9 所示。

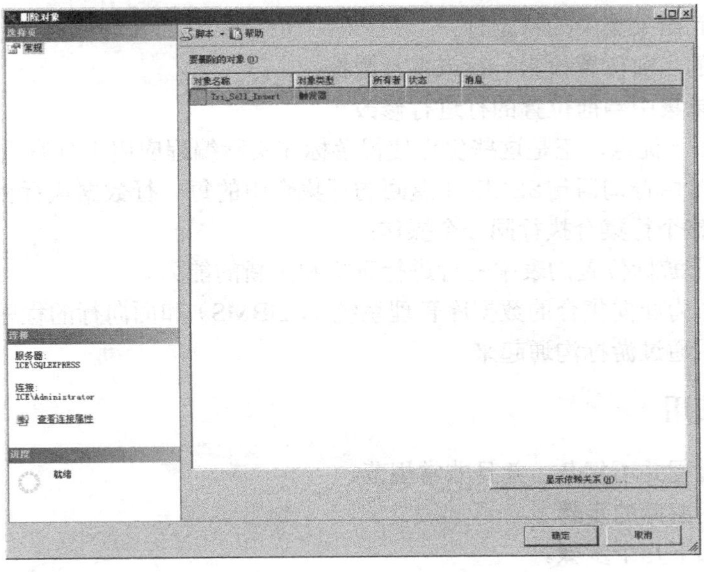

图 9-9　删除触发器

任务六：使用 T-SQL 语句删除触发器

使用 T-SQL 语句 DROP TRIGGER 可以从当前数据库中删除一个或者多个触发器。具体语法形式如下：

```
DROP TRIGGER {trigger_name} [,…n]
```

参数含义如下。

① trigger_name：要删除的触发器名称。

② n：可以删除多个触发器的占位符。

例如，我们要删除 Tri_Sell_Insert 触发器，可以执行如下语句。

```
USE CPMS
IF EXISTS(SELECT name FROM sysobjects WHERE name='Tri_Sell_Insert'
AND type='TR')
DROP TRIGGER Tri_Sell_Insert
GO
```

9.2 游标

9.2.1 游标的基本概念

从前面的学习中我们知道，使用 T-SQL 的 SELECT 语句可以得到一个记录集。这个记录集可以返回到结果窗体或者应用程序中。但是对于一些特殊的应用来说，有时候不是总能对整个记录集进行处理，或者不需要对整个记录集进行处理，而只要求返回一个对记录集进行处理之后的结果。SQL Server 提供了一种对记录集进行操作的灵活手段，这就是游标。

游标实际上是一种能从包括多条数据记录的结果集中每次提取一条记录的机制。简单来说，使用游标，可以实现以下目标。

- 允许定位到结果集中的特定行；
- 从结果集的当前位置检索一行或多行数据；
- 支持对结果集中当前位置的行进行修改。

使用游标有如下优点，正是这些优点使得游标在实际编程应用中具有重要作用。

- 允许程序对由查询语句SELECT返回的行集合中的每一行数据执行相同或不同的操作，而不是对整个行集合执行同一个操作；
- 提供对基于游标位置的表中的行进行删除和更新的能力。

游标实际上作为面向集合的数据库管理系统（RDBMS）和面向行的程序设计之间的桥梁，使这两种处理方式通过游标沟通起来。

9.2.2 游标的使用

游标的工作过程并不复杂，并且非常规范。

任务七：使用游标的步骤

使用游标有如下几个步骤。

（1）创建游标。使用 T-SQL 语句生成一个结果集，并且定义游标的特征，如游标中的记录是否可以修改。

（2）打开游标。

（3）从游标的结果集中读取数据。从游标中检索一行或多行数据称为取数据。

（4）对游标中的数据逐行操作。

（5）关闭和释放游标。

任务八：游标的基本操作

游标的基本操作包括定义游标、打开游标、检索游标、关闭游标和删除游标 5 部分。

1. 定义游标

使用 T-SQL 语句 DECLARE 定义游标，语法如下。

```
DECLARE cursor_name --游标名
CURSOR [LOCAL|GLOBAL] --全局或局部的
[FORWARD ONLY |SCROLL] --游标滚动方式
[READ_ONLY | SCROLL_LOCKS|OPTIMISTIC] --游标读取方式
FOR SELECT_statements                          --查询语句
[FOR UPDATE [OF Column_name[,...N]]]  --可更改字段
```

其中，主要参数的含义如下。

① cursor_name：游标名称。

② LOCAL|GLOBAL：定义游标是全局游标还是局部游标。

③ FORWARD ONLY |SCROLL：前一个参数，游标仅能向后滚动；后一个参数，游标可以随意滚动。

④ READ_ONLY：游标为只读游标。

⑤ SCROLL_LOCKS：游标锁定。设置该参数后，游标读取记录时，数据库会将该记录锁定，以便完成游标对记录的操作。

⑥ OPTIMISTIC：设置该参数后，游标读取记录时，不会将记录锁定。此时，如果记录被读入游标，对游标进行的更新或删除操作均不会成功。

⑦ SELECT_statements：查询语句。

⑧ UPDATE：设置可更改的字段名称，如果没有设置，则默认可更改所有字段。

2. 打开游标

定义游标后，如果要使用游标，必须先将其打开。打开游标的语法如下。

```
OPEN cursor_name
```

3. 检索游标

打开游标后，可以使用 FETCH 来检索游标中的记录。

```
FETCH cursor_name
```

4. 关闭游标

使用完游标后，记得将其暂时关闭。关闭游标需要使用 CLOSE 语句。该语句通过释放当前的结果集来关闭打开的游标。语法如下。

```
CLOSE cursor_name
```

5. 删除游标

如果不再使用游标，可以删除其引用，以释放占用的系统资源。

```
DEALLOCATE cursor_name
```

9.2.3 使用游标修改数据

在了解了游标的基本操作和语法后，我们使用游标读取 Users 表中的所有记录，通过以下例子，看看游标是如何处理数据的。

T-SQL 代码如下。

```
--定义一个名为 Users_cursor 的可以随意滚动的游标
DECLARE Users_cursor cursor scroll FOR
SELECT * FROM Users
--打开该游标
OPEN Users_cursor
--定义 3 个变量，用于存放游标中读取出来的值
DECLARE @UserName NVARCHAR(20)
DECLARE @Pwd VARCHAR(20)
DECLARE @UserType NVARCHAR(5)
--读取第一条记录行，并存放在变量中
FETCH first FROM Users_cursor
INTO @UserName,@Pwd,@UserType
--循环读取游标中的记录
PRINT '读取的数据如下'
WHILE(@@fetch_status=0)
BEGIN
    --用 print 输出读取的数据
    PRINT '用户名：'+ @UserName+'    密码：'+@Pwd+'    类型：'+@UserType
    --读取下一条记录行
    FETCH next FROM Users_cursor
   INTO @UserName,@Pwd,@UserType
END
--读取完后关闭游标
CLOSE Users_cursor
--删除游标
DEALLOCATE Users_cursor
GO
```

其运行结果如图 9-10 所示。

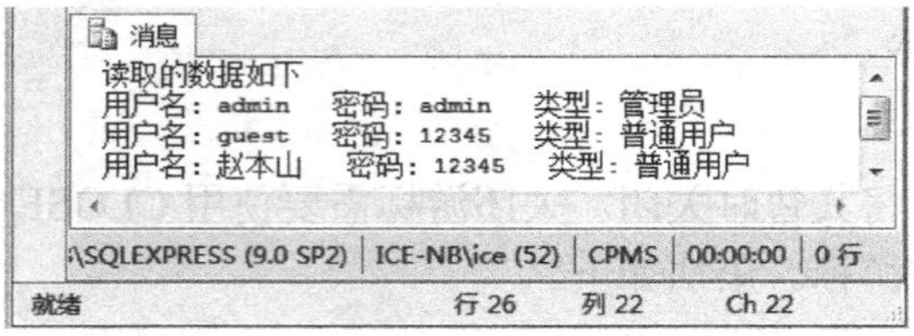

图 9-10　游标读取数据

通过本例，我们可以看到使用游标的完整流程：首先定义一个读取了数据记录的游标，打开这个游标后，可以读取出游标中的内容，所有数据读取完成后将游标关闭并删除。

本章小结

本章介绍了触发器和游标的知识，主要包括触发器的概念、分类及工作原理，创建、修改和重命名触发器，以及游标的基本概念及其使用等。

习　题

1．在 SQL Server 2008 中触发器分为哪两大类？（　　）

A．DML 触发器　　B．UPDATE 触发器

C．INSERT 触发器　　D．DDL 触发器

2．下列哪个说法是正确的？（　　）

A．AFTER 触发器属于 DDL 触发器

B．AFTER 触发器是在对表进行约束检查前触发的

C．INSTEAD OF 触发器和 AFTER 触发器的特性完全一样

D．AFTER 触发器是在对数据进行修改后触发的

3．如果要创建 AFTER 触发器，下面的括号中要填入的应当是（　　）。

```
CREATE TRIGGER TRIGGER_NAME
ON TABLE_NAME
(    ) UPDATE
AS
    T-SQL 语句……
```

A．BEGIN　　B．IN　　C．FOR　　D．AFTER

4．如果创建如下的触发器：

```
CREATE TRIGGER TRIGGER_NAME
ON TABLE_NAME
FOR UPDATE,INSERT
AS
    T-SQL 语句……
```

那么会（　　）。

A．语法检查时会报错

B．执行时报错

C．当对表进行 UPDATE 时会报错

D．当对表进行 UPDATE 和 INSERT 时会触发执行

5．以下关于 INSTEAD OF 触发器说法正确的是（　　）。

A．INSTEAD OF 触发器属于 DDL 触发器

B．INSTEAD OF 触发器可以和引发该触发器操作的 INSERT、UPDATE、DELETE 语句一起，共同对表的数据产生影响

C. INSTEAD OF 触发器是替代引发该触发器操作的 INSERT、UPDATE、DELETE 语句，转而让系统执行该触发器内部的 T-SQL 语句

D. INSTEAD OF 触发器不能创建在视图上

6. 下列（　　）语句用来定义一个可随意滚动的游标。

A. DECLARE cursor_name CURSOR SCROLL

B. DECLARE cursor_name SCROLL CURSOR

C. DECLARE cursor_name CURSOR

D. DECLARE cursor_name SCROLL

7. 下列（　　）全局变量用于获取游标中符合条件的行的数目。

A. @@CURSOR_COUNT

B. @@CURSOR_ROWS

C. @@CURSOR_NUMBER

D. @@CURSOR_ROWCOUNT

8. 什么是触发器？触发器分为哪几种？

9. 触发器主要用于实施什么类型的数据完整性？

10. 什么是游标？使用游标有什么优点？

11. 关闭游标与释放游标有什么不同？

12. 能向游标中插入数据吗？

实 时 训 练

1. 实训名称

触发器和游标的使用

2. 实训目的

（1）熟练掌握常见的触发器。

（2）能灵活运用触发器解决实际问题。

（3）熟练使用游标提取数据表中的记录。

3. 实训内容及步骤

（1）使用 INSERT 触发器

要求：在“电脑销售管理系统”中，要求往货物表 Ware 中插入一个货物时，自动地在库存表 Stock 中插入该货物的库存信息，库存量初始为 0。

分析：本题主要是利用 INSERT 触发器来构建一个逻辑。该触发器应该建立在货物表上，当该表做插入操作时，会自动在库存表中插入该货物的库存信息。

（2）使用 DELETE 触发器

要求：完善理论教材中的 DELETE 触发器，当删除销售表中的内容时，要检查删除的记录中有无一个月内的数据，如果有则不允许删除，给出错误提示；否则将删除的信息备份到备份表中。

分析：本题的解题思路与理论教材一致，但多了一个关于销售日期的判断，即如何判断删除的销售记录中没有销售日期是本月内的。可以使用日期函数 DATEDIFF ()，具体用法可以参阅帮助文档。

思考一：INSERT 触发器与 DELETE 触发器有什么区别？

（3）触发器拓展应用

要求：假设有一个银行系统 BankDB，此数据库中有两张表，即交易记录表（TransInfo）和账户信息表（AccountInfo），其结构如表 9-1 和表 9-2 所示。

表 9-1 交易记录表（TransInfo）结构

字段名称	字段类型	备注
CustID	Int	客户 ID
TransMoney	Money	交易金额
TransType	Varchar（10）	交易类型（存入、支取）
TransTime	Datetime	交易时间（默认为当前时间）

表 9-2 账户信息表（AccountInfo）结构

字段名称	字段类型	备注
CustID	Int	客户 ID
CustName	Varchar（20）	客户姓名
CustMoney	Money	账户余额（必须>=1）

现在假设 AccountInfo 有两条账户信息：CustID=1，CustName='李小龙'，CustMoney=500；CustID=2，CustName='成龙'，CustMoney=800，当往交易信息表中插入一条交易信息时，如 INSERT INTO TransInfo （1，200，'支取'，GETDATE（）），能自动修改对应的账户信息表（AccountInfo）中的账户余额。

分析：

- 利用 T-SQL 语句创建这两张表。注意添加相关的约束，如主外键约束，TransType 只能是存入或支取，交易时间默认为当前系统时间 getdate（）；
- 往 AccountInfo 中插入测试数据；
- 在 TransInfo 表上创建 INSERT 触发器。当在该表上插入交易信息时，自动修改对应的账户信息表中的该账户余额；
- 修改时，要根据交易类型（支取、存入）来决定是对账户余额减少还是增加。

思考二：如何约束交易类型？如何判断交易类型？

（4）使用游标提取数据表中的部分字段

要求：在 CPMS 数据库中，使用游标提取表 Stock 中的字段 Ware_Id，Buy_num，Sale_Num，Stock_Num，并使用 print 输出。

分析：

- 定义一个游标；
- 对游标包含的记录集进行循环遍历访问，得到的每个字段存放在自定义的变量中（注意数据类型的一致）；
- 使用 print 输出变量的值。

思考三：游标使用的流程是怎样的？

4. 实训结论

按照实训内容的要求完成实训报告。

第 10 章 “电脑销售管理系统”项目开发（C#）

项目讲解

利用 C#和 SQL Server 2008 开发“电脑销售管理系统”项目（工程名为：comSales），主要包括三大功能：用户登录功能、系统信息管理功能和商品销售管理功能。其中，用户登录功能包括用户登录（文件名为：userLogin.cs）、重新登录和主界面显示（文件名为：Main.cs）；系统信息管理功能包括用户信息管理（文件名为：userManage.cs）、职员信息管理（文件名为：staffManage.cs）和供应商信息管理（文件名为：supManage.cs）；商品销售管理功能包括商品信息管理（文件名为：comManage.cs）、商品进货信息管理（文件名为：resManage.cs）和商品销售信息管理（文件名为：sellManage.cs）。

学习任务

1. 学习目标

- 掌握利用 Connection 对象连接到数据库的方法；
- 掌握如何使用 Command 对象查询单个值；
- 掌握如何使用 DataReader 对象检索数据；
- 掌握 ListView 控件的使用；
- 了解数据集（DataSet）的结构，掌握如何使用数据适配器将数据集的修改提交到数据库；
- 掌握 DataGridView 控件的使用。

2. 学习要点

- 定义连接字符串，创建 Connection 对象，打开与数据库的连接；
- 定义 SQL 语句与创建 Command 对象，查询数据库中信息的单个值；
- 创建 Command 对象，调用 ExecuteReader()，创建 DataReader 对象进行数据检索；
- 利用 DataSet 对象、DataAdapter 对象和 DataGridView 控件实现批量查看、修改、筛选数据库信息。

10.1 登录界面的实现

根据第 2 章中“电脑销售管理系统”的需求分析和总体设计，我们可知用户登录功能是该项目运行之后的第一个界面，通过它验证用户名和密码是否正确。在主界面中，有“重新登录”菜单及其工具栏按钮，如果用户选择该功能，则可重新进入登录界面，再次进行登录操作。

10.1.1 创建电脑销售管理系统工程文件

进入 Visual Studio 2008 运行环境，选择“文件”→“新建”→“项目”命令，打开如图 10-1 所示的“新建项目”对话框。在对话框左侧的“项目类型”列表框中，选择“Visual C#”分类中的“Windows”选项，在右侧的“模板”列表框中选择“Windows 窗体应用程序”选项，在“名称”文本框中输入工程名“comSales”，并设置工程保存的路径。

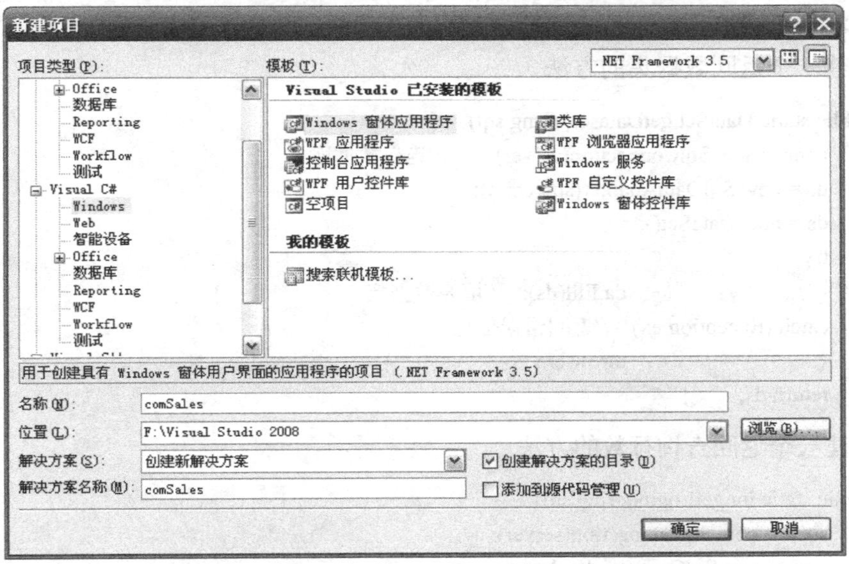

图 10-1 “新建项目”对话框

由于“电脑销售管理系统”工程要使用大量的连接字符串用于创建 Connection 对象，及打开数据库连接操作等，故首先应添加一个新类：computer，在里面定义相关变量及放置通用方法等。在程序头部添加下列语句：

```
using System.Data.SqlClient;        //打开数据库库文件
using System.Data;                  //打开数据库库文件
using System.Windows.Forms;
```

1. 设置全局变量

由于要将现有登录用户的用户名和权限显示在主界面的状态栏中，所以需要定义 3 个全局变量，分别用于存放现有登录用户的用户名、密码和权限。

```
public static string comUser;       //存放用户名
public static string comPwd;        //存放用户密码
public static string comType;       //存放用户权限
```

如果现有登录用户权限为“管理员”，则可进入“用户信息管理”窗口进行用户管理操作。所以，这里将用户登录权限状态设置为全局变量。

```
public static int state;            //存放用户登录权限状态
```

接着定义连接字符串、数据库连接字段及相关对象。

```
//定义连接字符串，数据库为 CPMS，用户名和密码均为 sa
private static string server = "server=.;database=CPMS;uid=sa;pwd=sa";
private static SqlConnection conn = null;       //定义数据库连接字段
private static SqlCommand cmd = null;           //定义 Command 对象
private static SqlDataAdapter da = null;        //定义 DataAdapter 对象
private static DataSet ds = null;               //定义 DataSet 对象
```

2. 定义通用方法

（1）创建一个返回数据集的方法

```
public static DataSet getDataset(string sql)
{    conn = new SqlConnection(server);       //连接数据库
     da = new SqlDataAdapter(sql, conn);
     ds = new DataSet();
     try
     {                    da.Fill(ds);  //填充数据集          }
     catch (Exception ex)   //返回错误信息
     {                    throw ex;               }
     return ds;     }
```

（2）创建一个返回查询行数的方法

```
public static int getLogin(string sql)
{    conn = new SqlConnection(server);
     cmd = new SqlCommand(sql, conn);
     int re = 0;
     try
     {    conn.Open();      //打开数据库连接
          re = (int)cmd.ExecuteScalar();    //返回操作结果值    }
     catch (Exception)    //返回错误信息
     {                    throw;                  }
     finally
     {                    conn.Close();     //关闭数据库连接                }
     return re;     }
```

（3）创建一个执行添加、删除或修改操作的方法

```
public static int getDataUp(string str)
{    conn = new SqlConnection(server);
     cmd = new SqlCommand(str, conn);
     int re = 0;
     try
     {    conn.Open();      //打开数据库连接
          re = (int)cmd.ExecuteNonQuery();   //返回操作结果值       }
     catch (Exception ex)   //返回错误信息
     {                    throw ex;               }
     finally
    {                     conn.Close();  //关闭数据库连接               }
return re;     }
```

（4）创建一个退出系统的方法

```
public static void comExit(Form s)
{    DialogResult a=MessageBox.Show("确定要退出应用程序吗？","退出",MessageBoxButtons.OKCancel,
MessageBoxIcon.Information);      // 用户选择"OK"按钮则退出系统
     if (a == DialogResult.OK)        {  s.Close();  //关闭对话框，退出应用系统    }
}
```

10.1.2 登录功能的实现

将“用户登录”窗口“Form1.cs”更名为 userLogin.cs，创建如图 10-2 所示的登录界面。

将窗口的 Name 属性设置为 userLogin，Text 属性设置为用户登录；窗口中其他控件及属性设置详见表 10-1。

图 10-2 “用户登录”窗口

表 10-1 “用户登录”窗口控件及属性设置

对　象	Name 属性	Text 属性	对　象	Name 属性	Text 属性
PictureBox	pictureBox1		Label	labType	权限：
Label	labUser	用户名：	ComboBox	cmbType	
TextBox	txtUser		Botton	btnLogin	登录
Label	labPwd	密码：	Botton	btnReset	重置
TextBox	txtPwd		Botton	btnCancel	退出

首先在程序头部添加下列语句：

```
using System.Data.SqlClient;        //打开数据库库文件
```

1. 窗口加载响应事件的方法

当“用户登录”窗口加载时，“权限”组合框中应显示 Users 表（用户表）中所有“UserType”字段的信息，且应除去重复信息。

```
private void userLogin_Load(object sender, EventArgs e)
{    this.cmbType.Items.Clear();        //清空"权限"组合框
string str = "select distinct UserType from users";      //SQL 查询字符串
    for (int i = 0; i <computer.getDataset(str).Tables[0].Rows.Count; i++)
    {        this.cmbType.Items.Add(computer.getDataset(str).Tables[0].Rows[i][0].ToString());     //将数据
集显示在组合框中        }
this.cmbType.SelectedIndex = 0;        //将组合框索引值设置为 0        }
```

2. “登录”按钮响应事件的方法

当用户输入用户名和密码，选择用户权限之后，接着单击“登录”按钮，将会判断用户是否输入了用户名和密码，若未输入则提示输入信息；若已输入则判断该用户名是否存在，且其对应的密码和权限是否正确，若正确则进入系统主界面（Main.cs），否则将提示出错并将事件焦点返回到用户名输入框等待用户重新输入。

```
private void btnLogin_Click(object sender, EventArgs e)
{    //如果用户输入的用户名或密码为空
if (this.txtUser.Text.Trim().Equals("") || this.txtPwd.Text.Trim().Equals(""))
    {   //提示用户重新输入用户名和密码
MessageBox.Show("用户名或密码不允许为空，请重新输入！", "提示");
        this.txtUser.Focus();      //事件焦点回到"用户名"输入框       }
    else
    {   //设置 SQL 查询字符串，查找用户输入的用户名、密码和权限是否存在
        string cmdstr = string.Format("select count(*) from users where UserName='{0}' and Pwd='{1}' and UserType='{2}'", this.txtUser.Text, this.txtPwd.Text, this.cmbType.Text);
         try
         {   int re = computer.getLogin(cmdstr);      //返回查询结果
             if (re > 0)   //用户输入的信息正确
             {   //保存用户输入的用户名、密码和权限
                 computer.comUser = this.txtUser.Text;
                 computer.comPwd= this.txtPwd.Text;
                 computer.comType = this.cmbType.Text;
                 if (computer.comType.Trim().Equals("管理员"))
                 {   //如果该用户的权限是"管理员"，则将 state 设置为 1
                     computer.state = 1; //在主界面中可以进入"用户信息管理"窗口    }
                  else
                  {    //否则将 state 设置为 0，在主界面中不能进入"用户信息管理"窗口
                      computer.state = 0;    }
                      Main m = new Main();
                      this.Hide();   //当前窗口隐藏
                      m.Show();   //显示主界面          }
                 else
                 {      MessageBox.Show("用户登录失败，出现的错误可能是用户名不存在、密码出错或用户类型设置不正确，请重新登录。", "出错提示");
                      this.txtUser.SelectAll();
                      this.txtUser.Focus();      }     }
            catch (Exception)
            {       MessageBox.Show("用户登录失败，出现的错误可能是用户名不存在、密码出错或用户类型设置不正确，请重新登录。", "出错提示");      }    }
}
```

3. “重置”按钮响应事件的方法

如果用户单击“重置”按钮，则应将 txtUser 和 txtPwd 控件中的信息清空。

```
private void btnReset_Click(object sender, EventArgs e)
{    this.txtUser.Clear();      //清空 txtUser 控件
     this.txtPwd.Clear();       //清空 txtPwd 控件
     this.txtUser.Focus();      //事件焦点定位在 txtUser 控件中     }
```

4. “退出”按钮响应事件的方法

如果用户单击“退出”按钮，则应退出“电脑销售管理系统”应用程序。

```
private void btnCancel_Click(object sender, EventArgs e)
{ computer.comExit(this);     //调用 computer 类中的 comExit 方法，退出应用系统   }
```

10.1.3 系统主界面的实现

添加主界面窗口，Name 属性设置为 Main，Text 属性设置为“电脑销售管理系统”。创建如图 10-3 所示的界面。主界面窗口为 MDI 窗体，将 IsMdiContain 属性设置为 True。该窗体包含菜单栏、工具栏及任务栏；单击“重新登录”菜单项或其工具按钮，能返回登录界面进行重新登录；单击“退出”菜单项或其工具按钮，则出现询问是否退出系统的消息框，如果选择“是”则退出系统；单击“用户管理”、“供应商管理”、“职员管理”、“商品信息管理”、“进货管理”、“销售管理”菜单项或其工具按钮，关闭所有已被打开的子窗体，并打开相应各功能模块子窗体。

在主界面窗口中添加 MenuStrip 菜单控件，设置“用户管理”、“职员管理”、“供应商管理”和“商品管理”子菜单。其中，“用户管理”子菜单中包含“重新登录”和“用户信息管理”菜单项；“商品管理”子菜单中包含“商品信息管理”、“进货管理”和“销售管理”菜单项。

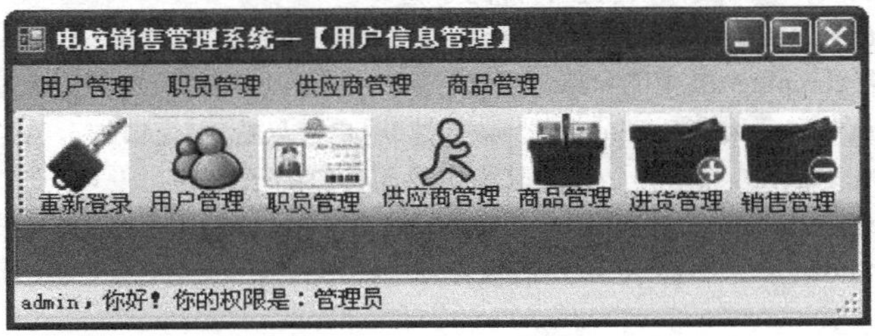

图 10-3 主界面窗口

添加 ToolStrip 工具栏控件，其中包含“重新登录”、“用户管理”、“职员管理”、“供应商管理”、“商品管理”、“进货管理”和“销售管理”7 个工具栏按钮。

添加 StatusStrip 状态栏控件，以显示现有用户登录的用户名和权限。

为了使主界面功能在本小节讲解完整，在此时添加“用户信息管理”窗口（文件名为：userManage.cs）、“职员信息管理”窗口（文件名为：staffManage.cs）、“供应商信息管理”窗口（文件名为：supManage.cs）、“商品信息管理”窗口（文件名为：comManage.cs）、“商品进货信息管理”窗口（文件名为：resManage.cs）和“商品销售信息管理”窗口（文件名为：sellManage.cs）。

1. 定义全局变量

由于子窗口的标题将作为主窗体标题的后缀，例如，当打开“用户信息管理”子窗口时，主窗体的名称将变成“电脑销售管理系统—【用户信息管理】”，所以要定义一个全局字符串变量来传递子窗口的标题。

```
public static string forTitle;
```

2. 主窗体加载响应事件的方法

当主窗口加载时，应将现有用户登录的用户名和权限显示在状态栏中，此时主窗体的名称为“电脑销售管理系统”。

```
        private void Main_Load(object sender, EventArgs e)
        {  this.statusInfo.Text = computer.comUser + "，你好！你的权限是：" + computer.comType;        //
在状态栏中显示现有用户登录的用户名和权限
            forTitle = "电脑销售管理系统";    //将主窗体的名称设置为"电脑销售管理系统"
            this.Text = forTitle;     }
```

3. 打开子窗口的方法

用户单击"重新登录"、"用户管理"、"职员管理"、"供应商管理"、"商品管理"、"进货管理"、"销售管理"工具栏按钮或菜单项时，应先关闭所有已打开的子窗口，接着打开相应的子窗口。其中，在打开"用户信息管理"子窗口时，要根据登录权限来判断是否可以进行此操作。这里只讲解打开"用户信息管理"子窗口的方法，其他窗口打开的方式与之类似。

```
        public static void closeChild(Form s)        //关闭窗体中已打开的子窗体
        {      for (int i = 0; i < s.MdiChildren.Length; i++)
            {      s.MdiChildren[i].Close();  //关闭所有已打开的子窗口       }
        }
        public static void userManage(Form s)        //打开"用户信息管理"子窗口的方法
        {    closeChild(s);      //关闭所有已打开的子窗口
            if (computer.state == 1)
          {  //  如果 computer 类中的 state 变量值为 1，则可以打开"用户信息管理"窗口
        userManager m = new userManager();      //创建"用户信息管理"窗口
                m.MdiParent = s;        //设置其为主界面窗口的子窗口
                s.Text = forTitle + "—【用户信息管理】";      //修改主界面窗口的名称
                 m.Show();      //显示"用户信息管理"窗口      }
            else
          { MessageBox.Show("该用户的权限不是管理员，不能进行用户信息管理！", "提示");}
        }
        //"用户管理"工具栏按钮响应事件的方法
        private void toolStripButton2_Click(object sender, EventArgs e)
        {                userManage(this);  //调用方法           }
       //"用户信息管理"菜单项响应事件的方法
        private void 用户管理系统 ToolStripMenuItem_Click(object sender, EventArgs e)
        {                userManage(this);  //调用方法           }
```

10.2　系统信息管理的实现

"电脑销售管理系统"中的信息管理功能包括：用户信息管理、职员信息管理和供应商信息管理。

10.2.1　用户信息管理的实现

"用户信息管理"窗口加载时能作为主界面窗体的子窗体加载，并位于屏幕左上方的位置；启动时能在 ListView 控件中显示 Users 表（用户表）数据，单击 ListView 控件能将选中行的数据显示在右侧的相应文本框中；能进行增加、修改、删除、刷新表数据及清空操作。其窗口界面如图 10-4 所示。

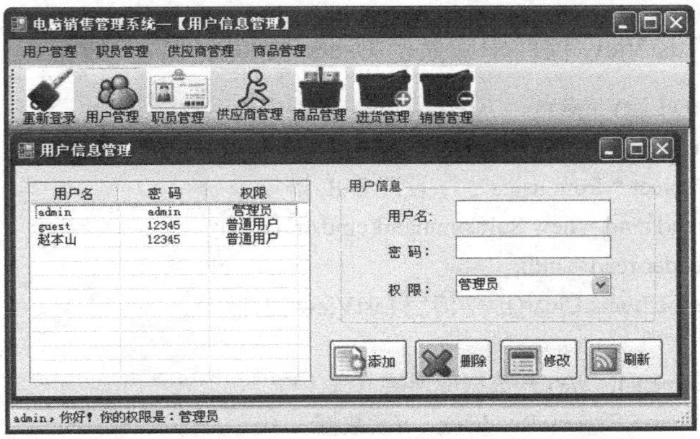

图 10-4 “用户信息管理”窗口界面

在窗口左侧添加 ListView 控件，将其 Name 属性设置为 listView1，GridLines 属性设置为 True，View 属性设置为 Details；窗口中其他控件及属性设置详见表 10-2。

表 10-2 “用户信息管理”窗口控件及属性设置

对　象	Name 属性	Text 属性	对　象	Name 属性	Text 属性
GroupBox	groupBox1	用户信息	ComboBox	cmbType	
Label	labUser	用户名:	Botton	btnAdd	添加
TextBox	txtUser		Botton	btnDel	删除
Label	labPwd	密码:	Botton	btnMdi	修改
TextBox	txtPwd		Botton	btnRef	刷新
Label	labType	权限:			

首先在程序头部添加下列语句：

```
using System.Data.SqlClient;        //打开数据库库文件
```

1. 定义全局变量

```
string constr = "server=.;database=CPMS;uid=sa;pwd=sa";     //定义连接字符串
string cmdstr;      //定义字符串变量
int r;      //定义整型变量
```

2. 窗口加载响应事件的方法

（1）当“用户信息管理”窗口加载时，右侧“用户信息”中的“权限”组合框中应显示 Users 表（用户表）中所有“UserType”字段的信息，且应除去重复信息。

```
private void clsCbo()      //为组合框添加项
{     this.cmbType.Items.Clear();    //清空组合框
      string str = "select distinct UserType from users";      //设置 SQL 查询字段
for (int i = 0; i < computer.getDataset(str).Tables[0].Rows.Count; i++)
      {
this.cmbType.Items.Add(computer.getDataset(str).Tables[0].Rows[i][0].ToString());      //将数据集显示
在"权限"组合框中      }
      this.cmbType.SelectedIndex = 0;   //将组合框索引设置为 0      }
```

（2）窗口加载时 ListView 控件中应显示 Users 表（用户表）数据。

```
private void showListView()      //在 ListView 控件中显示数据
{     SqlConnection conn = new SqlConnection(constr);
      cmdstr = "select * from users";   //设置 SQL 语句
      SqlCommand cmd = new SqlCommand(cmdstr, conn);
      SqlDataReader read = null;
      this.listView1.Items.Clear();   //清空 ListView 控件
      try
      {     conn.Open();   //打开数据库连接
            read = cmd.ExecuteReader();   //读数据
            while (read.Read())
            {     //在 ListView 控件中显示用户信息
                  ListViewItem lv = new ListViewItem(read["UserName"].ToString());
                  lv.SubItems.Add(read["Pwd"].ToString());
                  lv.SubItems.Add(read["UserType"].ToString());
                  this.listView1.Items.Add(lv);        }     }
   catch (Exception)
   {                    throw;   //系统报错                  }
   finally
   {     read.Close();   //关闭 read 对象
   conn.Close();   //关闭数据库连接                 }
}
```

（3）窗口加载响应事件的方法

```
private void userManager_Load(object sender, EventArgs e)
{     clsCbo();   //调用方法为组合框添加项
      showListView();   //调用方法在 ListView 控件中显示用户信息       }
```

3. 单击 ListView 控件响应事件的方法

当用户单击 ListView 控件时，能将选中行的数据显示在右侧的相应文本框中。

```
private void listView1_Click(object sender, EventArgs e)
{     //能将 ListView 控件中选中行的数据，在右侧的文本框中显示
this.txtUser.Text = this.listView1.SelectedItems[0].Text;
      this.txtPwd.Text = this.listView1.SelectedItems[0].SubItems[1].Text;
      this.cmbType.Text = this.listView1.SelectedItems[0].SubItems[2].Text; }
```

4. "添加"按钮响应事件的方法

当用户单击"添加"按钮时，首先判断用户名是否存在，如不存在则进行添加信息的操作；如存在则将光标定位在"用户名"输入框中，等待用户再次输入信息。

```
private void selUser()      //判断用户是否存在
{     string str = string.Format("select count(*) from users where UserName='{0}'", this.txtUser.Text);
//在用户表中查找现有用户名是否存在
      try
      {     r = computer.getLogin(str);   //返回查找结果
```

```
            if (r > 0)   //用户名存在
            {     MessageBox.Show("用户已存在，请重新输入！", "提示");
                  this.txtUser.SelectAll();
                  this.txtUser.Focus();  //事件焦点定位在"用户名"输入框中        }     }
        catch (Exception)
        {                     throw;  //系统报错                  }
    }
    //"添加"按钮响应事件的方法
    private void btnAdd_Click(object sender, EventArgs e)
    {    this.selUser();  //调用方法，判断用户名是否存在
        if (r == 0)  //用户名不存在，可以进行添加操作
        {          cmdstr = string.Format("insert into users values('{0}','{1}','{2}')", this.txtUser.Text,
this.txtPwd.Text, this.cmbType.Text);  //向用户表中添加用户信息
            try
            {   int a = computer.getDataUp(cmdstr);
                if (a > 0)
                {   MessageBox.Show("记录添加成功!", "提示");
                    showListView();  //刷新 ListView 控件          }     }
            catch (Exception)
            {                     throw;  //系统报错                  }     }
    }
```

5. “删除”按钮响应事件的方法

当用户单击“删除”按钮时，将 ListView 控件中选中行信息删除。

```
    private void btnDel_Click(object sender, EventArgs e)
    { cmdstr = string.Format("delete users where UserName='{0}'", this.listView1.SelectedItems[0].Text);
//设置 SQL 语句
        try
        {   int a = computer.getDataUp(cmdstr);  //返回操作结果
            if (a > 0)  //操作成功
            {   MessageBox.Show("记录删除成功！", "提示");
                showListView();  //刷新 ListView 控件          }
            else
            { MessageBox.Show("记录删除过程有误，请重新选择记录行！", "提示"); }     }
        catch (Exception)
        {                     throw;  //系统报错              }
    }
```

6. “修改”按钮响应事件的方法

当用户单击“修改”按钮时，将 ListView 控件中选中行信息通过右侧“用户信息”栏中的各输入框进行修改。

```
    private void btnMdi_Click(object sender, EventArgs e)
    {    //设置修改 SQL 语句
        cmdstr = string.Format("update users set Pwd='{0}',UserType='{1}' where UserName='{2}'
",this.txtPwd.Text, this.cmbType.Text, this.txtUser.Text);
```

```
            try
            {     int a = computer.getDataUp(cmdstr);   //返回操作结果
                  if (a > 0)
                  {        MessageBox.Show("记录修改成功！", "提示");
                           showListView();   //刷新 ListView 控件        }
                  else
        {         MessageBox.Show("要修改的用户不存在，请选择一个已存在的用户进行修改！", "提示
");       }       }
            catch (Exception)
            {     MessageBox.Show("要修改的用户不存在，请选择一个已存在的用户进行修改！", "提示
");       }
        }
```

7. “刷新”按钮响应事件的方法

当用户单击“刷新”按钮时，将 ListView 控件及右侧“用户信息”栏中的控件全部清空，并将光标定位在“用户名”输入框中。

```
    private void btnRef_Click(object sender, EventArgs e)
    {    this.txtUser.Focus();   //将事件焦点定位在 txtUser 控件中
         this.txtUser.Clear();   //清空 txtUser 控件
         this.txtPwd.Clear();   //清空 txtPwd 控件
         clsCbo();   //为组合框添加项
         this.showListView();   //刷新 ListView 控件        }
```

10.2.2　职员信息管理的实现

“职员信息管理”窗口加载时能作为主界面窗体的子窗体加载，并位于屏幕左上方的位置；启动时能在 DataGridView 控件中显示 Worker 表（职员表）数据，单击 DataGridView 控件能将选中行的数据显示在上边的相应文本框中；能进行增加、修改、删除、刷新表数据及清空操作。其窗口界面如图 10-5 所示，窗口中控件及属性设置详见表 10-3。

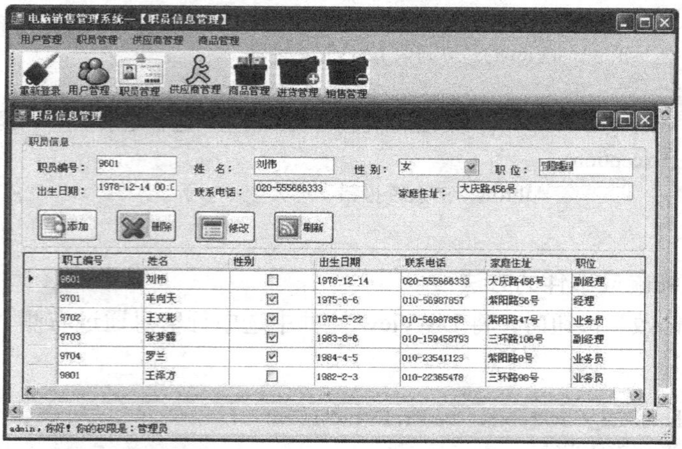

图 10-5　“职员信息管理”窗口界面

表 10-3 “职员信息管理”窗口控件及属性设置

对　象	Name 属性	Text 属性	对　象	Name 属性	Text 属性
Datagridview	dgv1		Label	labBrith	出生日期：
GroupBox	groupBox1	职员信息	TextBox	txtBrith	
Label	labId	职员编号：	Label	labTel	联系电话：
TextBox	txtId		TextBox	txtTel	
Label	labName	姓名：	Label	labAdd	家庭住址：
TextBox	txtName		TextBox	txtAdd	
Label	labSex	性别：	Botton	btnAdd	添加
ComboBox	cmbSex		Botton	btnDel	删除
Label	labJobs	职位：	Botton	btnMdi	修改
TextBox	txtJobs		Botton	btnRef	刷新

1. 定义全局变量

```
string str;   //定义字符串变量
int r;   //定义整型变量
```

2. 窗口加载响应事件的方法

（1）将 dgv1 控件中选中行的数据显示在相应的文本框中。

```
private void showTxt()
{   //将 dgv1 控件中选中行的数据显示在相应的文本框中
this.txtId.Text = this.dgv1.CurrentRow.Cells[0].Value.ToString();   //职员编号
this.txtName.Text = this.dgv1.CurrentRow.Cells[1].Value.ToString();   //姓名
    if (this.dgv1.CurrentRow.Cells[2].Value.ToString()=="True")   //性别
    {       this.cmbSex.Text = "男";            }
    else    {       this.cmbSex.Text = "女";            }
    this.txtBrith.Text=this.dgv1.CurrentRow.Cells[3].Value.ToString();   //出生日期
this.txtTel.Text=this.dgv1.CurrentRow.Cells[4].Value.ToString();   //联系电话
this.txtAdd.Text=this.dgv1.CurrentRow.Cells[5].Value.ToString();   //家庭住址
this.txtJobs.Text=this.dgv1.CurrentRow.Cells[6].Value.ToString();   //职位}
```

（2）当“职员信息管理”窗口加载时，应将所有的输入框内容清空，在“性别”组合框中添加“男”、“女”选项；为 dgv1 控件添加数据项，使其显示 Worker 表（职员表）数据，单击 dgv1 控件能将选中行的数据显示在上边的相应文本框中。

```
private void staffManage_Load(object sender, EventArgs e)
{   this.cmbSex.Items.Clear();   //清空"性别"组合框
    this.cmbSex.Items.Add("男");   //在"性别"组合框中添加"男"
    this.cmbSex.Items.Add("女");   //在"性别"组合框中添加"女"
    this.cmbSex.SelectedIndex = 0;   //设置"性别"组合框索引为 0
    str = "select * from Worker";   //设置查询 SQL 语句
    try
    {   //设置数据源
```

```
            this.dgv1.DataSource = computer.getDataset(str).Tables[0];    }
        catch (Exception)
        {    MessageBox.Show("数据加载出错", "提示");    }
        this.dgv1.Columns[0].HeaderCell.Value = "职工编号";   //为 dgv1 控件添加列名
        this.dgv1.Columns[1].HeaderCell.Value = "姓名";
        this.dgv1.Columns[2].HeaderCell.Value = "性别";
        this.dgv1.Columns[3].HeaderCell.Value = "出生日期";
        this.dgv1.Columns[4].HeaderCell.Value = "联系电话";
        this.dgv1.Columns[5].HeaderCell.Value = "家庭住址";
        this.dgv1.Columns[6].HeaderCell.Value = "职位";
        showTxt();   //将 dgv1 控件中选中行的数据显示在相应的文本框中    }
```

3. 单击 dgv1 控件响应事件的方法

当用户单击 dgv1 控件时，能将选中行的数据显示在上边的相应文本框中。

```
    private void dgv1_Click(object sender, EventArgs e)
    {    showTxt();   //将 dgv1 控件中选中行的数据显示在相应的文本框中    }
```

4. "添加"按钮响应事件的方法

当用户单击"添加"按钮时，首先判断职员编号是否存在，如不存在则进行添加信息的操作；如存在则将光标定位在"职员编号"输入框中，等待用户再次输入信息。

```
    private void selStaId()   //判断职员编号是否存在的方法
    {   string str = string.Format("select count(*) from Worker where Work_id='{0}'", this.txtId.Text);    //设置查询 SQL 语句
    try
        {    r = computer.getLogin(str);   //返回查询结果
             if (r > 0)
             {    MessageBox.Show("职员已存在，请重新输入！", "提示");
                  this.txtId.SelectAll();
                  this.txtId.Focus();   //事件焦点定位在 txtId 控件中    }        }
        catch (Exception)
        {         throw;    //系统报错         }
    }
    //"添加"按钮响应事件的方法
    private void btnAdd_Click(object sender, EventArgs e)
    {    string t;      bool m;       this.selStaId();   //调用方法，判断职员编号是否存在
         if (r==0)   //职员编号不存在，可以进行添加信息操作
         {    t = this.cmbSex.Text;
              if (t.Equals("男"))     {     m = true;      }
              else      {    m = false;     }
              try
              {   str  =  string.Format("insert  into  Worker  values('{0}','{1}','{2}','{3}','{4}','{5}','{6}')", this.txtId.Text, this.txtName.Text, m, Convert.ToDateTime(this.txtBrith.Text), this.txtTel.Text, this.txtAdd.Text, this.txtJobs.Text);   //设置添加 SQL 语句
                      int a = computer.getDataUp(str);
                      if (a != 0)
```

```
                    {   MessageBox.Show("职员信息添加成功！", "提示");
                        str = "select * from Worker";   //设置查询 SQL 语句
                        try
                        {  this.dgv1.DataSource = computer.getDataset(str).Tables[0];    //设置数据
源      }
                        catch (Exception)
                        {   MessageBox.Show("数据加载出错", "提示");  }     }     }
            catch (Exception)
            {   MessageBox.Show("数据添加有误，请重新输入", "提示");  }     }
        }
```

5. “删除”按钮响应事件的方法

当用户单击“删除”按钮时，将 dgv1 控件中选中行信息删除。

```
        private void btnDel_Click(object sender, EventArgs e)
        {  str = string.Format("delete Worker where Work_id='{0}'", this.dgv1.CurrentRow.Cells[0].Value.
ToString());   //设置删除 SQL 语句
            try
            {    int a = computer.getDataUp(str);
                 if (a != 0)
                 {    MessageBox.Show("数据删除成功", "提示");
                      str = "select * from Worker";   //设置查询 SQL 语句
                      try
                      {    //设置数据源
        this.dgv1.DataSource = computer.getDataset(str).Tables[0]; }
                      catch (Exception)
                      {   MessageBox.Show("数据加载出错", "提示");  }
                      this.showTxt();   }       }
            catch (Exception)
            {         MessageBox.Show("数据删除有误", "提示");  }
        }
```

6. “修改”按钮响应事件的方法

当用户单击“修改”按钮时，将 dgv1 控件中选中行信息通过上边“职员信息”栏中的各输入框进行修改。

```
        private void btnMdi_Click(object sender, EventArgs e)
        {    string t;      bool m;      t = this.cmbSex.Text;
             if (t.Equals("男"))          {      m = true;      }
             else      {     m = false;     }
             try
             { str = string.Format("update Worker set Work_name='{0}',Sex='{1}',Birth='{2}',Telephone='{3}',
Address='{4}',Position='{5}'  where  Work_id='{6}'",  this.txtName.Text,  m,this.txtBrith.Text,this.txtTel.Text,
this.txtAdd.Text,this.txtJobs.Text,this.txtId.Text);   //设置修改 SQL 语句
                int a = computer.getDataUp(str);
                if (a != 0)
                {    MessageBox.Show("数据修改成功！", "提示");
```

```
                str = "select * from Worker";   //设置查询 SQL 语句
                try
                { this.dgv1.DataSource = computer.getDataset(str).Tables[0];   }
                catch (Exception)
                {    MessageBox.Show("数据加载出错", "提示");  }          }       }
        catch (Exception)
        {  MessageBox.Show("数据修改有误，请重新输入！", "提示");  }
}
```

7. “刷新”按钮响应事件的方法

当用户单击“刷新”按钮时，能在 dgv1 控件中显示 Worker 表（职员表）数据，单击 dgv1 控件能将选中行的数据显示在上边的相应文本框中。

```
private void btnRef_Click(object sender, EventArgs e)
{    str = "select * from Worker";   //设置查询 SQL 语句
     try
     {    //设置数据源
          this.dgv1.DataSource = computer.getDataset(str).Tables[0]; }
     catch (Exception)
     {    MessageBox.Show("数据加载出错", "提示");   }
     this.showTxt();   //调用方法，将 dgvl 控件中选中行的数据显示在相应的文本框中}
```

10.2.3　供应商信息管理的实现

“供应商信息管理”窗口加载时能作为主界面窗体的子窗体加载，并位于屏幕左上方的位置；启动时能在 DataGridView 控件中显示 Supplier 表（供货商表）数据，单击 DataGridView 控件能将选中行的数据显示在上边的相应文本框中；能进行增加、修改、删除、刷新表数据及清空操作。其窗口界面如图 10-6 所示，窗口中控件及属性设置详见表 10-4。

由于“供应商信息管理”窗口功能与“职员信息管理”窗口功能相似，都是利用 DataGridView 控件对 SQL 数据库中的表进行批量处理的，故这里仅给出关键的 SQL 查询语句，其他代码参见“职员信息管理”功能实现。

```
string str;   //定义字符串变量
```

（1）查询 Supplier 表（供货商表）数据

```
str = "select * from Supplier";
```

（2）查询用户输入的供货人是否存在

```
str = string.Format("select count(*) from Supplier where Supplier='{0}'", this.txtUser.Text);
```

（3）添加供应商信息

```
str = string.Format("insert into Supplier values('{0}','{1}','{2}','{3}')", this.txtName.Text.Trim(),
this.txtAdd.Text.Trim(), this.txtTel.Text.Trim(), this.txtUser.Text.Trim());
```

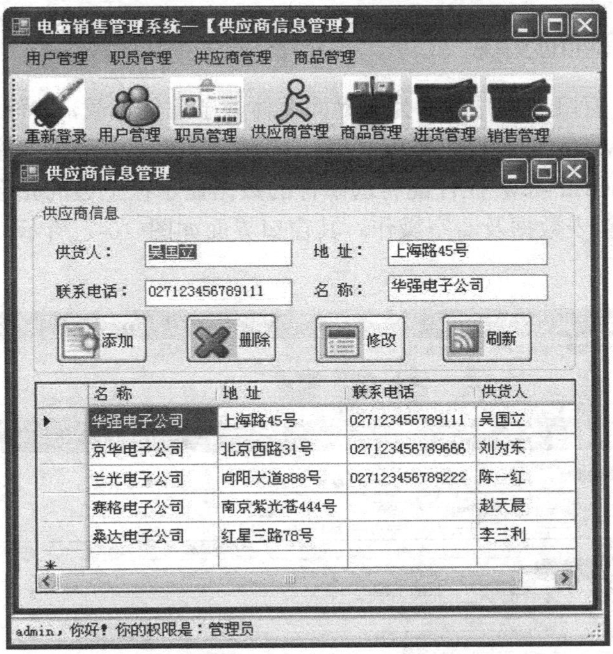

图 10-6 “供应商信息管理”窗口界面

表 10-4 “供应商信息管理”窗口控件及属性设置

对　象	Name 属性	Text 属性	对　象	Name 属性	Text 属性
Datagridview	dgv1		TextBox	txtTel	
GroupBox	groupBox1	供应商信息	Label	labName	名称：
Label	labUser	供货人：	TextBox	txtName	
TextBox	txtUser		Botton	btnAdd	添加
Label	labAdd	地址：	Botton	btnDel	删除
TextBox	txtAdd		Botton	btnMdi	修改
Label	labTel	联系电话：	Botton	btnRef	刷新

（4）修改供应商信息

```
str = string.Format("update Supplier set Sup_Name='{0}',Sup_Address='{1}',Sup_Tel='{2}' where Supplier='{3}'", this.txtName.Text, this.txtAdd.Text, this.txtTel.Text, this.txtUser.Text);
```

（5）删除供应商信息

```
str = string.Format("delete Supplier where Sup_Name='{0}'", this.dgv1.CurrentRow.Cells[0].Value.ToString());
```

10.3 商品管理的实现

“电脑销售管理系统”中的商品管理功能包括：商品信息管理、进货管理和销售管理。

10.3.1 商品信息管理的实现

“商品信息管理”窗口加载时能作为主界面窗体的子窗体加载，并位于屏幕左上方的位置；启动时能在 DataGridView 控件中显示 Ware 表（货物表）和 Stock 表（库存表）中有关货物的数据信息，单击 DataGridView 控件能将选中行的数据显示在上边的相应文本框中；能进行增加、修改、删除、刷新表数据及清空操作。其窗口界面如图 10-7 所示，窗口中控件及属性设置详见表 10-5。

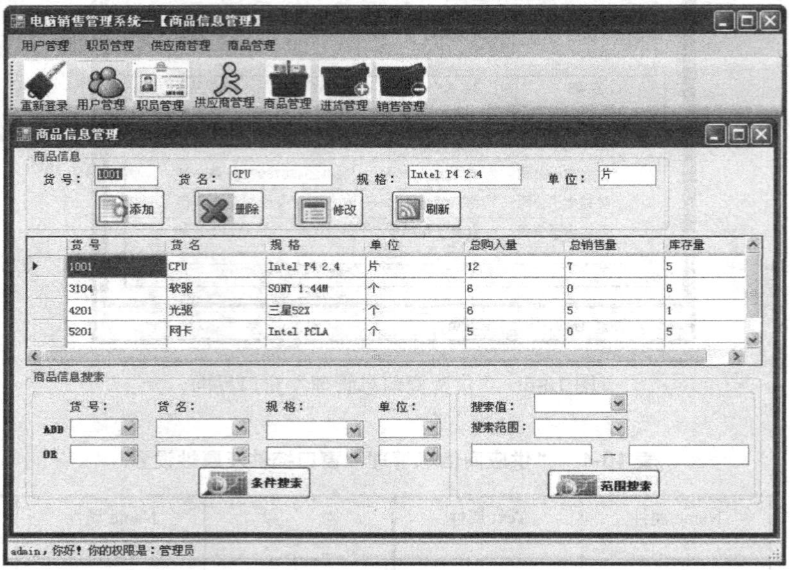

图 10-7 “商品信息管理”窗口界面

表 10-5 “商品信息管理”窗口控件及属性设置

对　　象	Name 属性	Text 属性	对　　象	Name 属性	Text 属性
Datagridview	dgv1		Label	label5	ADD
GroupBox	groupBox1	商品信息	Label	label6	OR
Label	labId	货号：	ComboBox	cmbAddId	
TextBox	txtId		ComboBox	cmbAddName	
Label	labName	货名：	ComboBox	cmbAddSpe	
TextBox	txtName		ComboBox	cmbAddUnit	
Label	labSpe	规格：	ComboBox	cmbOrId	
TextBox	txtSpe		ComboBox	cmbOrName	
Label	labUnit	单位：	ComboBox	cmbOrSpe	
TextBox	txtUnit		ComboBox	cmbOrUnit	
Botton	btnAdd	添加	Label	label7	搜索值：
Botton	btnDel	删除	Label	label8	搜索范围：
Botton	btnMdi	修改	ComboBox	cmbFwz	

续表

对　　象	Name 属性	Text 属性	对　　象	Name 属性	Text 属性
Botton	btnRef	刷新	ComboBox	cmbfw	
GroupBox	groupBox2	商品信息搜索	TextBox	txtZ1	
Label	label1	货号：	TextBox	txtZ2	
Label	label2	货名：	Label	label9	—
Label	label3	规格：	Botton	btnSertj	条件搜索
Label	label4	单位：	Botton	btnSerfw	范围搜索

1. 定义全局变量

```
string str;   //定义字符串变量
int r;   //定义整型变量
```

2. 窗口加载响应事件的方法

（1）将 dgv1 控件中选中行的数据显示在相应的文本框中。

```
private void showTxt()
{    //将 dgv1 控件中选中行的数据显示在相应的文本框中
     this.txtId.Text = this.dgv1.CurrentRow.Cells[0].Value.ToString();
     this.txtName.Text = this.dgv1.CurrentRow.Cells[1].Value.ToString();
     this.txtSpe. Text=this.dgv1.CurrentRow.Cells[2].Value.ToString();
     this.txtUnit.Text = this.dgv1.CurrentRow.Cells[3].Value.ToString(); }
```

（2）当“商品信息管理”窗口加载时，在 dgv1 控件中显示 Ware 表（货物表）中的全部数据和 Stock 表（库存表）中有关商品的“总购入量”、“总销售量”和“库存量”信息，故这里要用到多表查询。

在“商品信息搜索”栏中要对商品的信息进行条件搜索和范围搜索，为了方便搜索，在窗口启动时，应在“货号”、“货名”、“规格”和“单位”组合框中显示 Stock 表（库存表）中所有“货号”、“货名”、“规格”和“单位”的信息（应去掉重复项）。

在“搜索值”组合框中显示“总购入量”、“总销售量”和“库存量”信息，因为这三个字段可以进行范围搜索。在“搜索范围”组合框中显示“介于”、“未介于”、“等于”、“不等于”、“大于”、“大于等于”、“小于”和“小于等于”8 种范围搜索的运算符。

```
private void SerCmb(ComboBox cmb,string str)   //为搜索栏中的各个组合框添加数据项
{    cmb.Items.Clear();   //清空组合框
     for (int i = 0; i < computer.getDataset(str).Tables[0].Rows.Count; i++)
     {cmb.Items. Add(computer.getDataset(str).Tables[0].Rows[i][0].ToString());}
}
//多表查询
private void comManage_Load(object sender, EventArgs e)
{ str = "select ware.Ware_Id,ware.Ware_Name,ware.Spec,ware.Unit,stock.Buy_Num,stock.Sale_Num,
stock.Stock_Num from ware,stock where ware.Ware_Id=stock.Ware_Id";
        try
        { this.dgv1.DataSource = computer.getDataset(str).Tables[0];   }
        catch (Exception)
```

```
    {       MessageBox.Show("数据加载出错", "提示");        }
    //为 dgv1 控件添加数据项
    this.dgv1.Columns[0].HeaderCell.Value = "货  号";
    this.dgv1.Columns[1].HeaderCell.Value = "货  名";
    this.dgv1.Columns[2].HeaderCell.Value = "规  格";
    this.dgv1.Columns[3].HeaderCell.Value = "单  位";
    this.dgv1.Columns[4].HeaderCell.Value = "总购入量";
    this.dgv1.Columns[5].HeaderCell.Value = "总销售量";
    this.dgv1.Columns[6].HeaderCell.Value = "库存量";
    showTxt();  //将 dgv1 控件中选中行的数据显示在相应的文本框中
    //将 Ware 表中所有的"货号"显示在组合框中（去掉重复字段）
    string str1 = "select distinct Ware_Id from Ware";
    SerCmb(cmbAddId, str1);       SerCmb(cmbOrId, str1);
    //将 Ware 表中所有的"货名"显示在组合框中（去掉重复字段）
   string str2 = "select distinct Ware_Name from Ware";
   SerCmb(cmbAddName, str2);       SerCmb(cmbOrName, str2);
   //将 Ware 表中所有的"规格"显示在组合框中（去掉重复字段）
   string str3 = "select distinct Spec from Ware";
   SerCmb(cmbAddSpe, str3);       SerCmb(cmbOrSpe, str3);
   //将 Ware 表中所有的"单位"显示在组合框中（去掉重复字段）
   string str4 = "select distinct Unit from Ware";
   SerCmb(cmbAddUnit, str4);       SerCmb(cmbOrUnit, str4);
   //为"搜索值"组合框添加数据项
   this.cmbFwz.Items.Add("总购入量");       this.cmbFwz.Items.Add("总销售量");
   this.cmbFwz.Items.Add("库存量");
   //为"搜索范围"组合框添加数据项
   this.cmbfw.Items.Add("介于");       this.cmbfw.Items.Add("未介于");
   this.cmbfw.Items.Add("等于");       this.cmbfw.Items.Add("不等于");
   this.cmbfw.Items.Add("大于");       this.cmbfw.Items.Add("大于等于");
   this.cmbfw.Items.Add("小于");       this.cmbfw.Items.Add("小于等于");     }
```

3. 单击 dgv1 控件响应事件的方法

当用户单击 dgv1 控件时，能将选中行的数据显示在上边的相应文本框中。

```
private void dgv1_Click(object sender, EventArgs e)
{           showTxt();   //调用方法完成该功能          }
```

4. “添加”按钮响应事件的方法

当用户单击“添加”按钮时，首先判断货号是否存在，如不存在则进行添加信息的操作；如存在则将光标定位在“货号”输入框中，等待用户再次输入信息。在“添加”商品信息时，能同时在库存表中添加该商品信息，其“总购入量”、“总销售量”和“库存量”默认为 0。

```
private void selComId()   //判断货物 ID 是否存在的方法
{    string str = string.Format("select count(*) from Ware where Ware_id='{0}'", this.txtId.Text);     //查
询 SQL 语句
     try
     {    r = computer.getLogin(str);   //查询结果
```

```
            if (r > 0)
            {    MessageBox.Show("货号存在，请重新输入！", "提示");
                 this.txtId.SelectAll();
                 this.txtId.Focus();      }  //事件焦点定位在 txtId 控件中}
        catch (Exception)
        {              throw;          }
    }
    //"添加"按钮响应事件的方法
    private void btnAdd_Click(object sender, EventArgs e)
    {    this.selComId();  //调用方法，判断货物 ID 是否存在
         if (r == 0)
         {    try
              { str = string.Format("insert into Ware values('{0}','{1}','{2}','{3}')", this.txtId.Text, this.
txtName.Text,this.txtSpe.Text, this.txtUnit.Text);  //添加功能 SQL 语句
                 //求库存表中货号的最大值
                 string str1 = "select max(Stock_Id) from Stock";
                 int m = computer.getLogin(str1);
                 //向库存表添加商品信息，总购入量、总销售量和库存量默认为 0
                 string str2 = string.Format("insert into Stock values({0},'{1}',{2},{3},{4})",
m+1,this.txtId.Text,0,0,0);
                 int a = computer.getDataUp(str);
                 int b = computer.getDataUp(str2);
                 if (a > 0&&b>0)
                 {    MessageBox.Show("商品信息添加成功！", "提示");
                      str = "select ware.Ware_Id,ware.Ware_Name,ware.Spec,ware.Unit,stock.Buy_Num,
stock.Sale_Num,stock.Stock_Num from ware,stock where ware.Ware_Id=stock.Ware_Id";//查询 SQL 语句
                      try
                      { this.dgv1.DataSource = computer.getDataset(str).Tables[0];        }
                      catch (Exception)
                       {    MessageBox.Show("数据加载出错", "提示");  }      }     }
              catch (Exception)
              {  MessageBox.Show("数据添加有误，请重新输入", "提示");  }      }
    }
```

5. “删除”按钮响应事件的方法

当用户单击“删除”按钮时，将 dgv1 控件中选中行信息删除，同时将库存表、销售表、进货表中该商品的信息删除。

```
    private void btnDel_Click(object sender, EventArgs e)
    {    try
         {      str = string.Format("delete Ware where Ware_Id='{0}'",
this.dgv1.CurrentRow.Cells[0].Value.ToString());  //删除货物表中该商品的信息
              string str1 = string.Format("delete stock where Ware_Id='{0}'",
this.dgv1.CurrentRow.Cells[0].Value.ToString());  //删除库存表中该商品的信息
              string str2 = string.Format("delete Sell where Ware_Id='{0}'",
this.dgv1.CurrentRow.Cells[0].Value.ToString());  //删除销售表中该商品的信息
             string str3 = string.Format("delete Restock where Ware_Id='{0}'",
```

```
this.dgv1.CurrentRow.Cells[0].Value.ToString());  //删除进货表中该商品的信息
            int a = computer.getDataUp(str);    int b = computer.getDataUp(str1);
            int c = computer.getDataUp(str2);   int d = computer.getDataUp(str3);
            if (a > 0 )
            {   MessageBox.Show("数据删除成功", "提示");
                str = "select ware.Ware_Id,ware.Ware_Name,ware.Spec,ware.Unit,stock.Buy_Num,
stock.Sale_Num,stock.Stock_Num from ware,stock where ware.Ware_Id=stock.Ware_Id";
                try
                {this.dgv1.DataSource = computer.getDataset(str).Tables[0]; }
                catch (Exception)
                {   MessageBox.Show("数据加载出错", "提示"); }
                this.showTxt();    }    }
            catch (Exception)
            {   MessageBox.Show("数据删除有误", "提示");    }
        }
```

6. “修改”按钮响应事件的方法

当用户单击“修改”按钮时，将 dgv1 控件中选中行信息通过上边“商品信息”栏中的各输入框进行修改，并能同时修改库存表中该商品的信息。

```
        private void btnMdi_Click(object sender, EventArgs e)
        {       try
            {  str = string.Format("update Ware set Ware_Name='{0}',Spec='{1}',Unit='{2}' where
Ware_Id='{3}'", this.txtName.Text, this.txtSpe.Text, this.txtUnit.Text, this.txtId.Text);   //修改货物表中该商品的
信息
                int a = computer.getDataUp(str);
                if (a != 0)
                {  MessageBox.Show("数据修改成功！", "提示");
                    str = "select ware.Ware_Id,ware.Ware_Name,ware.Spec,ware.Unit,stock.Buy_Num,
stock.Sale_Num,stock.Stock_Num from ware,stock where ware.Ware_Id=stock.Ware_Id";
                    try
                    { this.dgv1.DataSource = computer.getDataset(str).Tables[0]; }
                    catch (Exception)
                    {   MessageBox.Show("数据加载出错", "提示");    }    }    }
            catch (Exception)
            {  MessageBox.Show("数据修改有误，请重新输入！", "提示");  }
        }
```

7. “刷新”按钮响应事件的方法

当用户单击“刷新”按钮时，能在 dgv1 控件中显示 Ware 表（货物表）中的全部数据和 Stock 表（库存表）中有关商品的“总购入量”、“总销售量”和“库存量”信息，单击 dgv1 控件能将选中行的数据显示在上边的相应文本框中。

```
        private void btnRef_Click(object sender, EventArgs e)
        {   str = "select ware.Ware_Id,ware.Ware_Name,ware.Spec,ware.Unit,stock.Buy_Num,stock.
Sale_Num,stock.Stock_Num from ware,stock where ware.Ware_Id=stock.Ware_Id";
            try
```

```
{ this.dgv1.DataSource = computer.getDataset(str).Tables[0]; }
catch (Exception)
{   MessageBox.Show("数据加载出错", "提示"); }
this.showTxt();      }
```

8. 商品信息搜索实现的方法

用户能对货物的基本信息进行单个或多个条件的综合搜索，或对货物信息进行单个值的多种范围搜索。

（1）条件搜索的实现

```
//"条件搜索"按钮响应事件的方法
private void btnSertj_Click(object sender, EventArgs e)
{     string[] addS = new string[4];     //定义字符串数组 addS
      string[] orS = new string[4];     //定义字符串数组 orS
      int[] addN =new int[5]{0,0,0,0,0};   //定义整型数组 addN
      int[] orN =new int[5]{0,0,0,0,0}; //定义整型数组 orN
      bool ser = true;          int n1=0,n2=0,m=0;
      //为 addS、orS 数组中的各个元素赋值
      addS[0] = this.cmbAddId.Text.Trim();
      orS[0] = this.cmbOrId.Text.Trim();
      addS[1] = this.cmbAddName.Text.Trim();
      orS[1] = this.cmbOrName.Text.Trim();
      addS[2] = this.cmbAddSpe.Text.Trim();
      orS[2] = this.cmbOrSpe.Text.Trim();
      addS[3] = this.cmbAddUnit.Text.Trim();
      orS[3] = this.cmbOrUnit.Text.Trim();
      string str2 = "";         string str3 = "";
      //检索搜索条件是否合理
      for (int i = 0; i < 4;i++)
      {    if (!addS[i].Equals("")) { addN[i] = 1; n1++; m++; }
           if (!orS[i].Equals(""))   { orN[i] = 1; n2++; m++; }
           //同一个字段"ADD"和"OR"操作都选择，则将 ser 设置为 false
           if (addN[i] ==1&& orN[i]==1)
           {     ser = false;        break;       }        }
      if (m == 0)   //没有选择搜索值
      {   MessageBox.Show("请选择搜索值！", "提示");   }
      if (ser == false)   //每个搜索值只能选择"ADD"和"OR"操作中的一种
      { MessageBox.Show("每个搜索值只能选择"ADD"操作和"OR"操作中的一种！", "提示");}
      else   if (n1 != 0 && n2 != 0)   //只能选择做"ADD"操作或者"OR"操作
      { MessageBox.Show("只能选择做"ADD"操作或者"OR"操作！", "提示"); }
      else   //搜索条件合理，可以进行搜索
      {   //设置初始查询 SQL 语句
           str = "select distinct ware.Ware_Id,ware.Ware_Name,ware.Spec,ware.Unit,stock.Buy_Num,
stock.Sale_Num,stock.Stock_Num from ware,stock where ware.Ware_Id=stock.Ware_Id and ";
           int c = 0;              int z = 0;
           if (n1 != 0)   //"ADD"条件不为空
```

```
{     for (int i = 0; i < 4; i++)
      {     c = 0;
            if (addN[i] == 1)    //该字段设置了"ADD"条件
            {     switch (i)
                  {           case     0:     str3     =     string.Format("ware.Ware_Id='{0}'     ",
this.cmbAddId.Text.Trim()); str2 = str2 + str3; c = 1; break;     //"货号"字段
                              case     1:     str3     =     string.Format("ware.Ware_Name='{0}'     ",
this.cmbAddName.Text.Trim()); str2 = str2 + str3; c = 1; break;     //"货名"字段
                              case     2:     str3     =     string.Format("ware.Spec='{0}'     ",
this.cmbAddSpe.Text.Trim()); str2 = str2 + str3; c = 1; break;     //"规格"字段
                              case     3:     str3     =     string.Format("ware.Unit='{0}'     ",
this.cmbAddUnit.Text.Trim()); str2 = str2 + str3; break;     //"单位"字段
                                default:break;      }      }
                  z = 0;
                  for (int j = i + 1; j < 5; j++)      //连接多个查询条件
                  {     if (addN[j] == 1)    {     z = 1;     }     }
                        if (c == 1 && z == 1)
                        {     str2 = str2 + " and    ";     }     }     }
            if (n2 != 0)    //"OR"条件不为空
            {     str2 = str2 + "(";
                  for (int i = 0; i < 4; i++)
                  {     c = 0;
                        if (orN[i] == 1)    //该字段设置了"OR"条件
                        {     switch (i)
                              {           case     0:   str3   =   string.Format("ware.Ware_Id='{0}'     ",
this.cmbOrId.Text.Trim()); str2 = str2 + str3; c = 1; break;          //"货号"字段
                                          case     1:   str3   =   string.Format("ware.Ware_Name='{0}'     ",
this.cmbOrName.Text.Trim()); str2 = str2 + str3; c = 1; break;   //"货名"字段
                                          case     2:   str3   =   string.Format("ware.Spec='{0}'     ",
this.cmbOrSpe.Text.Trim()); str2 = str2 + str3; c = 1; break;     //"规格"字段
                                          case     3:   str3   =   string.Format("ware.Unit='{0}'     ",
this.cmbOrUnit.Text.Trim()); str2 = str2 + str3; break;           //"单位"字段
                                          default: break;      }      }
                        z = 0;
                        for (int j = i + 1; j < 5; j++)      //连接多个查询条件
                        {     if (orN[j] == 1)    {   z = 1;    }     }
                        if (c == 1 && z == 1)    {     str2 = str2 + " or    ";     }
                  }
            str2 = str2 + ")";      }
            str = str + str2;
            try
          { this.dgv1.DataSource = computer.getDataset(str).Tables[0]; }
            catch (Exception)
            {   MessageBox.Show("数据加载出错", "提示");     }      }
}
```

在“商品信息搜索”栏中查找所有“单位”为“个”的商品信息，搜索结果如图 10-8 所示。

货 号	货 名	规 格	单 位	总购入量	总销售量	库存量
2101	主板	华硕 P4 B533	个	5	3	2
2102	主板	华硕 P4 B266	个	10	3	7
2204	主板	华硕 Intel845G	个	8	5	3
3101	软驱	三星1.44M	个	16	6	10
3103	软驱	NEC	个	30	2	28
3104	软驱	SONY 1.44M	个	6	0	6
4303	硬盘	IBM40G	个	6	5	1

图 10-8　单个字段搜索

在“商品信息搜索”栏中查找所有“货名”为“主板”且“单位”为“个”的商品信息，搜索结果如图 10-9 所示。

货 号	货 名	规 格	单 位	总购入量	总销售量	库存量
2101	主板	华硕 P4 B533	个	5	3	2
2102	主板	华硕 P4 B266	个	10	3	7
2204	主板	华硕 Intel845G	个	8	5	3

图 10-9　多个字段 ADD 操作搜索

在“商品信息搜索”栏中查找所有“货名”为“CPU”或单位为“个”的商品信息，搜索结果如图 10-10 所示。

货 号	货 名	规 格	单 位	总购入量	总销售量	库存量
1001	CPU	Intel P4 2.4	片	12	7	5
1002	CPU	Intel P4 3.0	片	9	2	7
1003	CPU	Intel C4 2.0	片	5	3	2
1006	CPU	奔腾 P4 845G	片	9	4	5
1111	CPU	Intel P4 2.4	片	20	15	5
3104	软驱	SONY 1.44M	个	6	0	6

图 10-10　多个字段 OR 操作搜索

（2）范围搜索的实现

```
private void btnSerfw_Click(object sender, EventArgs e)
{     //定义数组，存放选择的运算符
      int[] n = new int[8] { 0, 0, 0, 0, 0 ,0 ,0 ,0};
      string   fwzn = "";      string str1 ="" ;
      switch (this.cmbFwz.Text.Trim())    //根据用户选择的范围搜索字段进行搜索
      {    case "总购入量": fwzn = "stock.Buy_Num"; break;
           case "总销售量": fwzn = "stock.Sale_Num"; break;
           case "库存量": fwzn = "stock.Stock_Num"; break;
           default: MessageBox.Show("请选择正确的搜索值！", "提示");
           break;        }
      switch (this.cmbfw.Text.Trim())   //根据用户选择的搜索运算符进行搜索
      {     case  "介于":  str1  =  string.Format("  {0}  between  {1}  and  {2}",  fwzn,int.Parse
```

```
(this.txtZ1.Text.Trim()), int.Parse(this.txtZ2.Text.Trim())); break;  //当选择"介于"运算符时
                    case "未介于":str1 = string.Format(" {0} not between {1} and {2}", fwzn,int.Parse
(this.txtZ1.Text.Trim()), int.Parse(this.txtZ2.Text.Trim())); break;  //当选择"未介于"运算符时
                    case "等于":  str1 = string.Format(" {0} = {1}", fwzn, int.Parse(this.txtZ1.Text.Trim())); break;
//当选择"等于"运算符时
                    case "不等于":str1 = string.Format(" {0} <> {1}", fwzn, int.Parse(this.txtZ1.Text.Trim()));
break;  //当选择"不等于"运算符时
                    case "大于":str1 = string.Format(" {0} > {1}", fwzn, int.Parse(this.txtZ1.Text.Trim())); break;
//当选择"大于"运算符时
                    case "大于等于":str1 = string.Format(" {0} >= {1}", fwzn, int.Parse(this.txtZ1.Text.Trim()));
break;  //当选择"大于等于"运算符时
                    case "小于":str1 = string.Format(" {0} < {1}", fwzn, int.Parse(this.txtZ1.Text.Trim())); break;
//当选择"小于"运算符时
                    case "小于等于":str1 = string.Format(" {0} <= {1}", fwzn, int.Parse(this.txtZ1.Text.Trim()));
break;  //当选择"小于等于"运算符时
                    default: MessageBox.Show("请选择正确的搜索范围！", "提示");
                    break; //当为其他输入值时，则提示错误    }
                str="select    distinct    ware.Ware_Id,ware.Ware_Name,ware.Spec,ware.Unit,stock.Buy_Num,
stock.Sale_Num,stock.Stock_Num from ware,stock where ware.Ware_Id=stock.Ware_Id and"+str1;
                try
                { this.dgv1.DataSource = computer.getDataset(str).Tables[0];  }
                catch (Exception)
                {   MessageBox.Show("数据加载出错", "提示");   }
            }
            //改变"搜索范围"组合框选项时调用的方法
            private void cmbfw_SelectedIndexChanged(object sender, EventArgs e)
            {       switch (this.cmbfw.Text.Trim())
                 {    //"介于"和"未介于"运算需要两个操作数
                      case "介于":            case "未介于":
                      this.txtBj.Visible = true;     this.txtZ2.Visible = true; break;
                      //下列运算都只需要一个操作数
                      case "等于":         case "不等于":         case "大于":
                      case "大于等于":         case "小于":         case "小于等于":
                      this.txtBj.Visible = false;   this.txtZ2.Visible = false; break; }
            }
```

在“商品信息搜索”栏中查找“库存量”等于 10 的商品信息，搜索结果如图 10-11 所示。

在“商品信息搜索”栏中查找“总购入量”介于 10～20 之间的商品信息，搜索结果如图 10-12 所示。

	货 号	货 名	规 格	单 位	总购入量	总销售量	库存量
▶	3101	软驱	三星1.44M	个	16	6	10
	7101	机箱	东方城211A	套	11	1	10
*							

图 10-11　条件范围搜索

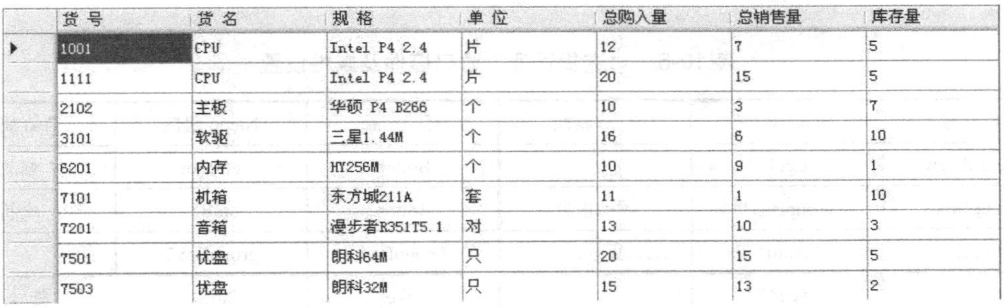

货号	货名	规格	单位	总购入量	总销售量	库存量
1001	CPU	Intel P4 2.4	片	12	7	5
1111	CPU	Intel P4 2.4	片	20	15	5
2102	主板	华硕 P4 B266	个	10	3	7
3101	软驱	三星1.44M	个	16	6	10
6201	内存	HY256M	个	10	9	1
7101	机箱	东方城211A	套	11	1	10
7201	音箱	漫步者R351T5.1	对	13	10	3
7501	优盘	朗科64M	只	20	15	5
7503	优盘	朗科32M	只	15	13	2

图 10-12　区间范围搜索

10.3.2　进货管理的实现

“进货管理”窗口加载时能作为主界面窗体的子窗体加载，并位于屏幕左上方的位置；启动时能在 DataGridView 控件中显示 Restock 表（进货表）中有关货物的数据信息及 Supplier 表（供货商表）中“供货人”的信息，单击 DataGridView 控件能将选中行的数据显示在上边的相应文本框中；能进行增加、修改、删除、刷新表数据及清空操作。其窗口界面如图 10-13 所示，窗口中控件及属性设置详见表 10-6。

1. 定义全局变量

```
string str;   //定义字符串变量
int r;   //定义整型变量
```

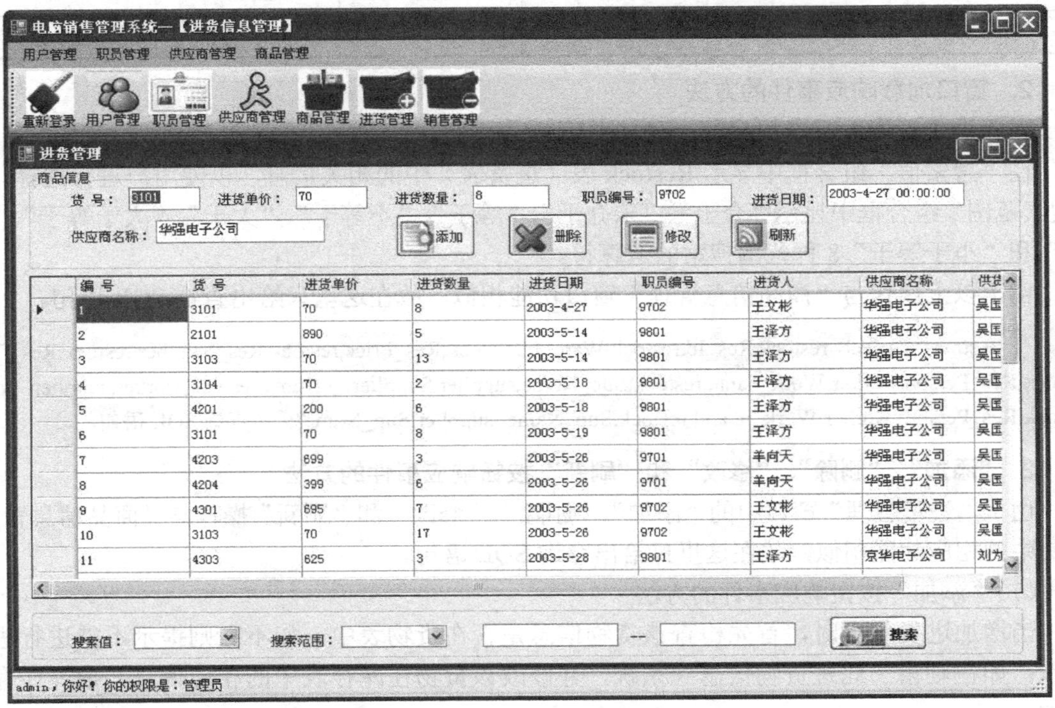

编号	货号	进货单价	进货数量	进货日期	职员编号	进货人	供应商名称	供货
1	3101	70	8	2003-4-27	9702	王文彬	华强电子公司	吴国
2	2101	890	5	2003-5-14	9801	王泽方	华强电子公司	吴国
3	3103	70	13	2003-5-14	9801	王泽方	华强电子公司	吴国
4	3104	70	2	2003-5-18	9801	王泽方	华强电子公司	吴国
5	4201	200	6	2003-5-18	9801	王泽方	华强电子公司	吴国
6	3101	70	8	2003-5-19	9801	王泽方	华强电子公司	吴国
7	4203	699	3	2003-5-26	9701	羊向天	华强电子公司	吴国
8	4204	399	6	2003-5-26	9701	羊向天	华强电子公司	吴国
9	4301	695	7	2003-5-26	9702	王文彬	华强电子公司	吴国
10	3103	70	17	2003-5-26	9702	王文彬	华强电子公司	吴国
11	4303	625	3	2003-5-28	9801	王泽方	京华电子公司	刘为

图 10-13　“进货管理”窗口界面

表 10-6　“进货管理”窗口控件及属性设置

对　　象	Name 属性	Text 属性	对　　象	Name 属性	Text 属性
Datagridview	dgv1		Botton	btnMdi	修改
GroupBox	groupBox1	商品信息	Botton	btnRef	刷新
Label	labId	货号：	GroupBox	groupBox2	
TextBox	txtId		Label	label1	货号：
Label	labPrice	进货单价：	Label	label2	进货单价：
TextBox	txtPrice		Label	label3	进货数量：
Label	labNum	进货数量：	Label	label4	职员编号：
TextBox	txtNum		Label	label5	进货日期：
Label	labUserId	职员编号：	Label	label6	供应商名称：
TextBox	txtUserId		Label	label7	搜索值：
Label	labDate	进货日期：	Label	label8	搜索范围：
TextBox	txtDate		ComboBox	cmbFwz	
Label	labSup	供应商名称：	ComboBox	cmbfw	
TextBox	txtSup		TextBox	txtZ1	
Botton	btnAdd	添加	TextBox	txtZ2	
Botton	btnDel	删除	Label	label9	—
Botton	btnSerJq	搜索			

2. 窗口加载响应事件的方法

当“进货管理”窗口加载时，同时刷新 dgvl 控件。

在“搜索值”组合框中显示 Restock 表（进货表）中的相关信息，以便用户进行选择。在“搜索范围”组合框中显示“介于”、“未介于”、“等于”、“不等于”、“大于”、“大于等于”、“小于”和“小于等于”8 种范围搜索的运算符。

由于以上操作与“商品信息管理”窗口功能相似，故在这里只给出查询 SQL 语句。

```
str = "select restock.Res_Id,restock.Ware_Id,restock.Res_Price,restock.Res_Number,restock.Res_Date,
restock.Res_Person,worker.Work_name,restock.Sup_Name,supplier.Supplier from restock,worker,supplier where
restock.Res_Person=worker.Work_id and restock.Sup_Name=supplier.Sup_Name";  //查询 SQL 语句
```

3. “添加”、“删除”、“修改”和“刷新”按钮响应事件的方法

由于“进货管理”窗口中的“添加”、“删除”、“修改”和“刷新”操作与“商品信息管理”窗口中的相应功能相似，故在这里只给出查询 SQL 语句。

（1）“添加”按钮响应事件的方法

当增加进货信息时，首先检查该货物信息是否在货物表中，如不在则提示不能进行进货操作；如在则增加此进货物信息到系统，并修改该货物在库存表中的相应信息，使其库存量增加。

```
str = string.Format("select count(*) from ware where Ware_id='{0}'", this.txtId.Text);    //查询货号是否
存在
```

```
str1 = "select max(Res_Id) from Restock";   //查询进货序列号的最大值
int m = computer.getLogin(str1);
//添加进货信息
str2 = string.Format("insert into restock values({0},'{1}',{2},{3},'{4}','{5}','{6}')",m+1,this.txtId.Text,decimal.Parse(this.txtPrice.Text),int.Parse(this.txtNum.Text),DateTime.Parse(this.txtDate.Text),this.txtUserId.Text,this.txtSup.Text);
//修改库存表中该货物的信息
str3 = string.Format("update Stock set Buy_Num=Buy_Num+{0},Stock_Num=Stock_Num+{1} where Ware_Id='{2}'", int.Parse(this.txtNum.Text), int.Parse(this.txtNum.Text),this.txtId.Text);
```

在“商品信息管理”窗口中添加货号为“2222”的商品信息，结果如图 10-14 所示。

当在“进货管理”窗口中添加货号为“2222”的进货信息（购入量为 20）后，刷新“商品信息管理”窗口，结果如图 10-15 所示。

（2）“删除”按钮响应事件的方法

当删除进货信息时，首先检查该货物信息是否在货物表中，如不在则提示不能进行删除操作；如在则删除此进货信息，并修改该货物在库存表中的相应信息，使其库存量减少。

```
//删除进货信息
str = string.Format("delete Restock where Res_Id='{0}'", this.dgv1.CurrentRow.Cells[0].Value.ToString());
//修改库存表中该货物的信息
string str1 = string.Format("update Stock set Buy_Num=Buy_Num-{0},Stock_Num=Stock_Num-{1} where Ware_Id='{2}'", int.Parse(this.txtNum.Text), int.Parse(this.txtNum.Text), this.txtId.Text);
```

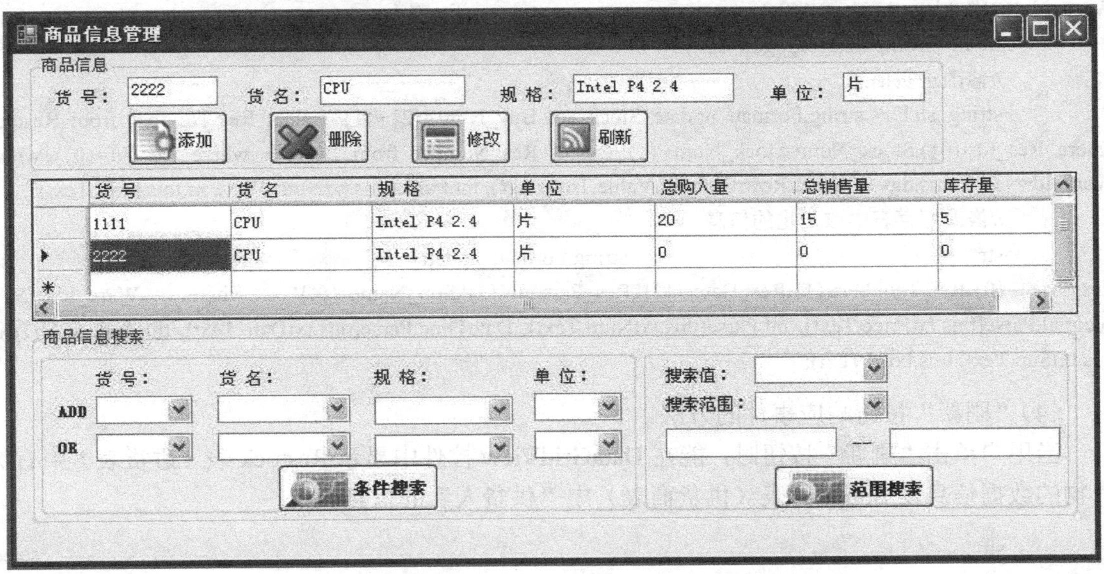

图 10-14 商品信息添加操作

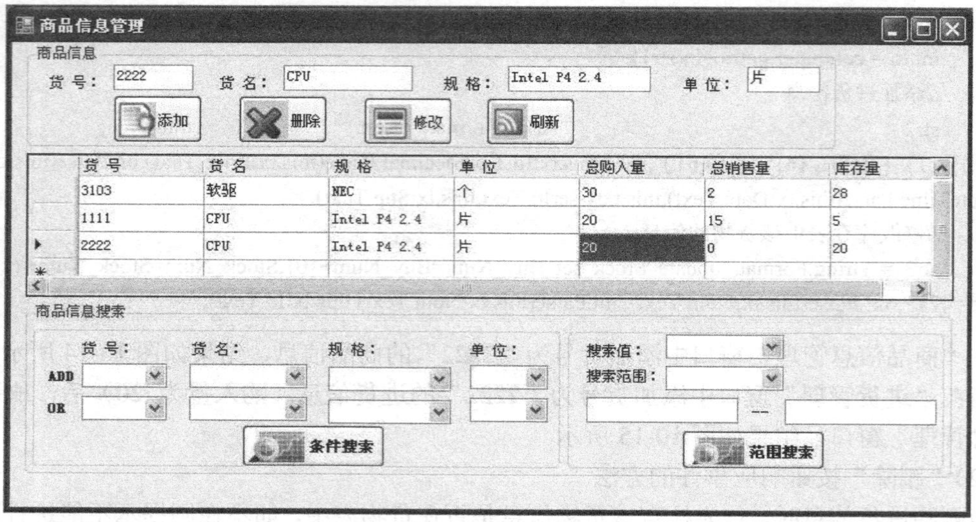

图 10-15　进货操作

（3）“修改”按钮响应事件的方法

当修改进货信息时，首先检查该货物信息是否在货物表中，如不在则提示不能进行修改操作；如在则修改此进货信息，并修改该货物在库存表中的相应信息，使其库存量发生相应的改变。

```
string str2 = string .Format("select sum(Res_Number) from Restock where Ware_id='{0}'",this.txtId.Text);
int m = computer.getLogin(str2);
//修改进货信息
string str1 = string.Format("update Stock set Buy_Num={2}+{1}-(select Res_Number from Restock where Res_Id={0}),Stock_Num=Stock_Num+{1}-(select Res_Number from Restock where Res_Id={0}) where Ware_Id='{3}'", this.dgv1.CurrentRow.Cells[0].Value.ToString(), int.Parse(this.txtNum.Text), m,this.txtId.Text);
//修改库存表中该货物的信息
str = string.Format("update restock set Res_Price={0},Res_Number={1},Res_Date='{2}',Res_Person='{3}',Sup_Name='{4}' where Ware_Id='{5}'", decimal.Parse(this.txtPrice.Text), int.Parse(this.txtNum.Text), DateTime.Parse(this.txtDate.Text), this.txtUserId.Text, this.txtSup.Text, this.txtId.Text);
```

（4）“刷新”按钮响应事件的方法

当用户单击“刷新”按钮时，能在 DataGridView 控件中显示 Restock 表（进货表）中有关货物的数据信息及 Supplier 表（供货商表）中“供货人”的信息。

```
str = "select restock.Res_Id,restock.Ware_Id,restock.Res_Price,restock.Res_Number,restock.Res_Date,restock.Res_Person,worker.Work_name,restock.Sup_Name,supplier.Supplier from restock,worker,supplier where restock.Res_Person=worker.Work_id and restock.Sup_Name=supplier.Sup_Name";
```

4. 进货信息搜索

用户能对商品的进货信息、供应商信息进行单个值的多种范围搜索，及对进货的基本信息进行单个或多个条件的综合搜索。

```
//改变"搜索范围"组合框选项时响应的方法
private void cmbfw_SelectedIndexChanged(object sender, EventArgs e)
{   switch (this.cmbfw.Text.Trim())   //根据用户选择的运算符进行搜索设置
    {   //"介于"与"未介于"运算都需要两个操作数
        case "介于":    case "未介于":
        this.txtBj.Visible = true; this.txtZ2.Visible = true;   break;
      //下列运算都只需要一个操作数
      case "等于":      case "不等于":       case "大于":      case "大于等于":
      case "小于":      case "小于等于":
      this.txtBj.Visible = false;    this.txtZ2.Visible = false; break;   }
}
//改变"搜索值"组合框选项时响应的方法
private void cmbFwz_SelectedIndexChanged(object sender, EventArgs e)
{   switch (this.cmbFwz.Text.Trim())   //根据用户选择的运算符进行搜索设置
    {   //下列字段可进行"等于"或"不等于"运算
        case "供应商名称":            case "供货人":
        this.cmbfw.Items.Clear();    this.cmbfw.Items.Add("等于");
        this.cmbfw.Items.Add("不等于");        break;
         //下列字段 8 种运算均可进行
         case "货号":            case "进货单价":            case "进货数量":
         case "进货日期":
         this.cmbfw.Items.Clear();              this.cmbfw.Items.Add("介于");
         this.cmbfw.Items.Add("未介于");     this.cmbfw.Items.Add("等于");
         this.cmbfw.Items.Add("不等于");     this.cmbfw.Items.Add("大于");
         this.cmbfw.Items.Add("大于等于"); this.cmbfw.Items.Add("小于");
         this.cmbfw.Items.Add("小于等于");    break;    }
}
//"搜索"按钮响应事件的方法
private void btnSerJq_Click(object sender, EventArgs e)
{   int[] n = new int[8] { 0, 0, 0, 0, 0, 0, 0, 0 };
    string fwzn = "";      string str1 = "";
    int t = 0;
    switch (this.cmbFwz.Text.Trim())   //根据用户选择的运算符进行搜索
    {   case "货号": fwzn = "Restock.Ware_Id"; break;
        case "供应商名称": fwzn = "Restock.Sup_Name"; t = 1; break;
        case "供货人": fwzn = "Restock.Res_Person"; t = 1; break;
        case "进货单价": fwzn = "Restock.Res_Price"; break;
        case "进货数量": fwzn = "Restock.Res_Number"; break;
        case "进货日期": fwzn = "Restock.Res_Date"; t = 1; break;
        default: MessageBox.Show("请选择正确的搜索值！", "提示"); break;   }
        switch (this.cmbfw.Text.Trim())
        {   //t 为 1 时进行的是字符串判断，为 0 时进行的是数字判断
         case "介于": if(t==1) str1 = string.Format(" {0} between '{1}' and '{2}'", fwzn,
this.txtZ1.Text.Trim(), this.txtZ2.Text.Trim());
                              else str1 = string.Format(" {0} between {1} and {2}", fwzn,
int.Parse(this.txtZ1.Text.Trim()), int.Parse(this.txtZ2.Text.Trim())); break;
```

```
                case "未介于": if(t==1) str1 = string.Format(" {0} not between '{1}' and '{2}'", fwzn, this.txtZ1.Text.Trim(), this.txtZ2.Text.Trim());
                        else str1 = string.Format(" {0} not between {1} and {2}", fwzn, int.Parse(this.txtZ1.Text.Trim()), int.Parse(this.txtZ2.Text.Trim())); break;
                case "等于": if (t == 1) str1 = string.Format(" {0} = '{1}'", fwzn, this.txtZ1.Text.Trim());
                        else str1 = string.Format(" {0} = {1}", fwzn, int.Parse(this.txtZ1.Text.Trim())); break;
                case "不等于": if (t == 1) str1 = string.Format(" {0} <> '{1}'", fwzn, this.txtZ1.Text.Trim());
                        else str1 = string.Format(" {0} <> {1}", fwzn, int.Parse(this.txtZ1.Text.Trim())); break;
                case "大于": if(t==1) str1 = string.Format(" {0} > '{1}'", fwzn, this.txtZ1.Text.Trim());
                        else str1 = string.Format(" {0} > {1}", fwzn, int.Parse(this.txtZ1.Text.Trim())); break;
                case "大于等于": if(t==1)str1 = string.Format(" {0} >= '{1}'", fwzn, this.txtZ1.Text.Trim());
                        else str1 = string.Format(" {0} >= {1}", fwzn, int.Parse(this.txtZ1.Text.Trim())); break;
                case "小于": if(t==1) str1 = string.Format(" {0} < '{1}'", fwzn, this.txtZ1.Text.Trim());
                        else str1 = string.Format(" {0} < {1}", fwzn, int.Parse(this.txtZ1.Text.Trim())); break;
                case "小于等于": if(t==1)str1 = string.Format(" {0} <= '{1}'", fwzn, this.txtZ1.Text.Trim());
                        else str1 = string.Format(" {0} <= {1}", fwzn, int.Parse(this.txtZ1.Text.Trim())); break;
                 default: MessageBox.Show("请选择正确的搜索范围！", "提示");
                        break;     }
                str = "select restock.Res_Id,restock.Ware_Id,restock.Res_Price,restock.Res_Number,restock.Res_Date,restock.Res_Person,worker.Work_name,restock.Sup_Name,supplier.Supplier from restock,worker,supplier where restock.Res_Person=worker.Work_id and restock.Sup_Name=supplier.Sup_Name and" + str1;
                try
                { this.dgv1.DataSource = computer.getDataset(str).Tables[0]; }
                catch (Exception)
                { MessageBox.Show("数据加载出错", "提示"); }
        }
```

搜索“进货日期”介于 2003-8-1～2003-8-30 之间的进货信息，搜索结果如图 10-16 所示。

编 号	货 号	进货单价	进货数量	进货日期	职员编号	进货人	供应商名称	供货人
30	7402	120	1	2003-8-10	9702	王文彬	赛格电子公司	赵天晨
31	7403	100	4	2003-8-16	9702	王文彬	桑达电子公司	李三利
32	7501	300	20	2003-8-25	9701	羊向天	桑达电子公司	李三利
33	7101	180	9	2003-8-28	9701	羊向天	桑达电子公司	李三利
34	7503	150	15	2003-8-28	9702	王文彬	桑达电子公司	李三利
35	2102	1000	10	2003-8-28	9702	王文彬	赛格电子公司	赵天晨

图 10-16 范围搜索

搜索“进货单价”等于 100 的进货信息，搜索结果如图 10-17 所示。

编 号	货 号	进货单价	进货数量	进货日期	职员编号	进货人	供应商名称	供货人
24	7202	100	2	2003-6-16	9701	羊向天	兰光电子公司	陈一红
31	7403	100	4	2003-8-16	9702	王文彬	桑达电子公司	李三利

图 10-17 条件搜索

10.3.3 销售管理的实现

“销售管理”窗口加载时能作为主界面窗体的子窗体加载，并位于屏幕左上方的位置；启动时能在 DataGridView 控件中显示 Sell 表(销售表)中有关货物的数据信息，单击 DataGridView 控件能将选中行的数据显示在上边的相应文本框中；能进行增加、修改、删除、刷新表数据及清空操作。其窗口界面如图 10-18 所示，窗口中控件及属性设置详见表 10-7。

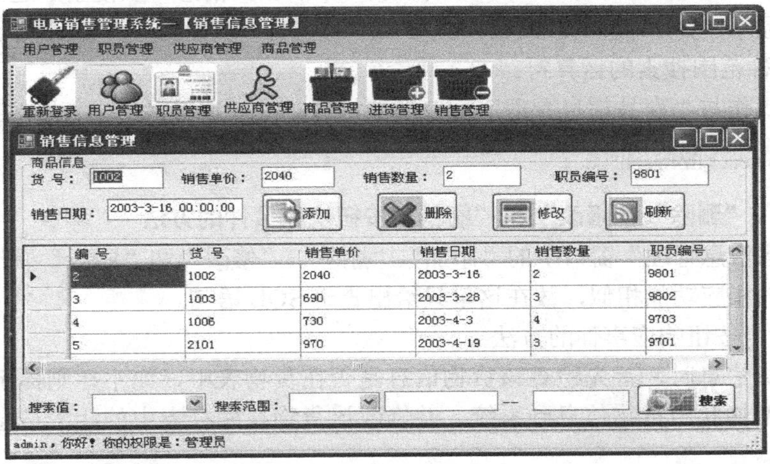

图 10-18 “销售管理”窗口界面

表 10-7 “销售管理”窗口控件及属性设置

对　　象	Name 属性	Text 属性	对　　象	Name 属性	Text 属性
Datagridview	dgv1		Botton	btnMdi	修改
GroupBox	groupBox1	商品信息	Botton	btnRef	刷新
Label	labId	货号：	GroupBox	groupBox2	
TextBox	txtId		Label	label1	货号：
Label	labPrice	销售单价：	Label	label2	销售单价：
TextBox	txtPrice		Label	label3	销售数量：
Label	labNum	销售数量：	Label	label4	职员编号：
TextBox	txtNum		Label	label5	供应商名称：
Label	labUserId	职员编号：	Label	label6	搜索值：
TextBox	txtUserId		Label	label7	搜索范围：
Label	labDate	销售日期：	ComboBox	cmbFwz	
TextBox	txtDate		ComboBox	cmbfw	
Botton	btnAdd	添加	TextBox	txtZ1	
Botton	btnDel	删除	TextBox	txtZ2	
Botton	btnSerJq	搜索	Label	label9	—

1. 定义全局变量

```
string str;   //定义字符串变量
int r;   //定义整型变量
```

2. 窗口加载响应事件的方法

当“销售信息管理”窗口加载时，同时刷新 dgv1 控件。

在“搜索值”组合框中显示 Sell 表（销售表）中的相关信息，以便用户选择；在“搜索范围”组合框中显示“介于”、“未介于”、“等于”、“不等于”、“大于”、“大于等于”、“小于”和“小于等于”8 种范围搜索的运算符。

由于以上操作与“商品信息管理”窗口功能相似，故在这里只给出查询 SQL 语句。

```
str = "select *from sell";
```

3. “添加”、“删除”、“修改”和“刷新”按钮响应事件的方法

由于“销售信息管理”窗口中的“添加”、“删除”、“修改”和“刷新”操作与“商品信息管理”窗口中的相应功能相似，故在这里只给出查询 SQL 语句。

（1）“添加”按钮响应事件的方法

当增加出货信息时，首先检查该货物信息是否在货物表中，如不在则提示不能进行出货操作；如在则增加此出货物信息到系统，并修改该货物在库存表中的相应信息，使其库存量减少。

```
str = string.Format("select count(*) from ware where Ware_id='{0}'", this.txtId.Text);   //判断货号是否存在
str1 = "select max(Sell_Id) from sell";   //查询销售序列号的最大值
int m = computer.getLogin(str1);
//增加销售信息
str2 = string.Format("insert into sell values({0},'{1}',{2},'{3}',{4},'{5}')", m + 1, this.txtId.Text, decimal.Parse(this.txtPrice.Text), DateTime.Parse(this.txtDate.Text), int.Parse(this.txtNum.Text), this.txtUserId.Text);
//修改该货物的库存信息
str3 = string.Format("update Stock set Sale_Num=Sale_Num+{0},Stock_Num=Stock_Num-{0} where Ware_Id='{1}'", int.Parse(this.txtNum.Text), this.txtId.Text);
```

当在“销售管理”窗口中添加货号为“2222”的出货信息（销售量为 15）后，刷新“商品信息管理”窗口，结果如图 10-19 所示。

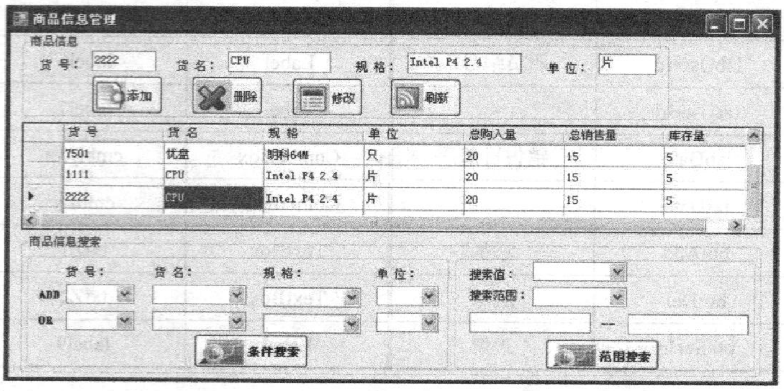

图 10-19　出货操作

（2）“删除”按钮响应事件的方法

当删除出货信息时，首先检查该货物信息是否在货物表中，如不在则提示不能进行删除操作；如在则删除此出货信息，并修改该货物在库存表中的相应信息，使其库存量增加。

```
//删除销售信息
str = string.Format("delete sell where Sell_Id='{0}'", this.dgv1.CurrentRow.Cells[0].Value.ToString());
//修改该货物的库存信息
string str1 = string.Format("update Stock set Sale_Num=Sale_Num-{0},Stock_Num=Stock_Num+{1}
where Ware_Id='{2}'", int.Parse(this.txtNum.Text), int.Parse(this.txtNum.Text), this.txtId.Text);
```

（3）“修改”按钮响应事件的方法

当修改出货信息时，首先检查该货物信息是否在货物表中，如不在则提示不能进行修改操作；如在则修改此出货信息，并修改该货物在库存表中的相应信息，使其库存量发生相应的改变。

```
string str1 = string.Format("select sum(Sell_Num) from sell where Ware_id='{0}'", this.txtId.Text);  //
得到该货物的销售总量
int m = computer.getLogin(str2);
//修改该货物的库存信息
string str2 = string.Format("update Stock set Sale_Num={2}-{1}+(select Sell_Num from sell where
Sell_Id={0}),Stock_Num=Stock_Num+{1}-(select Sell_Num from sell where Sell_Id={0}) where Ware_Id='{3}'",
this.dgv1.CurrentRow.Cells[0].Value.ToString(), int.Parse(this.txtNum.Text), m, this.txtId.Text);
//修改销售信息
str3 = string.Format("update sell set Sell_Price={0},Sell_Date='{1}',Sell_Num={2},Work_Id='{3}'
where Ware_Id='{4}'", decimal.Parse(this.txtPrice.Text), DateTime.Parse(this.txtDate.Text),
int.Parse(this.txtNum.Text), this.txtUserId.Text, this.txtId.Text);
```

（4）“刷新”按钮响应事件的方法

当用户单击“刷新”按钮时，在 dgv1 控件中显示 Sell 表（销售表）中有关货物的数据信息。

```
str = "select *from sell";
```

4. 销售信息搜索

用户能对商品的出货信息、销售职员信息进行单个值的范围搜索和条件搜索。由于“范围值”组合框和“搜索范围”组合框选项改变时的响应事件的方法与“进货管理”窗口的相应功能类似，故这里仅给出单击“搜索”按钮响应事件的方法。

```
private void btnSerJq_Click(object sender, EventArgs e)
{   int[] n = new int[8] { 0, 0, 0, 0, 0, 0, 0, 0 };
    string fwzn = "";    string str1 = "";    int t = 0;
    switch (this.cmbFwz.Text.Trim())  //根据用户的选择进行搜索设置
    {   case "货号": fwzn = "sell.Ware_Id"; t = 1;break;
        case "销售职工编号": fwzn = "sell.Work_Id"; t = 1; break;
        case "销售单价": fwzn = "sell.Sell_Price"; break;
        case "销售数量": fwzn = "sell.Sell_Num"; break;
        case "销售日期": fwzn = "sell.Sell_Date"; t = 1; break;
        default: MessageBox.Show("请选择正确的搜索值！", "提示"); break;    }
    //根据用户选择的运算进行搜索，t 为 1 时进行字符串运算，为 0 时进行数值运算
```

```
switch (this.cmbfw.Text.Trim())
{   case "介于": if (t == 1) str1 = string.Format(" {0} between '{1}' and '{2}'", fwzn, this.txtZ1.Text.Trim(), this.txtZ2.Text.Trim());
                else str1 = string.Format(" {0} between {1} and {2}", fwzn, int.Parse(this.txtZ1.Text.Trim()), int.Parse(this.txtZ2.Text.Trim())); break;
    case "未介于": if (t == 1) str1 = string.Format(" {0} not between '{1}' and '{2}'", fwzn, this.txtZ1.Text.Trim(), this.txtZ2.Text.Trim());
                else str1 = string.Format(" {0} not between {1} and {2}", fwzn, int.Parse(this.txtZ1.Text.Trim()), int.Parse(this.txtZ2.Text.Trim())); break;
    case "等于": if (t == 1) str1 = string.Format(" {0} = '{1}'", fwzn, this.txtZ1.Text.Trim());
                else str1 = string.Format(" {0} = {1}", fwzn, int.Parse(this.txtZ1.Text.Trim())); break;
    case "不等于": if (t == 1) str1 = string.Format(" {0} <> '{1}'", fwzn, this.txtZ1.Text.Trim());
                else str1 = string.Format(" {0} <> {1}", fwzn, int.Parse(this.txtZ1.Text.Trim())); break;
    case "大于":if (t == 1) str1 = string.Format(" {0} > '{1}'", fwzn, this.txtZ1.Text.Trim());
                else str1 = string.Format(" {0} > {1}", fwzn, int.Parse(this.txtZ1.Text.Trim())); break;
    case "大于等于":if (t == 1) str1 = string.Format(" {0} >= '{1}'", fwzn, this.txtZ1.Text.Trim());
                else str1 = string.Format(" {0} >= {1}", fwzn, int.Parse(this.txtZ1.Text.Trim())); break;
    case "小于":if (t == 1) str1 = string.Format(" {0} < '{1}'", fwzn, this.txtZ1.Text.Trim());
                else str1 = string.Format(" {0} < {1}", fwzn, int.Parse(this.txtZ1.Text.Trim())); break;
    case "小于等于": if (t == 1) str1 = string.Format(" {0} <= '{1}'", fwzn, this.txtZ1.Text.Trim());
                else str1 = string.Format(" {0} <= {1}", fwzn, int.Parse(this.txtZ1.Text.Trim())); break;
    default: MessageBox.Show("请选择正确的搜索范围！", "提示"); break;
}
str = "select *from sell where" + str1;
try
{ this.dgv1.DataSource = computer.getDataset(str).Tables[0]; }
catch(Exception)
{    MessageBox.Show("数据加载出错", "提示");    }
}
```

搜索“销售数量”未介于 2～8 之间的销售信息，搜索结果如图 10-20 所示。

	编号	货号	销售单价	销售日期	销售数量	职员编号
▶	11	4203	780	2003-6-5	1	9821
	19	6201	300	2003-7-29	9	9801
	20	7101	260	2003-7-29	1	9802
	22	7201	600	2003-7-18	10	9702
	23	7202	150	2003-6-28	1	9704
	26	7402	200	2003-8-28	1	9704
	28	7501	460	2003-8-28	15	9601
	29	7503	240	2003-9-5	13	9703

图 10-20　范围搜索

搜索“职员编号”等于 9801 的销售信息，搜索结果如图 10-21 所示。

编号	货号	销售单价	销售日期	销售数量	职员编号
2	1002	2040	2003-3-16	2	9801
7	3103	85	2003-4-28	2	9801
14	4303	700	2003-6-28	5	9801
15	5101	420	2003-6-8	2	9801
19	6201	300	2003-7-29	9	9801
30	1111	2040	2003-3-16	5	9801

图 10-21 条件搜索

本章小结

C#语言是Microsoft公司推出的一种基于.NET平台的面向对象的编程语言，它的功能强大，安全而灵活，具有清晰的语言结构、优秀的编程开发环境和高效率的编译工具。它不仅能够让开发人员在.NET 平台上快捷、方便地开发图形设计、多媒体设计、网络技术和数据库技术等 Windows 应用程序，还可以进行组建编程、多线程编程和分布式编程。

本章介绍了利用 C#设计“电脑销售管理系统”的详细过程，主要包括：登录界面的实现、系统信息管理的实现和商品管理的实现。

习 题

1. 简述利用 Connection 对象连接到数据库的步骤。
2. 如何使用 Command 对象查询单个值？
3. 如何利用 DataReader 对象检索数据？
4. 如何利用 DataSet 对象、DataAdapter 对象和 DataGridView 控件实现批量查看、修改、筛选数据库信息？

实时训练

1. 实训名称

“电脑销售管理系统”项目开发。

2. 实训目的

（1）掌握定义连接字符串，创建 Connection 对象，打开与数据库的连接操作。

（2）掌握定义 SQL 语句与创建 Command 对象，查询数据库中单个值的方法。

（3）掌握创建 Command 对象，调用 ExecuteReader()，创建 DataReader 对象进行数据检索的方法。

（4）掌握利用 DataSet 对象、DataAdapter 对象和 DataGridView 控件实现批量查看、修改、筛选数据库信息的方法。

3. 实训内容及步骤

（1）登录界面的实现

要求：参考本章内容，实现登录功能后，分别选择用户权限为“管理员”和“普通用户”

进行登录，看看有什么区别？

（2）系统信息管理的实现

要求：参考本章内容，完成系统信息管理的实现。

思考一：本章是利用 ListView 控件显示 Users 表（用户表）数据，并进行增加、修改、删除、刷新表数据及清空操作。请尝试利用 DataGridView 控件完成上述功能。

思考二：本章是利用 DataGridView 控件显示 Worker 表（职员表）数据，并进行增加、修改、删除、刷新表数据及清空操作。请尝试利用 ListView 控件完成上述功能。

思考三：由于“供应商信息管理”窗口功能与“职员信息管理”窗口中相应的功能相似，故在本章中只给出关键的 SQL 查询语句，具体实现代码省略。请尝试编写完整的代码实现该窗口功能。

（3）商品信息管理的实现

要求：参考本章内容，完成商品信息管理的实现。

思考四：由于“进货管理”窗口中的“添加”、“删除”、“修改”和“刷新”操作与“商品信息管理”窗口中相应的功能相似，故在本章中只给出查询 SQL 语句，具体实现代码省略。请尝试编写完整的代码实现这些功能。

思考五：由于“销售管理”窗口中的“添加”、“删除”、“修改”和“刷新”操作与“商品信息管理”窗口中相应的功能相似，故在本章中只给出查询 SQL 语句，具体实现代码省略。请尝试编写完整的代码实现这些功能。

思考六：在数据库应用系统开发中，信息搜索的条件可以因需求而定，本章给出的搜索条件及方式仅供参考。请尝试采用其他条件进行搜索和信息查询。

4．实训结论

按照实训内容的要求完成实训报告。

第 11 章　“电脑销售管理系统”项目发布

项目讲解

“电脑销售管理系统”项目开发完毕后，就要投入运行了。这时就有必要制作商业化的安装系统，以便于用户进行系统发布。

学习任务

1. 学习目标

- 掌握创建安装工程的方法；
- 掌握制作系统安装文件的方法；
- 掌握设置安装属性的方法。

2. 学习要点

- 使用向导创建安装工程；
- 打包制作系统安装文件；
- 测试安装系统；
- 自定义安装项目，添加/删除文件；
- 为安装系统创建开始菜单和桌面快捷方式。

11.1　制作安装文件

11.1.1　使用向导创建安装工程

Visual C#应用程序只有部署到要运行的计算机上，才能正常运行。打开如图 11-1 所示的“配置管理器”对话框，将“活动解决方案配置”从 Debug 改为 Release，然后重新编译生成。

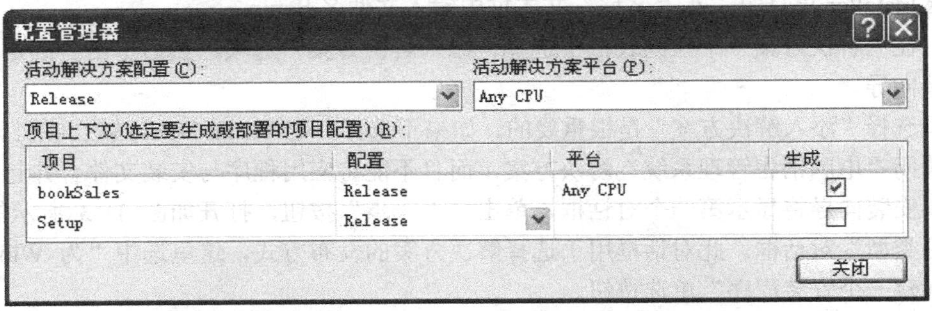

图 11-1　“配置管理器”对话框

在“配置管理器”对话框中，默认的“活动解决方案配置”选项是 Debug，即“调试”生成方式，也就是说，编译器将生成包含调试和测试信息的文件。当为发布程序做最终准备时，应该将“活动解决方案配置”选项设置为 Release 生成方式，这样可以省掉调试文件的生成，编译后的代码质量较高。

Visual Studio 2008 提供了一些特性，用于对 Visual C#应用程序进行部署（Deployment）。也就是说，在一台或多台计算机上安装应用程序，首先需要制作安装系统。

打开“电脑销售管理系统”解决方案，通过运行安装向导快速创建安装工程的操作步骤如下。

（1）选择“文件”→“新建”→“项目”命令，打开如图 11-2 所示的“新建项目”对话框。

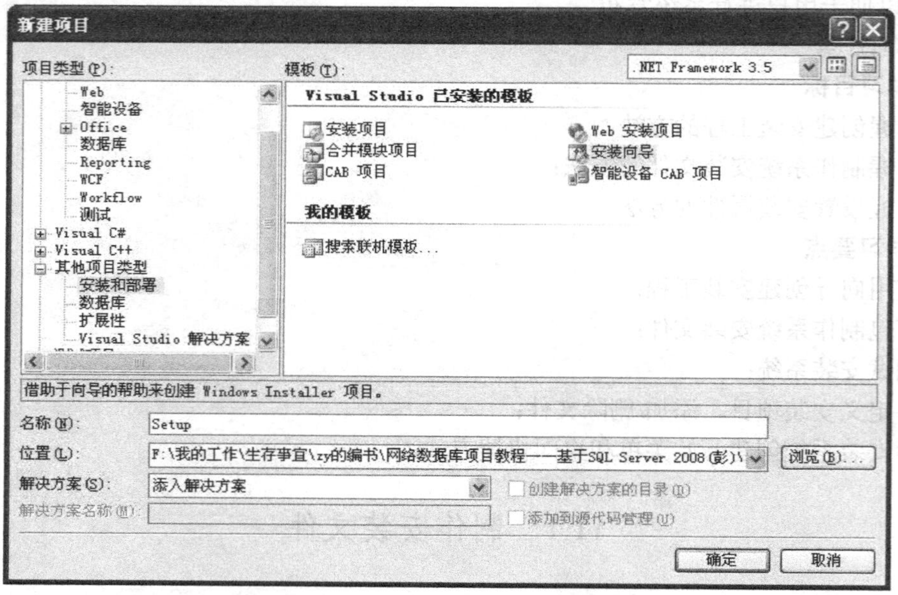

图 11-2　“新建项目”对话框

（2）在“项目类型”列表框中选择“其他项目类型”→“安装和部署”选项，在“Visual Studio 已安装的模板”中选择“安装向导”选项。“安装向导”可用于创建压缩项目、合并模块项目、Windows Installer 项目等。在“名称”文本框中输入文件名 Setup。

（3）在“解决方案”下拉列表框中选择“添入解决方案”选项，然后单击“确定”按钮，启动安装向导。

这里选择“添入解决方案”是很重要的，如果不选择，则 Visual Studio 就会在打开部署项目之前关闭“电脑销售管理系统”解决方案，而且不能将应用程序与安装文件合并起来。

（4）安装向导将显示第一个对话框，单击“下一步”按钮，打开如图 11-3 所示的“选择一种项目类型”对话框。此对话框用于选择解决方案的发布方式，这里选中“为 Windows 应用程序创建一个安装程序”单选按钮。

（5）单击“下一步”按钮，打开如图 11-4 所示的“选择要包括的项目输出”对话框。此对话框用于确定将哪些文件包含在安装应用程序的系统中，其中，“主输出”选项通常是必选的。这里选中“主输出”复选框。

“选择要包括的项目输出”对话框中某些选项含义说明如下。

- 主输出：项目中的可执行文件（*.exe）与动态链接库（*.dll）；
- 本地化资源：项目设置的语言资源；
- 调试符号：项目的调试文件；

- 内容文件：项目可能用到的一些文件；
- 源文件：项目的所有代码。

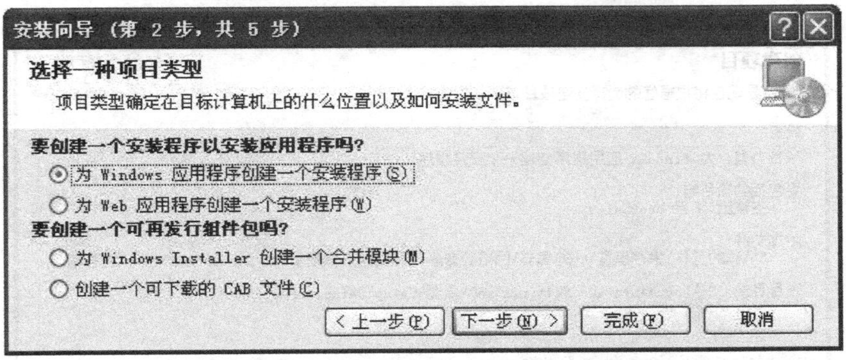

图 11-3　“选择一种项目类型”对话框

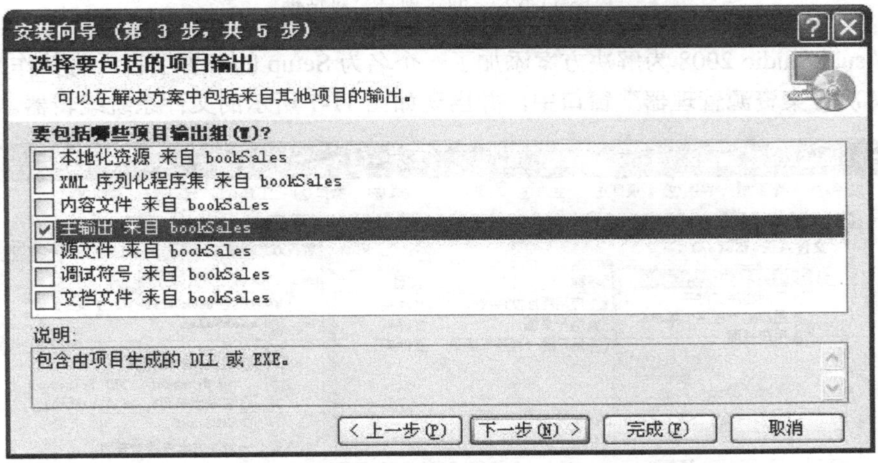

图 11-4　“选择要包括的项目输出”对话框

（6）单击“下一步”按钮，打开如图 11-5 所示的“选择要包括的文件”对话框。此对话框用于选择需要包括的部署项目中的附加文件，可以单击右侧的“添加”按钮，选择需要附加的文件，例如数据库文件。

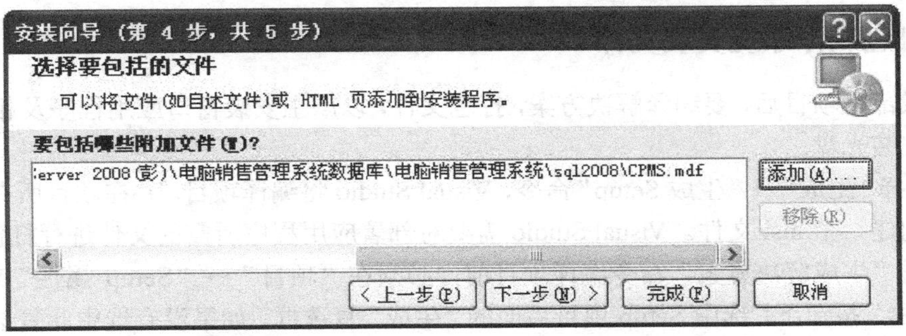

图 11-5　“选择要包括的文件”对话框

（7）单击“下一步”按钮，打开如图 11-6 所示的“创建项目”对话框。此对话框中列出了有关部署项目的摘要信息。单击“完成”按钮。

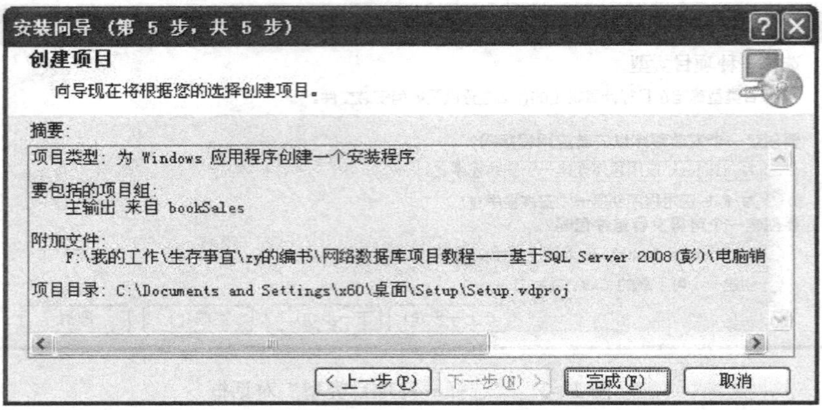

图 11-6　“创建项目”对话框

（8）Visual Studio 2008 为解决方案添加了一个名为 Setup 的部署项目，将其作为一个组件显示在“解决方案资源管理器”窗口中，并出现如图 11-7 所示的文件系统编辑器。

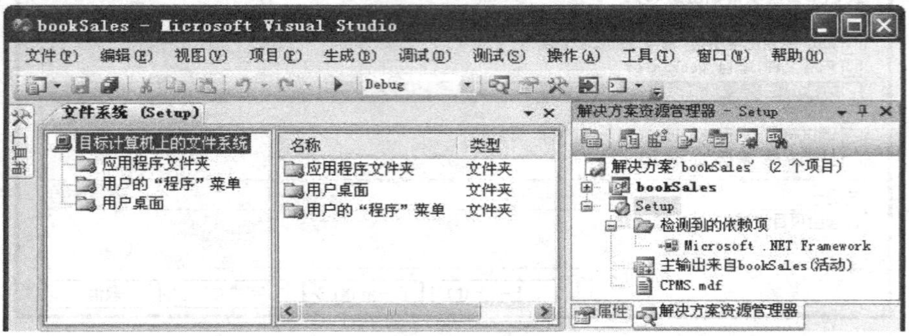

图 11-7　文件系统编辑器

文件系统编辑器用于为部署项目、添加项目的输出结果、文件以及其他条目，并可决定它们在目标计算机上的位置。文件系统编辑器中有一系列的标准文件夹，这些文件夹与目标计算机中的标准文件夹的层次结构相对应。

11.1.2　打包制作系统安装文件

在完成部署项目后，要编译解决方案，打包文件，以产生安装窗口应用程序及相关的文件，并可制作安装光盘。

（1）选择“生成”→“生成 Setup”命令，Visual Studio 将编译项目，并在项目所在的 Release 文件夹中创建一个.msi 文件。Visual Studio 需要对部署应用程序所需的文件进行打包。

在使用“生成解决方案”命令编译项目前，必须在“项目”→“Setup 属性”对话框中的“配置管理器”按钮下，选中 Setup 项目后面的“生成”复选框。如果没有选中此复选框，Visual Studio 就不会在使用“生成”→“生成 Setup”命令时编译项目。在开发解决方案时最好不选中该复选框，因为编译部署项目需要花费很长的时间。

（2）编译完成后，在 Windows 中找到 Setup 文件夹，打开 Release 文件夹，可以看到 Visual Studio 创建了两个文件：一个安装文件 setup.exe 和一个配置文件 Setup.msi，如图 11-8 所示。

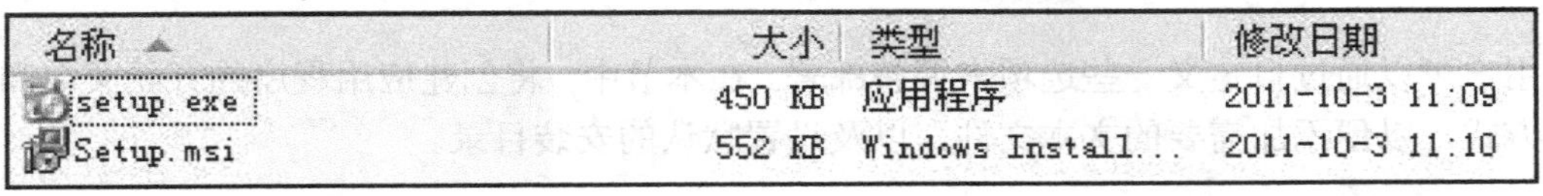

图 11-8 生成项目文件组成

（3）将上述两个文件复制到一张可写光盘中，即为应用程序创建了一张安装光盘，然后再放到安装有.NET 框架的计算机上进行安装。如果要安装应用程序的计算机中没有.NET 框架，还要复制.NET 类的可重复发布文件（Dontnetfx.exe），并单独安装该文件。

11.1.3 测试安装系统

现在来测试一下所完成的安装系统。

（1）双击 Release 文件夹中的 setup.exe 文件，运行应用程序的安装程序，打开安装向导对话框。

（2）单击“下一步”按钮，弹出如图 11-9 所示的“选择安装文件夹”对话框，单击“浏览”按钮或在文本框中设置应用程序要安装的路径。在下面选中“任何人”单选按钮。

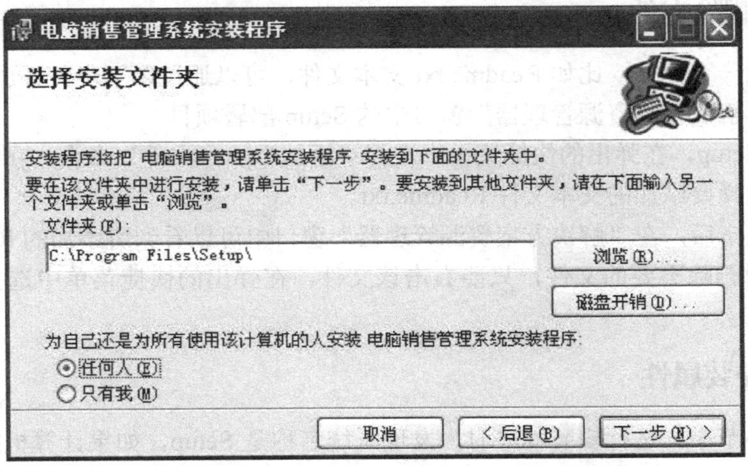

图 11-9 “选择安装文件夹”对话框

（3）单击“下一步”按钮，弹出确定安装对话框，安装程序要求通过单击“下一步”按钮来确定以前的设置，如果不能确定，可单击“上一步”按钮进行更改和确定。

（4）单击“下一步”按钮开始安装文件。安装程序开始将必要的文件复制到指定的文件夹中。程序会自动在系统注册表中注册“电脑销售管理系统”应用程序，以便以后卸载该程序。

（5）安装完成后，单击“关闭”按钮。现在可以确定已经正确创建了“电脑销售管理系统”项目的安装程序。

11.2　自定义安装项目

用户可以通过自定义一些选项来调整部署。在本节中，将创建应用程序的开始菜单和桌面快捷方式，以便添加需要的文本文件，以及设置默认的安装目录。

11.2.1　创建开始菜单和快捷方式

（1）选择“文件系统（Setup）”左侧窗格中的“应用程序文件夹”。如果文件系统编辑器不可见，可以首先选择解决方案资源管理器中的部署项目，然后选择“视图”→“编辑器”→“文件系统”将其打开。

（2）在“文件系统（Setup）”的右侧窗格中，右击窗口中的“主输出来自 bookSales（活动）”，然后在弹出的快捷菜单中选择“创建主输出来自 bookSales（活动）的快捷方式”命令。

（3）快捷方式图标出现，此时可以对其进行重命名，这里重命名为“电脑销售管理系统”。

（4）将此快捷方式拖动到左侧窗格中的“用户的‘程序’菜单”文件夹中。这样，当安装该应用程序时，它的快捷方式就被添加到用户的“开始”→“程序”菜单中了。

（5）若将该快捷方式拖动到左侧窗格中的“用户桌面”文件夹中，即可完成桌面快捷方式的创建。

11.2.2　添加/删除文件

如果想添加一个文件，比如 Readme.txt 文本文件，可以通过以下步骤添加。

（1）选择“解决方案资源管理器”窗口中的 Setup 部署项目。

（2）右击 Setup，在弹出的快捷菜单中选择“添加”→“文件”命令，在打开的“添加文件”对话框中选择要添加的文本文件 Readme.txt。

（3）添加完毕后，在“解决方案资源管理器”窗口中可以看到所添加的 Readme.txt 文件。

（4）如果想删除不要的文件，只要右击该文件，在弹出的快捷菜单中选择“移除”命令即可。

11.2.3　设置安装属性

在 11.1.3 小节中，运行安装程序时，发现系统名称是 Setup，如果计算机的操作系统在 C 盘上，则默认的安装路径是 C: \ Program Files。用户可以通过修改属性，来改变系统名称和安装程序的默认安装目录。

（1）在“解决方案资源管理器”窗口中，选择 Setup 选项，然后打开属性窗口，在其中选择 Manufacturer，Manufacturer 通常设置为生产软件的制造商的名称，这里把它修改为“系统开发”；选择 ProductName 属性，将其修改为“电脑销售管理系统”，作为产品的名称。

（2）选择“生成”→“生成解决方案”命令，Visual Studio 将编译此项目。

（3）找到系统所在的文件夹，双击 Release 文件夹中的 Setup.exe 文件，运行应用程序的安装程序。

（4）当安装到弹出“选择安装文件夹”对话框时，可以看到现在默认的安装目录已经设置成“C: \ Program Files \ 系统开发 \ 电脑销售管理系统”，安装程序已经修改了系统名和默认安装目录。

本章小结

本章介绍了“电脑销售管理系统”项目发布的过程，主要包括使用向导创建安装工程，打包制作系统安装文件，测试安装系统，为安装系统添加/删除文件，创建开始菜单和桌面快捷方式等内容。

习题

1．如何为项目创建安装系统？
2．如何为项目生成打包文件？
3．如何创建开始菜单和桌面快捷方式？

实时训练

1．实训名称

“电脑销售管理系统”项目发布。

2．实训目的

（1）掌握使用向导创建安装系统的过程。
（2）掌握打包制作系统安装文件的方法。
（3）掌握创建开始菜单和桌面快捷方式的方法。

3．实训内容及步骤

（1）制作安装文件

要求：参考本章内容，为所制作的“电脑销售管理系统”项目创建安装工程，打包制作系统安装文件，并测试该安装系统。

（2）自定义安装项目

要求：参考本章内容，可以通过自定义一些选项来调整部署，包括创建应用程序的开始菜单和桌面快捷方式，添加需要的文本文件，以及设置默认的安装目录。

4．实训结论

按照实训内容的要求完成实训报告。

反侵权盗版声明

举报电话：（010）88254396；（010）88258888

传　　真：（010）88254397

E-mail：　dbqq@phei.com.cn

通信地址：北京市万寿路 173 信箱

电子工业出版社总编办公室

邮　　编：100036